Springer
*Berlin
Heidelberg
New York
Hongkong
London
Mailand
Paris
Tokio*

Zukunft der Energieversorgung

Herausgegeben vom
Innovationsbeirat der Landesregierung
von Baden-Württemberg und
dem Wissenschaftlich-Technischen Beirat
der Bayerischen Staatsregierung

Mit 70 meist farbigen Abbildungen
und 7 Tabellen

Springer

Herausgeber

Innovationsbeirat der Landesregierung
von Baden-Württemberg
Staatsministerium Baden-Württemberg
Richard-Wagner-Straße 15
70184 Stuttgart

Wissenschaftlich-Technischer Beirat
der Bayerischen Staatsregierung
Bayerische Staatskanzlei
Franz-Josef-Strauß-Ring 1
80539 München

Titelbild: Toroidaler Einschluss im Magnetfeld,
aus Beitrag Dyckhoff/Bradshaw, Seite 72

*Gemeinsame Expertenanhörung am 10. Mai 2001
bei der Heidelberger Akademie der Wissenschaften*

Bibliographische Information der Deutschen Bibliothek

Die Deutsche Bibliothek verzeichnet diese Publikation in der Deutschen
Nationalbibliographie; detaillierte bibliographische Daten sind im Internet
über http://dnb.ddb.de abrufbar.

ISBN 978-3-642-52159-1   ISBN 978-3-642-55562-6 (eBook)
DOI 10.1007/978-3-642-55562-6

Springer-Verlag Berlin Heidelberg New York
ein Unternehmen der BertelsmannSpringer Science+Business Media GmbH

Umschlaggestaltung: E. Kirchner, Heidelberg
Umbruch und Datenaufbereitung: rbw, Heidelberg
Gedruckt auf säurefreiem Papier   08/3142PS 5 4 3 2 1 0

Vorwort

In ihrer gemeinsamen Kabinettssitzung am 7. November 2000 stimmten die Landesregierungen von Baden-Württemberg und Bayern dem Vorschlag des Innovationsbeirats der Landesregierung von Baden-Württemberg und des Wissenschaftlich-Technischen Beirats der Bayerischen Staatsregierung zu, die Fragen zur Zukunft der Energieversorgung in einer gemeinsamen Anhörung beider Gremien mit wissenschaftlichen Experten aufzuarbeiten. Das Ergebnis der am 10. Mai 2001 in Heidelberg bei der Heidelberger Akademie der Wissenschaften ausgerichteten Veranstaltung ist in dem vorliegenden Tagungsband dokumentiert.

Beide Beiräte waren sich in ihrer Zielsetzung einig, in der wissenschaftlichen Anhörung nicht vorrangig eine spezifische Detailansicht und umfassende Faktensammlung zu erarbeiten, sondern vielmehr das Augenmerk vor allem auf die übergreifenden grundsätzlichen Fragestellungen und Antworten zu richten. Gleichwohl können und sollen Fachleute und Interessierte auf die im Tagungsband enthaltenen Daten, Argumente und Diskussionsbeiträge für eine sachliche Auseinandersetzung mit dem komplexen Thema „Zukunft der Energieversorgung" zurückgreifen können. Aus Sicht der beiden Beiräte konnten diese Ziele erreicht werden. Neben einer wertvollen Bestandsaufnahme zu den derzeitigen Leistungspotenzialen und Perspektiven moderner Energietechnik und Energieforschung ist es gelungen, im interdisziplinären Austausch über die einzelnen Disziplinen der Energieforschung hinweg wichtige Eckpunkte und Schlussfolgerungen für eine zukünftige nachhaltige Energieversorgung herauszukristallisieren. Die Ergebnisse der Anhörung waren die Grundlage für die Empfehlungen der Beiräte.

Beide Beiräte danken den Teilnehmern des Hearings für die Vorbereitung und Referate, die aktive Diskussion und die Mühen im Zusammenhang mit der Nachbereitung und Erstellung dieses Tagungsbandes. Der besondere Dank gilt auch allen für die Organisation Verantwortlichen bei der Akademie der Wissenschaften in Heidelberg, die mit ihrem großartigen Einsatz einen ganz wesentlichen Beitrag zum Gelingen der Veranstaltung geleistet haben.

Dr. mult. h.c. Hermann Franz
Vorsitzender des Wissenschaftlich-
Technischen Beirats der
Bayerischen Staatsregierung

Prof. Dr. E. H. Berthold Leibger
Vorsitzender des Innovations-
beirats der Landesregierung
von Baden-Württemberg

Inhaltsverzeichnis

Grußwort

Gisbert Freiherr zu Putlitz
Präsident der Heidelberger Akademie der Wissenschaften

Meine sehr verehrten Damen, meine Herren!

Im Namen der Heidelberger Akademie der Wissenschaften heiße ich Sie zu der Tagung herzlich willkommen. Ich freue mich über die Entscheidung der Innovationsbeiräte des Landes Bayern und des Landes Baden-Württemberg, im Haus der Heidelberger Akademie zu tagen.

Ich hoffe, das Gebäude der Akademie bietet Ihnen das adäquate Ambiente für Ihre Veranstaltung und vermittelt Ihnen etwas von seinem Charme, den es durch seine Einrichtung, vor allem aber auch durch seine einmalige Lage besitzt, die nicht vergessen macht, dass alle Macht vom Heidelberger Schloss ausgeht.

Das Gebäude der Heidelberger Akademie der Wissenschaften wurde nach der Stadtzerstörung von 1693 im Rahmen der pfälzischen Erbfolgekriege als kurfürstliches Palais erbaut. Wegen mangelnder Mittel des Kurfürsten blieb es allerdings ein Torso und wurde an eine Adelsfamilie in Darmstadt verkauft, die den Bau vollenden ließ. Für diese Aufgabe konnte der Darmstädter Hofarchitekt Louis Rémy de la Fosse gewonnen werden, der das Palais mit eigenwilliger Handschrift und der im Grundentwurf angelegten großzügigen Disposition und Eleganz fertig stellte. Carl Theodor, Kurfürst von der Pfalz, kaufte das Haus zurück und nutzte es ab 1767 als Residenz in Heidelberg, nachdem das Schloss durch Blitzschlag unbewohnbar geworden war.

In etwa denselben Zeitraum fallen auch die Anfänge der Akademie der Wissenschaften. 1763 wurde die Akademie vom pfälzischen Kurfürsten gegründet und zunächst an seinem Hauptwohnsitz in Mannheim angesiedelt. Als wenige Jahre später Bayern durch einen Erbfall an Carl Theodor fiel, verlegte dieser seinen Lebensmittelpunkt nach München, baute auch dort eine Akademie auf und ließ aus diesem Grund Bibliothek und Sammlungen der Mannheimer Akademie nach München verlegen. Damit war das vorläufige Ende der Mannheimer Akademie eingeläutet.

Erst durch die Initiative des Industriellen Heinrich Lanz, der eine äußerst erfolgreiche Landmaschinenfabrik in Mannheim betrieb und den legendären Traktormotor mit Glühkopf zu einem industriellen Massenprodukt machte, wurde die Neugründung der Akademie in Heidelberg möglich. Auf der Basis des von ihm gestifteten Grundkapitals von 1 Million Goldmark und in Erwartung der Zeichnung der gleichen Summe durch den Badischen Staat wurde die

Heidelberger Akademie der Wissenschaften 1909 ins Leben gerufen. Die neue Akademie residierte zunächst in verschiedenen Räumen der Universität, bevor sie 1920 in dieses Gebäude umzog. Seit 1958 ist sie Landesakademie des Landes Baden-Württemberg.

Die wissenschaftlichen Projekte der Akademie sind meist Langzeitvorhaben, die sich der Erschließung kulturell wichtiger Handschriften und Nachlässe widmen oder Lexika und Thesauri erstellen. Als Beispiel nenne ich das Deutsche Rechtswörterbuch, in dem die westgermanische Rechtssprache von der Spätantike bis zum Ende des 18. Jahrhunderts aufgenommen und kommentiert wird. Dieses Vorhaben wird nach gegenwärtiger Planung erst in dreißig Jahren abgeschlossen sein. Dass dieses Projekt nicht nur für die Erforschung der Vergangenheit relevant ist, sondern auch einen unmittelbaren Bezug zur Gegenwart hat, zeigt die intensive Zusammenarbeit der Forschungsstelle mit der entsprechenden Behörde der Europäischen Union bei der Schaffung des Schengener Abkommens. Mit Hilfe der Heidelberger Forschungsstelle machten sich die Juristen der EU kundig, welche Fachbegriffe zu diesem Thema bereits in den europäischen Sprachen existieren und welche Bedeutungen diese im einzelnen haben.

Weitere Beispiele für Vorhaben, die sich der Sicherung kultureller Grundlagen widmen, sind das Luther-Register, die Edition der Schriften und Predigten von Cusanus oder die Edition der Handschriften des Reformators Martin Bucer.

Auch bei den naturwissenschaftlichen Projekten der Akademie handelt es sich in den meisten Fällen um Langzeitprojekte. Die Forschungsstelle Radiometrie befasst sich mit der Schwankung klimatischer Bedingungen im Lauf der Erdgeschichte. Die Forschungsstelle Archäometrie untersucht das Alter von Artefakten und siedlungsgeschichtlich relevanten Sedimentschichten. Ein weiteres Beispiel ist die Weltkarte der tektonischen Spannungen, die ständiger Ergänzung bedarf, um sinnvolle Informationen für Anwender aus Wissenschaft und Industrie gleichermaßen bereit zu halten.

Ich würde mich freuen, wenn Sie in den Pausen die Gelegenheit nutzen möchten, vor Ort einen Eindruck von den Forschungsvorhaben der Akademie zu gewinnen. Die Arbeitsstelle des Deutschen Rechtswörterbuchs befindet sich im Obergeschoss dieses Gebäudes. Wenn Sie über den Hof gehen, können Sie mit den Mitarbeitern der Karakorum-Forschungsstelle sprechen. Dieses Projekt beschäftigt sich mit Felsbildern und Inschriften im Karakorum und westlichen Himalaya, entlang der alten Seidenstraße. Aus diesen Zeugnissen, die aus prähistorischer Zeit bis zur Islamisierung stammen, versucht man Rückschlüsse auf die Siedlungsgeschichte dieser Region zu ziehen.

Ich wünsche Ihnen eine erfolgreiche Tagung in Heidelberg. Dass Sie gekommen sind, ist eine Freude für die Akademie. Ich wünsche Ihnen einen schönen Tag.

Geleitwort

Erwin Teufel
Ministerpräsident des Landes Baden-Württemberg

Dr. Edmund Stoiber
Ministerpräsident des Freistaats Bayern

In einer Welt mit rasch wachsender Bevölkerung und entsprechend steigendem Energiebedarf stehen wir vor der beispiellosen Herausforderung, auch zukünftig genügend Energie für alle Menschen bereit zu stellen und zugleich zu verhindern, dass die Umwelt und die Gesundheit geschädigt werden und das Klima nachteilig beeinflusst wird. Das Konzept einer nachhaltigen Entwicklung stellt im immer stärkeren Wettbewerb der Staaten und der Gesellschaften hohe Anforderungen an die Weiterentwicklung der Energieversorgung und der Energietechnik. Das gilt insbesondere vor dem Hintergrund, dass die Industriestaaten Mitverantwortung tragen für die Verbesserung der Lebensbedingungen in der Dritten Welt. Ausreichende und kostengünstige Energieversorgung ist dabei entscheidend. Für deren Entwicklung ist die Versorgung mit kostengünstiger und umweltschonender Energie von entscheidender Bedeutung.

Hochentwickelte Industrie- und Dienstleistungsregionen wie Baden-Württemberg und Bayern stehen im Zentrum des energiepolitischen Dreiecks Umweltverträglichkeit, Wirtschaftlichkeit und Sozialverträglichkeit. Der Staat trägt eine besondere Verantwortung für die Versorgung seiner Bürger und der Wirtschaft mit Energie, wie auch für den Erhalt der natürlichen Lebensgrundlagen und eine im Sinne der nachhaltigen Entwicklung erforderliche Innovation in der Energiewandlung und Energienutzung. Das schließt die nachhaltige Entwicklung neuer Energiekonzepte, die Optimierung bestehender Energietechniken und den rationellen Umgang mit Energie ein.

Die Liberalisierung und die Globalisierung der Energiemärkte setzen nicht nur neue Rahmenbedingungen, sondern stellen auch neue Anforderungen an künftige Energieversorgungssysteme, weil sich Klima- und Umweltschäden nicht mehr national begrenzen lassen, sondern mehr und mehr zu überregionalen Belastungen führen.

Wegen der langen Entwicklungs- und Einführungszeiten neuer Energieversorgungssysteme und der Bedeutung der Energieversorgung für die gesamte Volkswirtschaft muss daher der Staat dafür Sorge tragen, dass die Liberalisierung im Rahmen eines langfristig tragfähigen Gesamtkonzeptes unter Berücksichtigung internationaler Entwicklungen und Konsequenzen für die Umwelt erfolgt.

Die Regierungen von Baden-Württemberg und Bayern begrüßen, dass sich der Innovationsbeirat der Landesregierung von Baden-Württemberg und der Wissenschaftlich-Technische Beirat der Bayerischen Staatsregierung in einer international hochkarätig besetzten Expertentagung dem Thema „Zukunft der Energieversorgung" gemeinsam angenommen haben. Die Ergebnisse dieser Tagung werden in den politischen Meinungsbildungsprozess einfließen. Mit dem vorliegenden Band wird ein Beitrag zu einer ideologiefreien, sachgerechten Diskussion geleistet, der die Entscheidungsträger, die Fachleute und die interessierte Bevölkerung auf der Grundlage fundierter Daten und Schlussfolgerungen anregen soll, sich mit dem für uns alle existenziellen und langfristigen Thema der zukünftigen Energieversorgung auseinander zu setzen. Die steigenden Ölpreise und die Ereignisse der jüngsten Zeit haben Fragen nach Bezahlbarkeit, Abhängigkeit, Verfügbarkeit und Umweltverträglichkeit von Energie wieder eindringlich ins Bewusstsein gerufen. Die Regierungen Baden-Württembergs und Bayerns werden dafür eintreten, dass in Deutschland eine zukunftsorientierte Versorgung mit Energie dauerhaft sicher gestellt wird, denn: „Energie ist die Voraussetzung für Leben und Entwicklung."

Kapitel 1: Die Sichtweise der Beiräte
Einführung in das Thema verbunden mit Leitlinien und Empfehlungen an die Politik

Die Nachhaltigkeit der Energieversorgung als Element und Herausforderung der Zukunftsvorsorge

Hermann Franz und Berthold Leibinger

Die ausreichende Verfügbarkeit von Energie ist für unser Dasein und die Zukunft der Menschheit entscheidend. Sowohl in unserem täglichen Leben, wie auch als Grundlage für Produktion, Mobilität, Information, Kommunikation und Dienstleistungen, trägt Energie und ihre technologische Nutzung maßgeblich zu unserem Wohlbefinden, zu Wohlstand und zur Entwicklung moderner Industrie- und Wissensgesellschaften bei. Energietechnologie verbindet in besonderer Weise Chancen zur Erhöhung der Prosperität einer Volkswirtschaft und Risiken durch Umweltschäden, die zur Belastung nachfolgender Generationen führen können.

Die unvergleichbar vielschichtige Themenstellung mit vielfach unterschiedlichen und teilweise gegensätzlichen Interessenlagen erfordert eine ausgewogene und rationale Behandlung. Eine verantwortungsvolle Energiepolitik muss daher langfristig verlässliche Rahmenbedingungen definieren, die sicherstellen, dass heute und in der Zukunft die Bürger und die Volkswirtschaft über eine ausreichende, wirtschaftliche und umweltverträgliche Energieversorgung verfügen. Energiepolitik ist also Vorsorgepolitik mit vornehmlich mittel- und langfristigem Fokus. Die Erfahrung der Vergangenheit hat beispielsweise gezeigt, dass der Wechsel von einem Energieträger zum anderen einen Zeitraum von 50 Jahren überstreicht. Investitionsentscheidungen in der Energietechnik erfordern Zeitspannen von zehn und mehr Jahren, bis sie wirksam werden.

In den kommenden Jahren werden weitreichende Veränderungen der realen und der politischen Rahmenbedingungen erheblichen Einfluss auf die Ausgestaltung des energiepolitischen Dreiecks Umweltverträglichkeit, Wirtschaftlichkeit und Sozialverträglichkeit nehmen. Globale Entwicklungen, wie z. B. das überproportionale Wachstum der Weltbevölkerung mit der zunehmenden Umwelt- und Klimabelastung, stellen uns vor neue Herausforderungen. Nationale und internationale Energiepolitik sind in zunehmendem Maße miteinander verschränkt. Schadstoffe und klimaschädigende Treibgase machen vor Grenzen und Kontinenten nicht halt. Gleichzeitig erfordern die begrenzten Ressourcen von Erdöl und Erdgas und deren regionale Verteilung heute bereits konzeptionelle Strategien und Lösungen, um Abhängigkeiten zu reduzieren und diese Energievorräte möglichst sparsam in Anspruch zu nehmen. Die Erweiterung der Europäischen Union stellt auch die liberalisierten europäischen Energiemärkte vor neue Probleme. Im Herzen Europas ist Deutschland als hochentwickelte Industrienation von diesen Entwicklungen besonders betroffen.

Über die Notwendigkeit zur Verwirklichung des energiepolitischen Leitziels einer nachhaltigen Energieversorgung herrscht heute in Anbetracht dieser zu erwartenden Entwicklungen zumindest bei den Fachleuten grundsätzliche Einigkeit. Die anhaltende Diskussion über die Ratifizierung des Klima-Protokolls von Kyoto[1], unsere nationale Diskussion zum Ausstieg aus der Kernenergie oder zur Ökosteuer und andererseits in einer mahnenden Symbolik der zeitweilige Zusammenbruch der Energieversorgung in Kalifornien im Frühjahr 2001 machen deutlich, dass auch in hochentwickelten Industrienationen der politische Rahmen und die Wege zu einer nachhaltigen Energieversorgung zu Kontroversen führen.

Der befristete Ausstieg aus der Nutzung der Kernenergie ist – neben der Einführung der Ökosteuer – die weitreichendste energie- und umweltpolitische Entscheidung der amtierenden Bundesregierung. Ungeachtet der Argumente zum Für und Wider dieser Entscheidung ist schon heute sicher, dass sie im Fall ihres Vollzugs gravierende Auswirkungen auf die nationalen energiewirtschaftlichen Rahmenbedingungen haben wird. Betroffen sind davon vor allem die beiden führenden Wissenschafts- und Wirtschaftsstandorte Bayern und Baden-Württemberg. Die Energieversorgung in beiden Ländern basiert zu einem überdurchschnittlichen Anteil auf der Nutzung der Kernenergie. So betrug im Jahr 1999 der Anteil der Kernenergie am Primärenergieverbrauch in Baden-Württemberg 27,2% und in Bayern 20,6%, während der durchschnittliche bundesweite Anteil gleichzeitig bei 13,1% lag. Noch viel deutlicher wird die Tragweite der Ausstiegsentscheidung vor dem Hintergrund, dass 1999 der Anteil der Kernenergie an der Stromerzeugung in Baden-Württemberg bei 57,1% und in Bayern bei 64,3% lag. In Deutschland lag er im gleichen Zeitraum bei 30,8%[2].

Diese über Jahre hinweg gleichen Anteile haben sich bis heute nur unwesentlich verändert. In den kommenden Jahren müssten in Bayern und Baden-Württemberg – unter Berücksichtigung der Klimaschutzziele des Abkommens von Kyoto – zur Sicherung der Stromversorgung neue Investitionen mit beträchtlichen zusätzlichen Kostenbelastungen für die Volkswirtschaft von über 100 Mrd. Euro vorgenommen werden.

Die Bewältigung dieser schwierigen globalen und nationalen Herausforderungen wird ohne die rechtzeitige Bereitstellung ressourcen- und umweltschonender Energien und innovativer Lösungen nicht möglich sein. Es bedarf dazu der Anstrengung aller politischen Handlungsebenen sowie der Wissenschaft und der Wirtschaft. Die Rolle Deutschlands reduziert sich hierbei nicht auf seine wachsende globale Mitverantwortung zur Ausgestaltung

---

1 Protokoll von Kyoto vom 11. Dezember 1997 zum Rahmenübereinkommen der Vereinten Nationen vom 9. Mai 1992 über Klimaänderungen.

2 Zu den statistischen Angaben vgl. Wirtschaftsministerium Baden-Württemberg (HG.), Energiebericht 2000, Stuttgart 2001 sowie Bayerisches Staatsministerium für Wirtschaft, Verkehr und Technologie (Hg.) , Energiebericht Bayern 2000/2001, München 2001.

der Zukunft. FürDeutschland eröffnet sich auch die Chance, als führende Industrienation im Wettbewerb der Ideen und Konzepte die Energietechnik zu einem bedeutenden Innovations- und Wertschöpfungsfaktor auszubilden.

Leitlinien und Empfehlungen der Beiräte an die Landesregierung von Baden-Württemberg und an die Bayerische Staatsregierung

1. Leitlinien einer zukunftsorientierten Energiepolitik

Die beiden Beiräte nutzen die Ergebnisse der Expertenanhörung und legen nachfolgend einen Katalog von Leitlinien und Empfehlungen als Referenz für die politische Diskussion vor. Neben grundsätzlichen Aussagen sollen darin vor allem auch Handlungsoptionen und -notwendigkeiten für die Standorte Bayern und Baden-Württemberg identifiziert werden.

1. Die weltweite Bereitstellung ausreichender umwelt- und klimaverträglicher Energie zu wirtschaftlich verträglichen Preisen für eine wachsende Zahl von Menschen ist eine zentrale Herausforderung der Zukunft. Dies ist eine Grundvoraussetzung für die zukünftige Entwicklung der Menschheit in friedlicher Koexistenz der Völker, Nationen und Kulturen.
2. Die zukünftige Gestaltung der Energieversorgung muss sich am anerkannten „Leitbild der Nachhaltigen Entwicklung" ausrichten. „Nachhaltige Entwicklung" erfordert eine über den unmittelbaren Erhalt der natürlichen Lebensgrundlagen hinausgehende, an der Wohlfahrt heutiger und künftiger Generationen ausgerichtete vielschichtige Abwägung von ökonomischen, ökologischen und sozialen Aspekten, die mit dem in die Zukunft gerichteten energiepolitischen Handeln verbunden sind. Die drei Dimensionen Umweltverträglichkeit, Wirtschaftlichkeit und Sozialverträglichkeit sind dabei gleichwertig zu betrachten.
3. Regionale und nationale Maßnahmen zur Umsetzung einer nachhaltigen Energiepolitik dürfen nicht isoliert stehen, sondern müssen auch in einem supranationalen und internationalen Wirkungszusammenhang bewertet werden. Die Nachhaltigkeit energiepolitischen Handelns bedarf dazu im internationalen und im europäischen Handeln eines bindenden ordnungspolitischen Rechtsrahmens. Das Regelwerk muss Umwelt- und Klimaschutzaspekte berücksichtigen und den Ausbau des globalen Energiehandels mit geeigneten Rahmenbedingungen unterstützen.
4. Für die Realisierung einer nachhaltigen Energieversorgung kommt dem ökonomischen Ordnungsrahmen eine zentrale Bedeutung zu. Im Hinblick auf die effiziente Nutzung knapper Ressourcen als konstitutivem Element von Nachhaltigkeit ist die soziale Marktwirtschaft der adäquate Rahmen für die Realisierung einer nachhaltigen Energieversorgung.

5. Der Energieträgermix muss sich langfristig im marktwirtschaftlichen Wettbewerb entwickeln. Wettbewerbsverzerrende staatliche Eingriffe durch Regulierungen, Subventionen und Abgaben sind grundsätzlich zu vermeiden. Die Schaffung und Sicherung der Wettbewerbs- und Marktfunktionen als Bedingungen für nachhaltiges Wirtschaften ist primäre Aufgabe der Energiepolitik.

6. Die Gewährleistung einer dauerhaft sicheren Energieversorgung ist für eine hochentwickelte Industrienation wie Deutschland existentiell. Da eine autarke, auf heimischen Energieträger beruhende Energieversorgung nicht möglich ist, ist einer ausreichenden Versorgungssicherheit durch eine Diversifizierung der Energieimporte sowie durch eine wirtschaftliche Verflechtung mit den Lieferländern Rechnung zu tragen.

7. Eine zukunftsfähige Energieversorgung beruht auf innovativen und international wettbewerbsfähigen Energiebereitstellungs- und -nutzungsstrukturen. Ideologiefrei sind dazu alle Optionen bei Energieträgern und Technologien offen zu halten und neue Optionen zu öffnen.

8. Umwelt- und Klimaschutz sind Kernbestandteile einer verantwortlichen, am Gebot der Nachhaltigkeit ausgerichteten Energiepolitik. Die verursachungsgerechte Internalisierung externer Kosten stellt einen geeigneten Weg dar, um die knappen Umweltressourcen zu schützen und die anthropogenen Klimaveränderungen auf ein tolerierbares Maß zu begrenzen.

9. Eine dauerhafte und erfolgreiche Energiepolitik bedarf der Akzeptanz und der Bereitschaft in der Gesellschaft, notwendige energiepolitische Maßnahmen inhaltlich mitzutragen. Nur mit dem Verständnis für diese Fragen und einem darauf ausgerichteten praktizierten Bewusstseinswandel im täglichen Leben können wir wichtige energiepolitischen Herausforderungen der Zukunft meistern.

10. Eine zukunftsoffene, strategisch ausgerichtete Energieforschung im nationalen Maßstab und in internationaler Zusammenarbeit ist entscheidend für die Realisierung einer nachhaltigen Energieversorgung. Nur sie kann die notwendigen technischen Fortschritte und Innovationen für eine nachhaltige zukunftsfähige Energieversorgung hervorbringen. Im Wettbewerb der Ideen und Konzepte muss die Energieforschung vorurteilsfrei und offen die Zukunftspotenziale sämtlicher zur Verfügung stehender Energieoptionen erforschen und (weiter)entwickeln.

11. Unverzichtbare Voraussetzung für Forschung im Hochtechnologiebereich Energie sowie für die Behauptung der deutschen energietechnischen Industrie im internationalen Wettbewerb sind gut ausgebildete und hochqualifizierte Mitarbeiter. Ausbildung sowie Fort- und Weiterbildung von Ingenieuren und Energiewirtschaftlern sind notwendige Investitionen in Humankapital für eine nachhaltige Energieversorgung.

2. Empfehlungen zur Energiepolitik

Dem Innovationsbeirat der Landesregierung von Baden-Württemberg und dem Wissenschaftlich-Technischen Beirat der Bayerischen Staatsregierung ist bewusst, dass die Landesregierungen im Bereich der Energie- und der Energieforschungspolitik nur begrenzte Handlungsmöglichkeiten haben, da sie Teil einer abgestuften Zuständigkeitskette von internationalen, EU-weiten und nationalen Verantwortlichkeiten sind, die landespolitische Alleingänge zum Teil gar nicht erlauben oder wenig wirksam erscheinen lassen. Nichtsdestoweniger sind die Beiräte der Auffassung, dass die Landesregierungen den ihnen gegebenen Spielraum offensiv nutzen sollen, um eine an dem Leitbild „Nachhaltigkeit" orientierte Energieversorgung in Bayern und Baden-Württemberg zu fördern.

Eine dem Leitbild der „Nachhaltigkeit" verpflichtete Energiepolitik braucht einen Paradigmenwechsel, weg von der schwerpunktmäßigen Technologieorientierung hin zur Setzung von Rahmenbedingungen für eine marktwirtschaftliche Steuerung des Wandels zu einer nachhaltigen Energiewirtschaft.

Zu den zentralen Aufgaben der Energiepolitik am Beginn des 21. Jahrhunderts gehört es,
- die Rahmenbedingungen für einen funktionierenden Wettbewerb zu schaffen, damit die knappen Ressourcen zur Bereitstellung von Energiedienstleistungen effizient genutzt werden,
- die Umweltinanspruchnahme im Zusammenhang mit der Energieversorgung verursachungsgerecht und mit marktkonformen Instrumenten in das Marktgeschehen zu integrieren,
- Markteinführungshilfen für neue Energietechnologien nur dann zu gewähren, wenn sich in einem vorgegebenen Zeitraum Aussicht auf die Erreichung der Wettbewerbsfähigkeit der Technologie bietet,
- Forschung und Entwicklung als Basis für Innovationen im Energiebereich in angemessener Breite und Diversifizierung in den Technologiebereichen zu fördern, die ein plausibles Potenzial für Beiträge zu einer nachhaltigen Energieversorgung haben.

Die von der derzeitigen Bundesregierung verfolgten Wege bzw. eingeleiteten Maßnahmen wie das Erneuerbare Energiegesetz, das Kraft-Wärme-Kopplungs-Fördergesetz, die ökologische Steuerreform und die Beendigung der Kernenergienutzung erfüllen die Anforderungen an eine dem Leitbild Nachhaltigkeit gerecht werdende Energiepolitik nicht und sind nicht geeignet, die Energieversorgung zukunftsfähig zu gestalten.

Die Landesregierung von Baden-Württemberg und die Staatsregierung von Bayern sollen darauf hinwirken, dass,

1. im Rahmen der globalen Energiemärkte und der Verwirklichung der europäischen Energiebinnenmärkte
   - Wettbewerbsverzerrungen abgebaut und einheitliche Wettbewerbsbedingungen geschaffen werden,
   - eine EU-weite Harmonisierung der Energiesteuern und Umweltschutzstandards realisiert wird,
   - durch eine verursachungsgerechte Internalisierung externer Kosten Preise ihre Lenkungsfunktion für eine effiziente und umweltverträgliche Energieversorgung wahrnehmen können.

2. zur Erreichung der Umwelt- und Klimaschutzziele
   - marktkonforme Instrumente eingesetzt und
   - international abgestimmte Politiken formuliert werden,
   - um das ökologisch Notwendige auch ökonomisch effizient zu erreichen.

3. die gesetzliche Regelung zur geordneten Beendigung der Kernenergienutzung in Deutschland revidiert wird und die kerntechnische Kompetenz und das sicherheitstechnische Know-how erhalten bleiben.

4. mit dem Aufbau einer fachlich fundierten, die neuen Medien nutzenden Informations- und Kommunikationsplattform „Energie-Umwelt-Wirtschaft" einen wichtigen Beitrag zur vertieften Information, Aufklärung und Sensibilisierung der Bürger im Bezug auf die zentralen Fragen und Herausforderungen einer nachhaltigen Energieversorgung geleistet wird.

5. die öffentlich geförderte Energieforschung wieder den ihr angemessenen Stellenwert erhält

6. Maßnahmen ergriffen werden zur Gewinnung einer ausreichenden Zahl von Studenten für ingenieurwissenschaftlich, energietechnisch und energiewirtschaftlich ausgerichtete Ausbildungsgänge.

Empfehlungen zur Stärkung und Vernetzung der Energieforschung in Baden-Württemberg und Bayern

Wissenschaftliche Forschung und die Entwicklung innovativer Energietechniken sind von grundlegender Bedeutung, um den Herausforderungen einer nachhaltigen Energieversorgung gerecht zu werden und die Leistungsfähigkeit einheimischer Unternehmen der Energietechnik auf den Weltmärkten zu erhalten. Forschung und Entwicklung sind der einzige systematische Weg, die notwendigen technischen Fortschritte und Innovationen für eine ökonomie, umwelt- und auch nachweltverträgliche Energieversorgung zu erreichen.

Energieforschung ist aber mehr als gute Wissenschaft oder die notwendige Voraussetzung zur Wettbewerbsfähigkeit unserer Industrie, sie ist eine Versicherungsprämie gegen die ökologischen und ökonomischen Risiken der Zukunft unserer und der nächsten Generationen. Wie unter anderem auch der Wissenschaftsrat festgestellt hat, besteht in der Energieforschung in Deutschland ein erheblicher Nachholbedarf. Die staatlichen Mittel für die Energieforschung sind seit längerem rückläufig und inflationsbereinigt werden heute für das wiedervereinte Deutschland nur noch 20–30 % der Mittel ausgegeben, die vor der ersten Ölpreiskrise in der alten Bundesrepublik für F&E im Energiebereich zur Verfügung standen. So liegen die Anteile der staatlichen Energieforschungsförderung am BIP in Deutschland inzwischen bei nur noch 0,14 ‰, gleichauf mit Österreich, jedoch deutlich hinter den meisten anderen Industrienationen einschließlich USA (0,28 ‰) und Japan (0,78 ‰). Hier muss auf breiter Front von der Grundlagenforschung bis zur anwendungsorientierten Forschung wieder deutlich mehr getan werden, wenn das technisch-wissenschaftliche Niveau und eine internationale Spitzenposition erhalten bleiben soll. Gleichzeitig ist eine stärkere strategische Ausrichtung auf die Ziele notwendig, die angesichts der heutigen Herausforderungen der Energieversorgung unter dem Gesichtspunkt der nachhaltigen Entwicklung relevant sind.

Energieforschung ist die gemeinsame Aufgabe von Wirtschaft, Wissenschaft und Politik. Dabei liegt der Schwerpunkt staatlicher Vorsorge und Verantwortung in den Bereichen, die erst längerfristig marktfähige Innovationen und Produkte erwarten lassen.

Angesichts der nur begrenzten finanziellen Fördermöglichkeiten der Länder Bayern und Baden-Württemberg und im Sinne einer Komplementarität zur Energieforschungsförderung des Bundes und der EU sind die Maßnahmen für eine Stärkung und Vernetzung der Energieforschung Bayerns und Baden-Württembergs auf diejenigen Bereiche zu konzentrieren,

- in denen Defizite erkennbar sind und
- die den regionalen Interessen der beiden Länder und der in ihnen beheimateten Unternehmen der Energietechnik und Energiewirtschaft entsprechen.

Aus Sicht der Beiräte sind dazu zwei komplementäre Ansätze notwendig:

A: Stärkung von Forschungsbereichen, in denen Defizite erkennbar sind:
  - Fossile Kraftwerkstechnik
  - Energiewirtschaftliche Analysen und Strategien
  - Techniken zur rationellen Energienutzung in der Industrie
  - Kernkraftwerkstechniken mit weiterführenden Sicherheitseigenschaften und neue nukleare Entsorgungstechniken

B: Vernetzung von bestehenden Forschungseinrichtungen und -aktivitäten, um Synergieeffekte durch eine koordinierte Zusammenarbeit zu erschließen, z.B. auf den folgenden Gebieten:
- Energetische Nutzung von Biomasse
- Brennstoffzelle und Wasserstofftechnik
- Gebäudeenergieversorgung
- Photovoltaische Energiewandlung
- Kernfusion
- Materialentwicklung

Für die Stärkung und Vernetzung der Energieforschung in Bayern und Baden-Württemberg sollen mit finanzieller Unterstützung der beiden Länder die folgenden Maßnahmen umgesetzt werden:

1. Einrichtung eines Forschungsverbundes „Fossile Kraftwerke für das 21. Jahrhundert" mit den Schwerpunkten
   - Verbrennung (z.B. Gasturbinen, auch Synergien mit mobilen Anwendungen)
   - Kraftwerkskonzepte und -systeme
   - Simulation und Optimierung in der Kraftwerkstechnik
   - Entwicklung und Qualifizierung von Werkstoffen

2. Bildung eines Kompetenzverbundes „Kerntechnik" mit den Schwerpunkten
   - Inhärent sichere Kernkraftwerke
   - Sicherheits- und Zuverlässigkeitsfragen
   - Neue Technologien und Konzepte der Entsorgung

3. Einrichtung eines „Zentrums Nachhaltige Energieversorgung und Energiewirtschaft" mit den Schwerpunkten
   - Energiewirtschaftliche Analysen und Strategien
   - Konzepte für eine Nachhaltige Energieversorgung
   - Energiewirtschaftlicher Ordnungsrahmen und Instrumente
   - Politikberatung

4. Einrichtung eines Forschungsgebietes „Rationelle Energienutzung in der Industrie" (z. B. im Rahmen des ZAE) mit den Schwerpunkten
   - Entwicklung energiesparender Verfahren und Prozesse
   - effiziente Querschnittstechniken (z.B. Kälte- u. Drucklufterzeugung, Wärmerückgewinnung, Trocknen, usw.)
   - Elektrowärmeanwendungen

5. Aufbau eines Forschungsnetzwerks „Energie aus Biomasse und Reststoffen" mit den Schwerpunkten, die den regionalen Interessen der beiden Länder und der in ihnen beheimateten Unternehmen der Energietechnik und Energiewirtschaft entsprechen:

- Weiterentwicklung der Technologien zur Verbrennung und Vergasung von Biomasse
- Methanol aus Biomasse
- Integrierte Konzepte zur energetischen Nutzung von Biomasse

6. Aufbau eines Forschungsnetzwerks „Brennstoffzelle und Wasserstoff"
   - Ziel, Koordination und Abstimmung der laufenden Forschungsaktivitäten

7. Einrichtung eines Forschungsverbundes „Gebäudeenergieversorgung" mit den Schwerpunkten
   - Optimierung von Gebäude-, Heizungs- und Raumlufttechnik
   - Gebäudeleittechnik
   - Wärmepumpentechnik

Die beiden Beiräte schlagen ferner vor, zur Konkretisierung und Umsetzung dieser Empfehlungen Arbeitsgruppen mit Wissenschaftlern und mit Vertretern aus den entsprechenden Ressorts beider Landesregierungen einzurichten.

Kapitel 2: Zusammenfassung der wesentlichen Ergebnisse der Expertenanhörung: Grundlagen, Kernaussagen, Daten und Trends in der Energieversorgung

In der Diskussion mit den Experten wurden eine Reihe bereichsübergreifender Feststellungen identifiziert und bereichsspezifische Trends für die Energieversorgung der Zukunft aufgezeigt. Der nachfolgende Überblick fasst einleitend die wichtigsten Feststellungen zur derzeitige Situation unserer Energieversorgung zusammen und zeigt die aus heutiger Sicht zu erwartenden Trends und Probleme, aber auch realistische Potenzialeinschätzungen auf.

Generelle Feststellungen

Entscheidende Herausforderungen für die Energieversorgung der Zukunft resultieren aus

- dem Gebot zur dauerhaften Sicherung elementarer Grundlagen, die für jeden auch wirtschaftlich tragfähig sind,
- der Forderung nach humanen Lebensbedingungen für eine rasch wachsende Weltbevölkerung,
- der zum Teil existenziellen Bedrohung unserer ökologischen Lebensgrundlagen durch Umwelt- und Klimaveränderungen und
- der Notwendigkeit zur Sicherung der Zukunftsfähigkeit des Wirtschaftsstandorts und des Lebensraums Deutschland.

Für die Lösung dieser Zukunftsfragen ist deshalb die Ausgestaltung der Energieversorgung von entscheidender Bedeutung.

Die unterschiedlichen Herausforderungen und Ziele machen es erforderlich, dass sich die Energieversorgung der Zukunft an den Parametern der Versorgungssicherheit, Umweltverträglichkeit und Sozialverträglichkeit ausgewogen orientiert (Leitbild der Nachhaltigen Energieversorgung).

In die energiepolitische Diskussion zur Beurteilung der Nachhaltigkeit der Energieversorgung müssen alle relevanten Parameter einfließen, auch die Größen einer ökonomischen Gesamtkostenbetrachtung. Der zeitliche Horizont für die Betrachtung der Nachhaltigkeit liegt realistisch bei etwa 100 Jahren, d.h. bei ca. 3 bis 4 Generationen.

Bis auf weiteres steht ein idealer einzelner Energieträger weder national noch international in ausreichendem Maß und zu wirtschaftlich vertretbaren Bedingungen zur Verfügung. Kurz- und mittelfristig gibt es zu einem Energiemix, bestehend aus allen verfügbaren Energieträgern, und zu neuen Energietechnologien keine technische und wirtschaftlich tragfähige Alternative.

Im Interesse eines effizienten Umwelt- und Klimaschutzes müssen die Energiesysteme weiterentwickelt und auf eine Dekarbonisierung ausgerichtet werden. Die fossilen Energieträger müssen vorrangig in insgesamt „saubere" Energiekonzepte integriert werden. Das wird mittel- bis langfristig nur gehen, wenn die Angebots- und Nachfragerseite qualitativ, quantitativ und wirtschaftlich vertretbar verbunden werden.

Um dieses Ziel der Dekarbonisierung der Energieversorgung zu erreichen, müssen insbesondere die energetischen Forschungspotentiale in Wissenschaft und Wirtschaft weiter ausgebaut und gestärkt werden.

Vor allem im Bereich der erneuerbaren (regenerativen) Energien muss das technologische Wissen zielstrebig erweitert werden, um die Effizienz und die Leistungspotenziale dieser Energieträger in Theorie und Praxis soweit zu erhöhen, dass die erneuerbaren Energien eine realistische und wirtschaftliche Alternative zu den konventionellen Energieträgern bilden können.

Für die Entwicklung und dauerhafte Sicherstellung einer nachhaltigen Energieversorgung ist ein nationaler und internationaler Rechtsrahmen erforderlich.

Energietechnologie hat als Schlüsseltechnologie auch ein hohes ökonomisches Zukunftspotenzial. Eine technologisch leistungsfähige und wirtschaftlich verträgliche Energieinfrastruktur ist eine wesentliche Voraussetzung für die Sicherung des Wirtschaftsstandorts Deutschland. Eine wettbewerbsfähige Energietechnik und Ingenieurskunst bietet zugleich im internationalen technischen und wirtschaftlichen Wettbewerb hohe wirtschaftliche Wertschöpfungschancen.

In Deutschland ist eine am Leitbild der Nachhaltigkeit ausgerichtete Energiepolitik mit zusätzlichen spezifischen Herausforderungen konfrontiert.

- Als einer der weltweit größten Energieerzeuger- und Energieverbrauchermärkte ist Deutschland in besonderem Maße von der Liberalisierung der Weltenergiemärkte und der Verwirklichung eines fairen Binnenmarktes innerhalb der Europäischen Union betroffen.
- Die für den Klimaschutz notwendige Emissionsreduktion bedarf in einer hochentwickelten Industriegesellschaft eines besonderen Ausgleichs zwischen der ökologischen Notwendigkeit und Effizienz von Maßnahmen und der mit diesen verbundenen ökonomischen Verträglichkeit.
- Die ohnehin schon überdurchschnittlich hohe generelle Importabhängigkeit Deutschlands im Energiebereich wird durch die Notwendigkeit zur Substitution der wegfallenden Kernenergieanteile zusätzlich verstärkt. Die

Sicherstellung der Versorgungssicherheit und die Auswirkungen schwankender Preise für Energierohstoffe erlangen dadurch zusätzliches Gewicht.

In Deutschland liegen die Anteile der staatlichen Förderung von Forschung und Entwicklung (F&E) im Bereich der Energieforschung am BIP mit 0,14‰ erheblich niedriger als bei einem Großteil der anderen Industriestaaten. Inflationsbereinigt werden in Deutschland nur noch ca. 20 %–30 % der Mittel bereitgestellt, die zu Beginn der 80er Jahre bzw. vor der ersten Ölpreiskrise für F&E im Energiesektor ausgegeben wurden.

Energieverbrauchs- und -strukturdaten[3]

Von 1960 bis 1999 hat sich der Weltenergieverbrauch verdreifacht. Im Jahr 2000 wurden weltweit ca. 14 Mrd. t. SKE verbraucht, von denen ca. 7 % durch Kernenergie, 2 % durch Wasserkraft und 2 % durch Windkraft und Solarenergie gedeckt wurden[4].

In den Ländern der Europäischen Union (EU) betrug der Energieverbrauch im Jahr 2000 ca. 2 Mrd. t SKE, d.h. ca. 15 % des weltweiten Energieverbrauchs. Dieser Verbrauch wurde anteilig durch 41 % Mineralöl, 24 % Erdgas, 15 % Kohle (Steinkohle 11 %, Braunkohle 4 %), 15 % Kernenergie sowie 6 % erneuerbare[5] und sonstige Energien abgedeckt.

Im Jahr 2001 lag der Energieverbrauch in Deutschland bei ca. 0,495 Mrd. t. SKE. Davon wurden 38,5 % durch Mineralöl, 21,5 % durch Erdgas, 13,13 % durch Steinkohle, 11,24 % durch Braunkohle, 12,87 % durch Kernenergie, 2,77 % durch erneuerbare und sonstige Energien abgedeckt. Deutschland nimmt unter den weltweit größten Energiemärkten nach den USA, China, Russland und Japan den fünften Platz ein[6].

Der weltweite Energiebedarf wird sich angesichts der rasch wachsenden Weltbevölkerung mit voraussichtlich 9 bis 12 Mrd. Menschen im Jahr 2100 und der begleitend zunehmenden Industrialisierung weiter stetig erhöhen. Betroffen sind davon vor allem die Entwicklungs- und Schwellenländer. Die regionalen Anteile am Weltenergieverbrauch werden sich damit in Richtung der Entwicklungs- und Schwellenländer verschieben. Insgesamt wird sich der Weltenergieverbrauch bis zum Jahr 2020 um voraussichtlich 50 % und bis zum Jahr 2050 um 100 % erhöhen. Diese Entwicklung erfordert eine vergleichbare Ausweitung der wirtschaftlich verfügbaren Energiebasis.

---

3 Die nachfolgenden Angaben beziehen sich auf den Verbrauch an „Primärenergie", d.h. den Verbrauch oder Absatz von Energieträgern, die noch keiner Umwandlung unterworfen wurden, z. B. Stein- und Braunkohle, Rohöl, Erdgas.
4 Statistische Angaben: Deutsches Nationales Komitee des Weltenergierates (DNK), Energie für Deutschland. Fakten, Perspektiven und Positionen im globalen Kontext 2001.
5 Hiervon entfallen allein 2 % auf aus Wasserkraft erzeugte Elektrizität.
6 Statistische Angaben: Esso.

In Deutschland und Europa wird sich der Energieverbrauch voraussichtlich auf heutigem Niveau stabilisieren oder sogar leicht rückläufig entwickeln. Bei einer durchschnittlichen Steigerung des Bruttoinlandprodukts von 2–3 % pro Jahr ist in Deutschland bis 2030 eine Verdoppelung der Energieeffizienz bzw. eine Halbierung der Energieintensität zu erwarten.

Für das Jahr 2020 werden bei einem prognostizierten rückläufigen Gesamtverbrauch von ca. 0,462 Mrd. t. SKE 36,1 % Erdöl, 29,9 % Naturgas, 14,9 % Steinkohle, 10,4 % Braunkohle, 3,0 % Kernenergie, 4,5 % erneuerbare Energien und ein Stromimportanteil von 1,1 % verbraucht[7].

Vorräte und Ressourcenlage

Mit der kontinuierlichen Verbesserung der Explorations- und Fördertechnologien konnten die weltweit bekannten Energievorräte trotz der gestiegenen Verbrauchszahlen ausgeweitet werden. Moderne Technologie ermöglicht, dass heute Lagerstätten wesentlich effizienter genutzt und neu erschlossen werden können. Die weltweit nachgewiesenen, wirtschaftlich gewinnbaren Vorräte fossiler Energieträger mit ca. 1.200 Mrd. t. SKE reichen bei heutigem Energieverbrauch ohne Verbrauchssteigerungen in der Zukunft für annähernd 100 Jahre.

Die zusätzlich anzunehmenden Energieressourcen, d.h. die durch Exploration zu erwartende Zugänge an Reserven, werden mit Faktor 10 höher eingeschätzt (11.065 Mrd. t SKE). Unter Einbezug der nuklearen Vorräte und Ressourcen ergibt sich auf der Grundlage des heutigen Weltenergieverbrauchs eine Nutzungsreichweite von 3.000 Jahren.

Innerhalb der fossilen Energieträger weisen nach heutiger Erkenntnis die Erdölreserven mit ca. 60–80 Jahren die geringste Reichweite auf. Die wirtschaftlich gewinnbaren Erdgasvorräte haben erheblich höhere Nutzungsreichweiten. Die Ressourcen fossiler Energieträger liegen etwa eine Größenordnung höher, wobei die Kohle mit ca. 50 % den größten Anteil einnimmt. Erdöl, insbesondere konventionelles Erdöl, hat einen relativ geringen Anteil von knapp 10 %; Erdgas, insbesondere nicht-konventionelles Erdgas, ist hingegen mit über einem Drittel vertreten.

Im Jahr 2020 werden voraussichtlich ca. 90 % des weltweiten Primärenergieverbrauchs durch fossile Energieträger gedeckt. Dieser Trend wird begleitet durch eine signifikante Erhöhung des Anteils der Entwicklungs- und Schwellenländer. Dies führt zu einer Verschiebung des regionalen Energieverbrauchs innerhalb des Weltenergieverbrauchs.

---

7 Statistische Angaben: Esso. Prognosen zur zukünftigen Entwicklung des (nationalen) Energieverbrauchs können allerdings angesichts schwer prognostizierbarer Rahmenparameter, wie z. B. der Entwicklung des Wirtschaftswachstums, der Bevölkerungszahl, der internationalen Rohstoffpreise und des ordnungsrechtlichen nationalen und internationalen Rahmens, nur eine begrenzte Aussagekraft und Verbindlichkeit entfalten.

Mengenmäßig betrachtet ist Energie auch im Fall des weltweit steigenden Verbrauchs prinzipiell nicht als „knappes Gut" einzustufen. Probleme resultieren im wesentlichen daraus, dass derzeit nur ein kleiner Teil der Energiebasis wirtschaftlich nutzbar ist und mit der Nutzung einzelner Energieträger, vor allem der fossilen, Umwelt- und Klimaeffekte verbunden sind.

Klimaschutz

Die Verbrennung fossiler Energieträger erzeugt heute den größten Anteil der weltweiten Kohlendioxid-(CO_2)-Emissionen. Prognosen gehen von einem stetigen jährlichen Wachstum der globalen CO_2-Emissionen von ca. 2,1 % aus. Um die Konzentration von CO_2 in der Atmosphäre auf dem derzeitigen Niveau zu stabilisieren, müssten nach Einschätzungen der EU-Kommission[8] die Emissionen unverzüglich um 50 %–70 % reduziert werden. Dieses Ziel ist kurzfristig weder technisch noch wirtschaftlich verträglich zu erreichen. Klimaschutzmaßnahmen haben deshalb heute vor allem das Ziel, die Zunahme der CO_2-Emissionen zumindest abzuschwächen. Der Entwicklungstrend zeigt bei den CO_2-Emissionen heute jedoch in die andere Richtung. Bis zum Jahr 2010 werden sich die weltweiten anthropogenen Emissionen bei prinzipiell unveränderter struktureller Entwicklung um insgesamt ca. 60 % weiter erhöhen[9]. Hauptverursacherbereiche sind zunehmende Kraftwerksemissionen und der wachsende Verkehr[10]. Die zu erwartende wirtschaftliche Entwicklung in den Entwicklungs- und Schwellenländern wird einen großen nachteiligen Einfluss auf die Steigerung der weltweiten Emissionen haben, dies insbesondere in den dortigen Regionen. Im Jahr 1997 entfielen 51 % der weltweiten CO_2-Emissionen auf den OECD-Raum, 38 % auf die Entwicklungsländer und 11 % auf die Reformstaaten. Angesichts des zu erwartenden überproportionalen Wachstums der Entwicklungsländer wird sich deren Anteil an den CO_2-Emissionen bis 2020 auf 50 % erhöhen, während gleichzeitig die Anteile der OECD-Staaten auf 40 % und der Reformländer auf 10 % zurückgehen werden. Parallel dazu werden sich die Anteile der Entwicklungsländer an der Erhöhung des Weltenergieverbrauchs von 1997 bis 2020 auf 68 % und am Primärenergieverbrauch von 34 % auf 45 % erhöhen[11].

In den meisten Industrieländern haben die anthropogenen Emissionen seit 1990 weiter zugenommen. In der Europäischen Union konnten die CO_2-Emissionen im Jahr 2000 aufgrund konjultureller Sonderfaktoren, wie z. B.

---

8 Kommission der Europäischen Gemeinschaften, Grünbuch – Hin zu einer europäischen Strategie für Energieversorgungssicherheit, KOM [2000] 769 endg., S. 67).
9 Vgl. Internationale Energie-Agentur, Weltenergieausblick 2000 (Schwerpunkte), 2001, S. 56.
10 Nach Erhebungen der EU-Kommission entfallen im Bereich der EU 90 % der CO2-Emissionen auf den Verkehrssektor.
11 Internationale Energie-Agentur, a.a.O., S. 12 ff. Zu dieser Entwicklung werden insbesondere die Staaten in Ost- und Südostasien erheblich beitragen.

reduziertes Wirtschaftswachstum im Zuge der Golfkrise und Umstrukturierungen der Industrie vor allem in den neuen Bundesländern in Deutschland, auf dem Niveau von 1990 gehalten werden. Bei unveränderten Energieverbrauchsstrukturen in den kommenden Jahren werden die CO_2-Emissionen allerdings innerhalb der Europäischen Union im Projektionszeitraum 1990 bis 2010 wieder um insgesamt 5,2 % wachsen[12].

In Deutschland sind die CO_2-Emissionen zwischen 1990 und 1999 um ca. 15 % (156 Mio. t) gesunken. Während der nationale CO_2-Anteil im Bereich Gewerbe, Handel und Dienstleistungen um 36 %, in der Industrie um 32 %, im Bereich Energieumwandlung und -erzeugung um 19 % und bei den privaten Haushalten um 4 % gesunken ist, ist er im Verkehrs- und Transportsektor im gleichen Zeitraum um 15 % gestiegen.

Bei dieser Entwicklung sind aus deutscher Sicht die ambitionierten Klimaschutzziele in Annex B des Kyoto-Klimaschutzprotokolls mit einer Verringerung der Treibhausgas-Emissionen bis 2005 um 25 % gegenüber 1990 nur sehr schwer zu erreichen. Der mittlerweile hinzukommende Ausstieg aus der Kernenergienutzung schließt das Erreichen dieses Ziels bei realistischer Betrachtung aus, da der schrittweise Wegfall der nahezu CO_2-freien nuklearen Energieerzeugung zusätzlich kompensiert werden muss. Nachdem der Einsatz erneuerbarer Energien immer noch mit nur begrenzten technologischen Wirkungsgraden und überdurchschnittlich hohen Kosten verbunden ist, können diese Energieformen bis auf weiteres auch die traditionellen Energieträger nicht in dem notwendigen Umfang ersetzen[13]. Die erneuerbaren Energien können die sich abzeichnende weitere Zunahme der CO_2-Emissionen damit nicht verhindern, sondern allenfalls etwas abmindern.

Importabhängigkeit der Energieversorgung

Die Energieversorgung Europas beruht heute zu 50 % auf Energieimporten. Deutschland ist mit derzeit 61 % (Stand: 2000) überdurchschnittlich von Importen abhängig. Deutschlands eigene Energievorräte beschränken sich im wesentlichen auf die Stein- und Braunkohle. Die mit dem Ausstieg aus der Kernenergienutzung verbundene Notwendigkeit zur Substituierung dieser im Land erzeugten Energieanteile wird den Importanteil weiter überdurchschnittlich wachsen lassen. Prognosen zufolge wird der Energiebedarf in den Jahren 2020 bis 2030 innerhalb der Europäischen Union zu 60 % und in Deutschland zu 75 % über Energieimporte zu decken sein.

Der größte Teil der weltweiten Erdöl- und Erdgasressourcen konzentriert sich regional in einer geostrategischen Ellipse auf den Nahen Osten und die

---

12 Statistische Angaben: EU-Kommission, a.a.O.
13 Nach einer Prognose von Esso wird sich der Anteil der Erneuerbaren Energien auf ca. 5% steigern lassen (vgl. Esso, Energieprognose 2001, S. 1).

Nachfolgestaaten der UdSSR. 70 % der Ressourcen des Erdgases liegen in diesen Gebieten, bei Erdöl entfallen alleine etwa zwei Drittel aller Vorkommen auf den Nahen Osten. Damit ist auch die energiepolitische Abhängigkeit von Energielieferungen aus bestimmten Regionen der Welt dokumentiert. Eine sichere, ökonomisch kalkulierbare und stetige Zulieferung ohne politische Instabilität in den Lieferstaaten ist somit Voraussetzung für eine sichere Energieversorgung in Europa und vor allem in Deutschland.

Erdöl

Erdöl ist heute der dominierende Energieträger im Primärenergieverbrauch. Diese Bedeutung wird sich in den kommenden 10–20 Jahren nicht ändern. Auch in Deutschland bleibt Öl der wichtigste Energieträger. Die Basis für die Versorgung sind Rohöleinfuhren. Hauptprodukte im Inland sind die im Verkehr genutzten Kraftstoffe, das leichte Heizöl sowie Rohbenzin und schweres Heizöl. Zukünftig wird der Heizölanteil kontinuierlich zurückgehen, während der Kraftstoffanteil (Diesel- und Flugkraftstoff) auch weiterhin steigende Wachstums- und Verkehrsvolumina aufweisen wird. Ziel des Einsatzes von Erdöl und Erdgas sollte sein, diese Ressourcen nur dort einzusetzen, wo eine Substitution nicht möglich ist. Gleichwohl errechnen sich Reichweiten für Erdölreserven und -ressourcen auf der Basis des heutigen Verbrauchs von 40–60 Jahren, unter Einbeziehung des sog. Nichtkonventionellen Erdöls sogar von bis zu 200 Jahren.

Erdgas

Erdgas ist in Deutschland der Energieträger mit den größten Wachstumsperspektiven. Fast die Hälfte des Erdgasverbrauchs in Deutschland (47 %) entfällt auf den Sektor Haushalte und Kleinverbrauch. In Zukunft werden im Wärmemarkt und im Haushalts- und Kleinverbrauchssektor weitere Zuwächse erwartet. Den größten Importanteil verzeichnet Russland mit 41,7 %, während die Inlandsförderung immerhin einen Anteil von 21,8 % erreicht.

Kohle

Kohle zählt weiterhin zu den wichtigsten fossilen Energieträgern. Die Bedeutung der Kohle wird sich mit leicht rückläufiger Tendenz auch in den kommenden Jahrzehnten prinzipiell fortsetzen. Ein Großteil der Kohle wird zur Stromerzeugung verwendet. Aufgrund ihrer geologischen Rahmenbedingungen ist die deutsche Steinkohle gegenüber überseeischen Kohlelagerstätten ohne staatliche Subventionen nicht konkurrenzfähig. Im Jahr 2000 erfolgte die Versorgung mit Steinkohle in Deutschland zu 55 % aus heimischen Lagerstätten und bereits zu 45 % durch Importe. Der heimische Förderanteil muss daher langfristig zunehmend durch steigende Importmengen abgedeckt werden.

Die nahezu ausschließlich im Tagebau gewonnene Braunkohle wird zu 98 % im Inland gewonnen. Sie bildet heute neben der Steinkohle und der Kernenergie einen Kernbestandteil der nationalen Stromversorgung.

Die Kapazität der Braunkohlenreserven liegen bei 240 Jahren und bei der Steinkohle bei ca. 162 Jahren. Die Kohlevorkommen sind geographisch gleichmäßig verteilt, dadurch bestehen hier im Gegensatz zur Situation in der Erdöl- und Erdgasversorgung keine regionalen Abhängigkeiten.

Die Nutzung von Braunkohle ist CO_2-intensiv. Im Rahmen der gebotenen umfassenden Beurteilung aller externer Faktoren muss diese nachteilige Eigenschaft gegenüber den möglicherweise noch emissionsintensiveren langen Transportwegen bei Öl und Erdgas abgewogen werden.

Die Nutzungseffizienz von Kohlekraftwerken ist in der Vergangenheit ständig gestiegen. Das Braunkohle-Kraftwerk Niederaussen bei Köln, welches Ende 2002 seinen Betrieb aufnehmen wird, erreicht einen Effizienzgrad von 44%, wodurch im Jahr ca. 2–3 Mio. Tonnen CO_2 gegenüber den alten stillgelegten Kraftwerken eingespart werden.

Technologisch werden weitere Effizienzpotenziale erwartet, so z.B. die Entwicklung von CO_2-Abscheidertechniken oder die Versenkung von CO_2 in alten ausgeförderten unterirdischen Erdöl-, Erdgas- oder Kohlelagerstätten. Mit dieser Technologie könnte die Nutzung der Kohle weitgehend von der CO_2-Problematik abgekoppelt werden.

Kernenergie

Die Nutzung der Kernspaltung ist mit Stärken und Schwächen behaftet. Positiv hervorzuheben sind vor allem die Wirtschaftlichkeit, Technologiereife, geringe Emissionen (z. B. kein CO_2-Ausstoß) und die hohe Betriebssicherheit moderner kerntechnischer Anlagen. Schwächen der Kernspaltung resultieren aus der prinzipiellen Schadensgröße im Fall eines katastrophalen Unfalls sowie langen Endlagerzeiträumen.

In der Kerntechnologie werden derzeit erhebliche technologische Fortschritte realisiert. Die Betriebssicherheit kerntechnischer Anlagen wird dadurch weiter verbessert und die Leistungseffizienz ausgeweitet. Mit einer neu entwickelten Reaktorlinie kann das Unfallrisiko insbesondere über die Entwicklung eines Supercontainments zur Umhüllung der Kernkraftanlage minimiert werden. Durch den Einbau inhärenter Sicherheit u.a. durch Veränderung des Reaktorkerns mit Systemen zur passiven statt aktiven Sicherheit und neuer innerer technischer Konstruktionsweisen (sog. Generation 4-Anlagen), wird das Betriebsrisiko weiter reduziert.

Moderne Kernkrafttechnologie ermöglicht zugleich die verbesserte Ausnutzung des atomaren Brennstoffs, z.B. durch längere Brennstoffzyklen, die Abfallmengen zu reduzieren und die Wirtschaftlichkeit weiter zu erhöhen. Die Forschung zielt darauf ab, durch Transmutationen die Halbwertszeit von langlebigen radioaktiven Stoffen wesentlich zu reduzieren, um so die notwendige Einschließzeit im Endlager erheblich zu reduzieren. Der technologische Fortschritt ermöglicht mittlerweile außerdem eine Reduktion der Strahlentoxizität durch das Herstellen von Spaltprodukten um den Faktor 90–100, wodurch die Toxizität auf 10^4–10^9 Jahre verkürzt wird.

Die Kernenergie eröffnet als Schlüsseltechnologie hohe wirtschaftliche Wertschöpfungspotenziale. So sollen z.B. in Frankreich Altanlagen ab 2015 ersetzt werden. In den USA wurde ein neues Entwicklungsprogramm für Kernkraftwerkskonzepte aufgelegt, dem zwischenzeitlich 8 Staaten beigetreten sind.

Kernfusion

Die Kernfusion hat in den kommenden 20–30 Jahren noch nicht das technologische Potenzial, einen Beitrag zu unserer Energieversorgung zu leisten. Kernfusionsforschung ist derzeit immer noch vor allem Grundlagenforschung. Diese Forschung ist als längerfristige Option für die Energieversorgung der Welt unabdingbar (v.a. für die sich verschärfenden Klimaprobleme und den Energiebedarfsanstieg in den Entwicklungs- und Schwellenländern) und muss im internationalen Rahmen durchgeführt werden. Mit fortschreitender Erkenntnis und Entwicklung konkreter Nutzungskonzepte besteht die Aussicht, dass die Fusionstechnologie als langfristige Option einen Beitrag zur Grundlast der Stromversorgung leisten kann.

Erste substantielle Erfolge in der Fusionsforschung sind zu verzeichnen. So konnte in Versuchsanlagen immerhin schon eine Versuchsleistung von 16 Megawatt im Millisekundenbereich erzielt werden. Die nächsten Schritt der international ausgerichteten Kernfusionsforschung sind mit dem Projekt ITER absehbar. Ein Demonstrationskraftwerk wird für die Jahre 2030 bis 2050 erwartet. Bei ITER könnte das 10–20fache der eingebrachten Leistung für die Erhitzung des Plasmas als Energieoutput gewonnen werden.

Solarenergie

Die solare Energie ist ein wesentlicher Bestandteil der heutigen und der zukünftigen Nutzung erneuerbarer Energien. Konkret handelt es sich bei den solaren Energien im wesentlichen um die der thermischen Nutzung von Solarenergie über Photovoltaikanlagen. Die Solarenergie bietet erhebliche ökologische Chancen aufgrund ihres sehr geringen Schadstoffaustrags. Gleichzeitig eröffnet sie flexible Möglichkeiten einer sehr weitgehenden dezentralen Nutzung. Einsatzbereiche solarer Energien eröffnen sich vor allem im Wärmemarkt, bei der Planung intelligenter Gebäude und ihrer technischen Ausstattung (z.B. Wärmedämmung) und im Strommarkt.

Unter Berücksichtigung aller Kostenfaktoren ist die Nutzung der solaren Energie derzeit immer noch mit einem überproportional hohen Kostenaufwand unwirtschaftlich und ohne öffentliche Förderung im freien Wettbewerb der Energiemärkte nicht konkurrenzfähig.

Schon heute ist absehbar, dass die gezielte weitere Erforschung, Entwicklung und selektive Markteinführung der solaren Energien in den kommenden 20–30

Jahren mit hohen Lernkurveneffekten verbunden sein wird. Damit lassen sich erhebliche Effizienzgewinne und nachhaltige Kostenreduktionen realisieren.

Die Entwicklung leistungsfähiger Solartechnologien bietet die Möglichkeit zu dezentralen Energiegewinnungs- und Nutzungseinheiten. Damit können die Erzeuger und Verbraucherpotenziale noch intelligenter miteinander vernetzt werden. Gleichzeitig können damit auch die finanziellen Aufwendungen für die Anlageninfrastruktur und für den Energietransport erheblich reduziert werden. Mit diesen Merkmalen bietet eine leistungsfähige Solarenergie vor allem für die sonnenreicheren Entwicklungsländer große Chancenpotenziale. Neben den positiven Auswirkungen auf das Klima und die Umwelt, werden sich mit dieser Entwicklung für Erzeuger wettbewerbsfähiger Solartechnologien in Handwerk und Industrie große Wertschöpfungs- und Exportpotenziale eröffnen.

Wasserkraft

Die energetische Nutzung der Wasserkraft ist eine traditionsreiche Form emissionsfreier regenerativer Energieerzeugung. Sie kann durch große zentrale Anlagen, aber auch über viele kleine dezentrale Anlagen genutzt werden. Mit dieser Flexibilität und einer relativ kostengünstigen Technologie ist die Wasserkraft weltweit mit steigender Tendenz ein bedeutender Energieträger. Mit ihrer hohen Speichereigenschaft (z.B. in Stauseen) kann die Wasserkraft vor allem Energiebedarfsspitzen abdecken.

In Europa werden derzeit ca. 17 % der benötigten Energie durch Wasserkraft erzeugt, weltweit ist es ein Anteil von 20 %. Während alpine Regionen 50–60 % ihres Energieverbrauchs durch die Nutzung der Wasserkraft decken können, liegen die Potenziale und Nutzungsanteile in Deutschland aufgrund der weniger günstigen geographischen Strukturen wesentlich niedriger (4 % Nutzungsanteil). Die Nutzung der Wasserkraft zur Energiegewinnung bietet vor allem für die Entwicklungsländer hohe ökonomische und ökologische Potenziale.

Die nachhaltige Nutzung der Wasserkraft bedarf eines Ausgleichs zwischen den Faktoren Energieerzeugung, ökologische Folgen der Wasserkraftnutzung (z.B. durch Aufstau) und ökonomische Effektivität.

Ungeachtet der langjährigen Tradition der Wasserkraftnutzung, ergeben sich aufgrund der querschnitthaften Fragen der wasserkraftgestützten Energiebewirtschaftung, der sich ändernden Einsatz- und Nutzungsszenarien vor allem in den Entwicklungsländern aber auch bei der weiteren Verbesserung intelligenter Steuerungsmechanismen für die hydraulische Leistung auch heute immer noch vielfältige und wichtige Ansatzpunkte für Forschung und technologische Entwicklung im Bereich der Wasserkraftanlagen.

Biomasse/Nachwachsende Rohstoffe

Die energetische Nutzung von Biomasse bietet angesichts prinzipiell begrenzter Nutzflächen und nutzbarem Ertrag auch in naher Zukunft nur ein maximales Nutzungspotential von ca. 6–8 % der derzeitigen Primärenergieerzeugung. Das gilt sowohl für Deutschland als auch weltweit (maximal 10 %), weil vom gesamten vorhandenen Biomassepotenzial stets nur ein geringer Anteil unmittelbar genutzt werden kann. Für den Ersatz eines 1.200 MW-Leistung-Kraftwerkes durch die Biomasse Holz wäre z.B. die doppelte Fläche des Schwarzwaldes notwendig.

Aufgrund des weitgehend geschlossenen CO_2-Kreislaufs zwischen Aufwuchs und energetischer Nutzung ist die Biomasse ein ökologisch wertvoller, in der Klimabilanz nahezu CO_2-neutraler Energieträger. Biomasse kann damit einen wichtigen Beitrag zur Reduktion der Treibhausgasemissionen leisten und schont zugleich die fossilen Energievorräte. Biomasse eröffnet als Rohstoffbasis zur Umwandlung bzw. Erzeugung von Biogas-Methangas, Biotreibstoff (Methanol) und als fester Brennstoff flexible technische Möglichkeiten der Energiegewinnung und eine ebenso breite Anwendungspalette für die Energienutzung. Als unmittelbar vorteilhaft erweist sich, dass die erforderliche Technik bereits heute mit größtenteils hohen Leistungspotenzialen und Effizienzgraden arbeitet und Biomasse sich leicht speichern lässt. Im Vergleich zu anderen verfügbaren erneuerbaren Energien sind die CO_2-Minderungskosten (aufzuwendende Kosten für eine eingesparte Tonne CO_2) sehr niedrig, z.B. bei Verwendung von Restholz 70 DM pro Tonne CO_2, bei Biopflanzen 180 DM/Tonne, bei Photovoltaik aber 3000–4000 DM/Tonne.

Als nachteilig stehen dem die begrenzten Biomassepotenziale gegenüber (siehe oben) sowie der hohe technologische und logistische Aufwand zur Verwandlung von Biomasse in transportfähige sekundäre Energieträger. Der Einsatz von Biomasse zur Energiegewinnung ist weit kostengünstiger als die übrigen erneuerbaren Energien, jedoch gegenüber fossilen Energieträgern derzeit bei Vollkostenrechnung nicht wirtschaftlich konkurrenzfähig.

Biomassenutzung eröffnet neben der insgesamt positiven energetischen Perspektive zusätzliche ordnungs- und agrarpolitische Optionen. Landwirtschaftliche Überproduktionen könnten damit abgebaut und Überschussflächen durch den gezielten Anbau von Biomasse für energetische Zwecke sinnvoll genutzt werden. Gleichzeitig ließen sich so künftig auch Agrarsubventionen vermeiden. Bisherige Fehlentwicklungen in der Europäischen Agrarpolitik oder die Integration der bestehenden landwirtschaftlichen Überproduktionen der osteuropäischen EU-Beitrittsländer könnten über strukturpolitische Fördermaßnahmen zur Biomassenutzung besser bewältigt werden.

Windenergie

Windenergie bietet ebenfalls erhebliche zu erschließende Nutzungspotenziale, sie wird bei realistischer Einschätzung allerdings nur einen Beitrag zum Energiemix leisten können, der voraussichtlich einen Anteil von 5 % nicht übersteigt.

Das theoretische Potential der Windenergieerzeugung im Meer (Offshore) liegt 20 % höher als der Energieverbrauch in der Europäischen Union. Eine moderne wettbewerbsfähige Windenergietechnik birgt hohe Exportchancen im Rahmen des Aufbaus von Energieversorgungsstrukturen mit einem hohen Anteil erneuerbarer Energien in den Entwicklungs- und Schwellenländern.

Derzeit sind in Deutschland Windenergieanlagen mit einem Leistungspotenzial von bis zu ca. 6 Gigawatt installiert. Die Effizienz der Anlagen hängt wesentlich vom Standort und dem dortigen Windaufkommen bzw. den damit verbundenen Betriebslaufzeiten ab. Bei Windenergieanlagen liegt die Betriebslaufzeit im Durchschnitt bei ca. 2500 h/Jahr, bei Kohle- und Kernkraftwerken bei ca. 8000 h/Jahr. Den höchsten technologischen Wirkungsgrad haben Anlagen auf dem Meer. In der technologischen Entwicklung von Windkraftanlagen konnten in den letzten Jahren erheblichen Fortschritte erzielt werden. So wurde u.a. konnte die Leistung einer Windkraftanlage in den letzten 10 Jahren von 150 KW auf 1,5 MW erhöht, bei gleichzeitiger Reduktion des Anlagepreises um 8 %. Bei Verdoppelung der installierten Gesamtleistung auf 12 GW liegen die Stromgestehungskosten bei knapp 7 Cent pro kWh, bei 10 Jahren Betriebsdauer, bei ca. 4 Cent/kWh bei 20 Jahren Betrieb. Die Integration der Windenergie ins Energieversorgungsnetz ist möglich. Schon heute resultiert der benötigte Strombedarf in Niedersachsen phasenweise zu 100 % aus Windenergie. Beispielsweise werden bei dem Energieversorgungsunternehmen E.ON zeitweise bis zu 30 % Windenergie in das Hochspannungsnetz eingespeist.

Geothermie

Die Energiegewinnung durch geothermische Verfahren spielt bisher in Deutschland nur eine geringe Rolle. Im Rahmen der oberflächennahe Geothermie (bis 40°C und 400 m Tiefe) kommen Wärmepumpen in kleinen dezentralen Anlagen zur Beheizung von Gebäuden zum Einsatz. Bei der Geothermie richtet sich das Nutzungspotenzial sehr stark nach den geologischen Gegebenheiten vor Ort. Während in Deutschland die Geothermie praktisch keine Relevanz entfaltet, wird auf den Philippinen ein Stromanteil von 30 % der Stromerzeugung durch Heißdampfquellen der Geothermie erzeugt.

Die Technik für die Nutzung von Geothermie ist grundsätzlich bekannt, aber noch optimierbar. Für die Entwicklung leistungsstärkerer Geothermie-Verfahren bedarf es daher einer zielorientierten Grundlagen- und anwendungsnaher Forschung.

In der Zukunft wird weltweit der Beitrag der Energiegewinnung über geothermische Verfahren steigen. Allerdings wird die Geothermie auch in langfristiger Perspektive nur einen sehr begrenzten Beitrag zur Energieversorgung leisten.

Ihre grundsätzlichen Vorteile liegen in der hohen langfristigen Versorgungssicherheit als erneuerbare Ressource, in der mit der Nutzung verbundenen geringen Umweltbelastung, im geringen Flächenverbrauch und in der hohen gesellschaftlichen Akzeptanz. Nachteile der Nutzung sind insbesondere die niedrigen Wirkungsgrade, die schwierige und kostenaufwendige Erkundung und Erschließung geothermischer Energiequellen und die noch nicht erwiesenen Wirtschaftlichkeit der Verfahren.

Energieeinsparpotenziale

Maßnahmen zur Verbesserung der Energieeinsparung können sowohl im technologischen Bereich als auch im Bereich der Verbraucherstrukturen einen entscheidenden Beitrag zur Minderung der Treibhausgas-Emissionen erbringen. Der Verbrauchssektor bietet hohe Einsparpotenziale. Diese resultieren gleichermaßen aus höherer technologischen Effizienz im Energieverbrauch und einem geänderten Energiebewusstsein der Verbraucher.

Wärmepumpen

Mit ihrem Prinzip, die bei der Nutzung von Energie anfallende Abwärme zurückzugewinnen, sind Wärmepumpen ideale Beispiele einer effizienten und damit möglichst nachhaltig wirkenden Energiewirtschaft. Die Effizienz der Umweltverträglichkeit einer Wärmepumpe steigt mit der Effizienz der Energieversorgung. D.h., sie ist sowohl bei fossilen als auch regenerativen Energieträgern, bei zentraler wie dezentraler Versorgung anzuwenden. Mit diesen Eigenschaften ist der Einsatz von Wärmepumpen wirtschaftlich.

Hohe Entwicklungspotenziale ergeben sich im Bereich des zukünftig verstärkten dezentralen Einsatzes zur Senkung des Heizenergiebedarfs. Dieser setzt eine Miniaturisierung der Wärmepumpen voraus.

Brennstoffzellen

Die Brennstoffzellentechnologie zählt zu den vielversprechenden Entwicklungen im Bereich der Energieumwandlungssysteme. Energie in Energieträgern (u.a. Wasserstoff, Benzin, Diesel, Biogas, Methanol, Erdgas) wird in der Brennstoffzelle zu elektrischer Energie und Wärme umgewandelt. Mit Brennstoffzellen können bereits hohe elektrische Wirkungsgrade (65–70 %, bei Wasserstoff bis zu 75 %) bei minimalen Emissionen erzielt werden. Diese Emissionen sind abhängig vom verwendeten Energieträger und vom jeweiligen Wirkungsgrad der Zelle.

Vorteilhaft ist, dass Brennstoffzellen als Ergänzung der fossilen und erneuerbaren Energiegewinnung auf den heutigen Energiemix aufsetzen können. Systembedingte Nachteile, wie z.B. die geringere Leistung pro Volumen und Masse im Vergleich zu Verbrennungsmotoren, erfordern weitere Anstrengungen in der Erforschung und Entwicklung neuer Konzepte für einen verbesserten dezentralen Einsatz der Brennstoffzelle in stationärer und mobiler Anwendung. Die Suche nach Lösungen erfordert auch das Entwickeln neuer Konzepte.

Wohnbau

Ein konkreter Einsparbereich ist der Verbrauch von Raumheizwärme. In Deutschland beansprucht der Energieverbrauch für Raumheizwärme derzeit ca. 1/3 unserer gesamten Endenergienutzung. Bereits heute steht eine so hochwertige Dämm- und Heiztechnologie zu Verfügung, dass in Deutschland mit einer konsequenten energetischen Sanierung der ca. 23 Millionen Altbauwohnungen eine überdurchschnittlich hohe Absenkung dieses Verbrauchs auf ein Drittel prinzipiell erreichbar wäre. Weitere technologische Verbesserungen sind absehbar (z.B. Vakuumdämmung). Im Idealfall könnten damit die CO_2-Emissionen um 140 Mio. t pro Jahr weitgehend abgesenkt und sogar die Reduktionsziele des Kyoto-Klimaschutzprotokolls erfüllt werden. Die Gesamtkosten eines solchen umfassenden Sanierungsansatzes werden auf ca. 350 Mrd. € eingeschätzt. Die schrittweise Sanierung von 500.000 Altbauwohnungen pro Jahr könnte mit einem Kostenaufwand von ca. 7,5 Mrd. € pro Jahr eine CO_2-Minderung bis 2012 von jährlich immerhin 40 Mio. t bewirken. Bei einer gesamtwirtschaftlichen Gesamtbetrachtung ist zu berücksichtigen, dass diese Maßnahmen nicht nur auf der Ausgabenseite zu Buche schlagen, sondern zugleich erhebliche konjunkturbelebende Impulse für die Wirtschaft und das Handwerk vermitteln könnten. Schätzungen gehen davon aus, dass durch ein solches Sanierungsprogramm ca. 150.000 neue Arbeitsplätze geschaffen werden könnten.

Verkehr

Im Bereich des Verkehrwesens haben Verbesserungen der Technik und Effizienzgewinne in der Energienutzung auf der Nachfrageseite (Anwender und Verbraucher) zu steigenden Verkehrsbedarfen und Verkehrsvolumina geführt. Der Gesamtenergieverbrauch im Verkehrsbereich konnte jedoch nicht gesenkt werden. Erwartet wird, dass mit weiter zunehmender Mobilität, Kommunikation und mit neuen transnationalen Wirtschafts- und Sozialstrukturen auch die Verkehrsbedürfnisse weiter wachsen.

Erhebliche Energieeinsparungen könnten durch ein verstärktes Energiebewusstsein und ein verändertes, auf Energieeinsparung ausgerichtetes An-
wender- und Konsumentenverhalten realisiert werden. Konkrete Einsparpotenziale liegen vor allem bei der Kraftfahrzeugnutzung im Freizeitbereich, der ca.
60 % der PKW-Nutzung einnimmt. Im Durchschnitt ist der Pkw lediglich mit 1,2
Personen besetzt, der sog. Flottenverbrauch reduziert sich nur langsam, da der
Hubraum pro Fahrzeug sich tendenziell in den letzten Jahren erhöht hat.

Zusätzliche Effizienzpotenziale eröffnen sich über optimierte Antriebssysteme und Verkehrsinfrastrukturen (z.B. Ausbau attraktiver öffentlicher Verkehrsmittel und störungsfrei arbeitender „robuster" Verkehrssysteme).

Kapitel 3: Dokumentation der Fachexperten und anschließende Diskussion

Herausforderungen der Energieversorgung am Beginn des dritten Jahrtausends

Alfred Voß

Die Herausforderungen

Ziel dieses Beitrags ist es, die Herausforderungen denen wir im Energiebereich gegenüber stehen aufzuzeigen und auf die Bedeutung von Forschung und Entwicklung zur Bewältigung dieser Herausforderungen hinzuweisen.

Lassen Sie mich mit einem Zitat beginnen, das wie folgt lautet:

„Am Ende des 20. Jahrhunderts leben mehr Menschen unter der Armutsgrenze als am Ende des 19. Ist unser Vermächtnis für das 21. Jahrhundert noch mehr Menschen unter der Armutsgrenze?"

Mit dieser Frage ist eine der zentralen Herausforderungen benannt, der wir uns zu stellen haben, nämlich der Überwindung von Hunger und Armut, d.h. die Schaffung humaner Lebensbedingungen für eine weiter wachsende Weltbevölkerung. Eine zweite zentrale Herausforderung stellt die Vermeidung anthropogener Umweltbelastungen und Klimaänderungen dar, die die natürlichen Lebensgrundlagen gefährden. Und drittens ist mit Bezug auf unser Land, die Sicherung der Zukunftsfähigkeit des Wirtschafts- und Lebensraumes Deutschlands, insbesondere die Sicherung von wirtschaftlicher Leistungsfähigkeit und von ausreichender Beschäftigung zu nennen.

Alle diese Herausforderungen haben einen direkten Bezug zur Energieversorgung, da
- die Verfügbarmachung von mehr bezahlbarer arbeitsfähiger Energie eine notwendige Bedingung zur Überwindung von Hunger und Armut, d.h. zur Schaffung humaner Lebensbedingungen sowie zur humanen Begrenzung des Wachstums der Weltbevölkerung ist,
- da der überwiegende Teil der Treibhausgas- und anderer Schadstoffemissionen aus der Energieversorgung stammen, und da die Sicherung des Wirtschaftsstandortes Deutschland ohne eine leistungsfähige Energieinfrastruktur und ohne wettbewerbsfähige Energiepreise nicht gelingen kann.
- Die Bewältigung dieser Herausforderungen ist, so meine ich, gleichbedeutend mit der Umsetzung des Leitbildes einer „Nachhaltigen Entwicklung". „Nachhaltige Entwicklung" ist ja in den letzten Jahren zum vorherrschenden

entwicklungspolitischen Leitbild geworden. Es findet breite Zustimmung, wird aber durchaus noch unterschiedlich interpretiert und konkretisiert.

Die Brundtland Kommission hat in ihrem Bericht „Our Common Future" „Nachhaltige Entwicklung" definiert als eine „Entwicklung, die die Bedürfnisse der Gegenwart befriedigt, ohne zu riskieren, dass künftige Generationen ihre eigenen Bedürfnisse nicht befriedigen können". Sie erläutert weiter, dass Nachhaltige Entwicklung ein Wandlungsprozess ist, in dem die Nutzung der Ressourcen, das Ziel von Investitionen, die Richtung technologischer Entwicklung und Institutioneller Wandel miteinander harmonieren und das derzeitige und zukünftige Potenzial vergrößern, menschliche Bedürfnisse und Wünsche zu erfüllen.

Ziel einer „Nachhaltigen Entwicklung" ist es also, die Verbesserung der ökonomischen und sozialen Lebensbedingungen aller Menschen, der heute und zukünftig Lebenden, mit der langfristigen Sicherung der natürlichen Lebensgrundlagen in Einklang zu bringen. Es geht also sowohl um weitere Entwicklung, um die Ausweitung der verfügbaren Ressourcenbasis für die Produktion von Gütern und Dienstleistungen, wie auch darum, die Aufnahme- und Assimilationskapazitäten der Umweltmedien nicht zu überschreiten.

Versucht man nun das Leitbild Nachhaltigkeit unter Berücksichtigung seiner verschiedenen Dimensionen, für den Energiebereich als einen wichtigen Teilbereich von Nachhaltiger Entwicklung zu konkretisieren, so lässt sich von einer Nachhaltigen Energieversorgung dann sprechen, wenn

- die durch die Energienutzung verbrauchten Ressourcen und die durch Wissenszuwachs bzw. technischen Fortschritt erzielbare Ausweitung der wirtschaftlich nutzbaren Energie- und Ressourcenbasis dazu führen, dass das Potenzial für die Bereitstellung von Energiedienstleitungen größer wird,
- die mit den Energienutzung verbundenen Stofffreisetzungen, Stoffabfälle und thermischen Belastungen die Assimilationskapazität der Umwelt als Senke nicht überschreiten,
- und die Energiedienstleistungen mit möglichst geringen Kosten (Vollkosten) bereitgestellt werden, um wirtschaftliche Entwicklung nicht zu behindern.

Abgesehen von der Betonung unserer Verantwortung für die kommenden Generationen, ist das Leitbild „Nachhaltigkeit" durchaus kompatibel mit den allgemeinen verfolgten energiepolitischen Zielen, Energie

- bedarfsgerecht und sicher
- mit möglichst geringen volkswirtschaftlichen Kosten
- und umweltverträglich

bereitzustellen. Die Ziele bzw. die verschiedenen Dimensionen von Nachhaltigkeit sind dabei immer integrativ zu sehen und Energieträger bzw. Energietechnologien sind im Hinblick auf ihre Beiträge zu allen Teilzielen von Nachhaltigkeit zu beurteilen.

Energienachfrageentwicklung und Energieressourcen

Was sind denn nun die Energiebedürfnisse auf deren Befriedigung wir uns zukünftig einstellen müssen? Abb.1 zeigt die Entwicklung des weltweiten Verbrauchs an kommerzieller Energie. Dieser hat sich seit 1960 verdreifacht und beträgt heute 365 EJ/a.

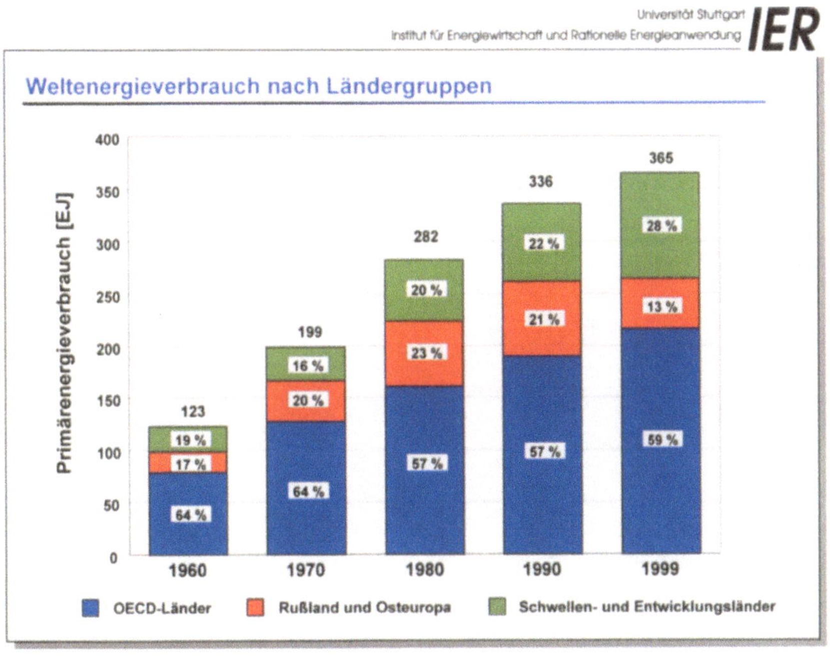

Abb.1 Weltenergieverbrauch nach Ländergruppen

Obwohl das Wachstum des Energieverbrauchs in vielen Entwicklungsländern höher als in den Industrieländern war, sind die Disparitäten im Energieverbrauch nicht kleiner geworden. In den meisten Entwicklungsländern steht den Menschen weniger als ein Zehntel der Energie zur Verfügung wie in den Industrieländern. 1,6 Milliarden Menschen sind heute noch ohne Zugang zu kommerziellen Energien. Energiearmut ist deshalb kein leeres Schlagwort. Überwindung von Hunger und Armut, Verbesserung der Lebensbedingungen und weiterer Anstieg der Weltbevölkerung sind wesentliche Determinanten des zukünftigen Energiebedarfs.

Abb.2 zeigt Entwicklungen des weltweiten Energieverbrauchs bis zum Ende
dieses Jahrhunderts in Form von drei Szenarien A, B und C, denen unterschiedliche Annahmen für die Bevölkerungsentwicklung, die weltweite Wirt-
schaftsentwicklung und die Verbesserung der Energieeffizienzen zugrunde
liegen. Die Szenarien zeigen, dass bei einem Anstieg der Weltbevölkerung auf
9–12 Milliarden Menschen, auch bei Ausschöpfung der Möglichkeiten der
Energieeffizienzsteigerung, mit einem weiteren Anstieg des weltweiten Energieverbrauchs, um einen Faktor 2 bis 5 zu rechnen ist.

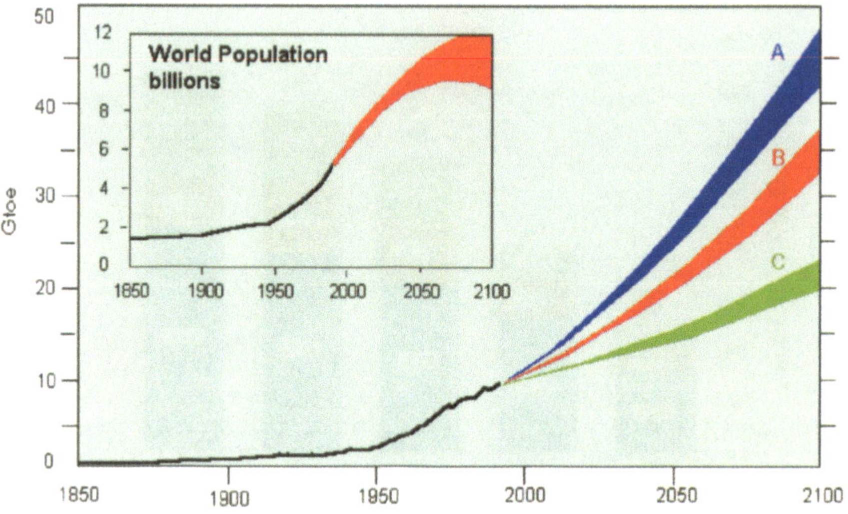

Abb.2 Projektion des globalen Primärenergieverbrauchs

Ohne dass wir die zukünftige Entwicklung der weltweiten Energienachfrage im
Einzelnen kennen, folgt aber doch daraus, im Sinne der Nachweltverantwor-
tung des Leitbildes Nachhaltigkeit, dass wir Vorsorge treffen müssen, dass eine
steigende Energienachfrage auch gedeckt werden kann. Dies erfordert eine
Ausweitung der wirtschaftlich verfügbaren Energiebasis.

Wenn wir von einem steigenden weltweiten Energieverbrauch ausgehen müssen, stellt sich natürlich die Frage nach den uns zur Verfügung stehenden Ener-
gievorräten und Quellen. Dabei ist zu unterscheiden zwischen erschöpfbaren
Vorräten und den quasi unerschöpflichen Energieströmen. Letztere werden wie
die solare Strahlung aus nuklearen Fusionsprozessen der Sonne oder wie im Fall
der Erdwärme aus radioaktiven Zufallsprozessen in der Erdkruste gespeist.

Die nach derzeitigem Kenntnisstand bestehende Vorratssituation ist in Tabelle 1 zusammengefasst. Die nachgewiesenen, wirtschaftlich gewinnbaren Reserven der fossilen Energieträger liegen bei 34.000 EJ. Dies entspricht einer Reichweite bei konstantem weltweiten Verbrauch von ungefähr 100 Jahren. Die geschätzten zusätzlichen Ressourcen sind etwa einen Faktor 10 größer.

[EJ]	Sicher gewinnbare Reserven	Geschätzte zusätzliche Ressourcen	Gesamtressourcen
Kohle	16.349	179.023	195.372
Erdöl	6.654	3.320	9.974
Erdgas	5.586	7.820	13.106
Nichtkonv. Erdöl	5.890	25.210	31.100
Sonstige Gase	137	111.920	112.057
Fossile Energieträger	34.316	327.293	361.609
Uran Leichtwasserreaktor	1.160	9.140	10.300
Brutreaktor	116.000	914.000	1.030.000

Tab.1 Energiereserven und Ressourcen

Bei der Kernspaltung von Uran hängt die gewinnbare Energie davon ab, wie effizient wir den Energievorrat des Urans ausnutzen. Mit den heutigen Leichtwasserreaktoren nutzen wir nur einen kleinen Teil des Energiepotenzials des Urans aus. Brutreaktoren erhöhen die gewinnbare Energiemenge etwa um einen Faktor hundert. Ohne die Energiepotenziale der Kernfusion hier mit einzubeziehen, ist die gesamte Ressourcenbasis der fossilen und nuklearen Energieträger so groß, dass sie rein rechnerisch den derzeitigen Weltenergieverbrauch für 3.000 Jahre decken könnte.

Hierzu kommen noch die Energieströme der erneuerbaren Energiequellen. Das gesamte Angebotspotenzial der solaren Strahlung und der anderen regenerativen Energiequellen beträgt 2,6 Mio. EJ/a. Dies ist 70.000 mal größer als der weltweite anthropogene Energieverbrauch (siehe Tabelle 2).

Das technisch nutzbare Potenzial, das konkurrierende Verwendungszwecke und technische Randbedingungen berücksichtigt, ist mit 1000 EJ/a etwa 3 mal so groß wie der derzeitige weltweite Energieverbrauch.

Die gesamte der Menschheit zur Verfügung stehende Energiebasis lässt den Schluss zu, dass rein mengenmäßig betrachtet Energie nicht knapp ist, auch wenn man einen steigenden weltweiten Verbrauch unterstellt.

Die Probleme im Zusammenhang mit der Deckung eines weltweiten Energiebedarfs resultieren im wesentlichen daraus

- dass derzeit nur ein kleiner Teil der Energiebasis wirtschaftlich genutzt werden kann
- dass mit der Nutzung einzelner Energieträger Umwelt- und Klimaeffekte verbunden sind, die nicht tolerierbar sind.

	Angebotspotenzial [EJ/a]	Technisch Nutzbares Potenzial [EJ/a]
Solarstrahlung	2 500 00	600
Wasserkraft	158	100
Wind	100 000	100
Biomasse	3 000	190
Geothermie	1 000	64
Gezeiten, Wellenenergie	100	34
Meeresströmung	29-290	
Gesamt	~ 2 600 000	1 088

Tab.2 Weltweite Potenziale der regenerativen Energiequellen

Zum Klimaproblem, das trotz der noch bestehenden Wissenslücken über das komplexe Klimageschehen, aus heutiger Sicht die wohl größte ökologische Herausforderung im Kontext der zukünftigen Energieversorgung darstellt, sei folgendes angemerkt.

Der gerade veröffentliche Third Assessment Report des Intergovernmental Panel on Climate Change (IPCC) stellt fest, dass es neue und stärkere Belege dafür gibt, dass die beobachtete Erderwärmung der letzten 50 Jahre zum Großteil auf menschliche Aktivitäten zurückzuführen ist.

Abb.3 zeigt die Entwicklung der atmosphärischen CO_2-Konzentration für die zuvor angesprochenen Szenarien der weltweiten Energieverbrauchsentwicklung.

Die Szenarien A und B, die von einer Ausweitung der Nutzung fossiler Energieträger ausgehen, führen zu erheblichen Anstiegen der CO_2-Konzentration in der Atmosphäre, die nach gegenwärtigem Wissen Klimarisiken bedeuten, die nicht tolerabel sind.

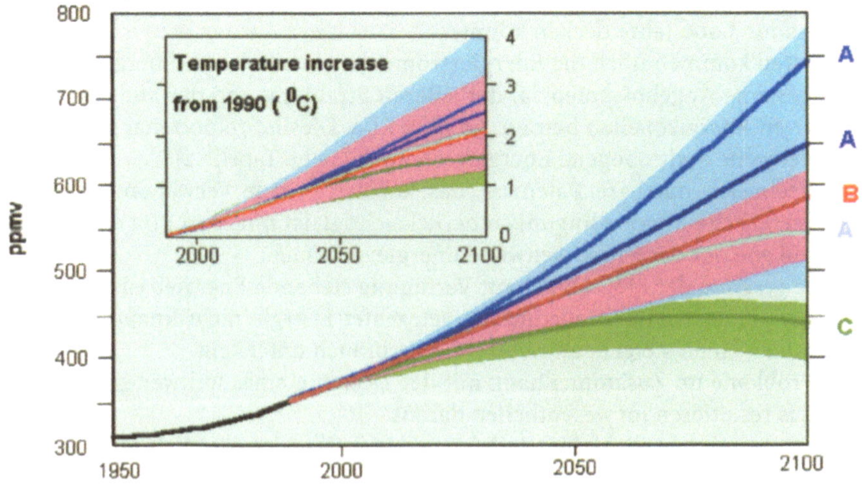

Abb.3 Projektion der atmosphärischen CO_2 Konzentrationen

In Szenario C wird eine Stabilisierung der CO_2-Konzentration in einem Bereich von 450 ppm erreicht. Dies erfordert massive Effizienzsteigerungen und den Ausbau CO_2-freier Energiesysteme. Soll eine derartige Begrenzung der Anreicherung von Treibhausgasen nicht im Konflikt stehen mit den wirtschaftlichen Entwicklungszielen, dann sind kostengünstige Substitute für die fossilen Brennstoffe erforderlich.

Es bedarf wohl keiner besonderen Begründung um festzustellen, dass die bisher angesprochenen globalen Herausforderungen und Rahmenbedingungen auch zentrale Randbedingungen für unsere eigene Energieversorgung darstellen. Dies folgt allein schon aus der Globalität der Energiemärkte.

Aus nationaler Perspektive ist die Liberalisierung und Wettbewerbsorientierung der Energiemärkte eine weitere Herausforderung. In wettbewerblichen Märkten kommt den Erzeugungskosten eine herausragende Bedeutung zu, denn

- wettbewerbsfähige Erzeugungskosten sind die Basis für das Überleben der Versorgungsunternehmen,
- sie sind in einem liberalisierten europäischen Markt auch Voraussetzung, um die Energieerzeugung in Deutschland und die damit verbundene Wertschöpfung und Beschäftigung zu sichern.

Die Umwelt- und Klimaschutzanforderungen bedeuten eine weitere Reduktion der energiebedingten Emissionen. Angesichts unserer vergleichsweise hohen Treibhausgasemissionen pro Kopf, werden diese gfls. sehr weitgehend sein müssen. Aber auch diesbezüglich gilt, das ökologisch Notwendige, ökonomisch effizient zu erreichen.

Ein dritter Problembereich ist gfls. in der wachsenden Energieimportabhängigkeit zu sehen, die dem Aspekt der Sicherheit der Versorgung eine neue Bedeutung gibt. Die EU-Kommission hat auf diesen Problembereich in dem kürzlich veröffentlichen Grünbuch „Hin zu einer europäischen Strategie zur Sicherung der Energieversorgung" hingewiesen. Grund der Besorgnis ist nicht eine allgemeine Verknappung der fossilen Energieressourcen, sondern die im Zuge wachsender Energieimporte wachsende Abhängigkeit von Erdöl- und Erdgaslagerstätten, die im Gebiet um das Kaspische Meer und den Persischen Golf konzentriert sind und die davon ausgehenden geopolitischen Risiken.

Die meisten Analysen der Entwicklung des Primärenergieverbrauchs in Deutschland weisen aus, dass der Primärenergieverbrauch trotz des angestrebten Wachstums des Bruttoinlandsproduktes nicht zunehmen wird. Abb. 4 zeigt exemplarisch zwei Projektionen der Entwicklung des Primärenergieverbrauchs in Deutschland.

Ein im wesentlichen konstanter Primärenergieverbrauch impliziert aber angesichts des angestrebten Wachstums des Bruttoinlandsproduktes langfristig eine Halbierung der Energieintensität unserer Volkswirtschaft. Die dazu notwendigen Effizienzverbesserungen in allen Bereichen der Energiewandlung und Energienutzung sind heute aber noch keineswegs schon

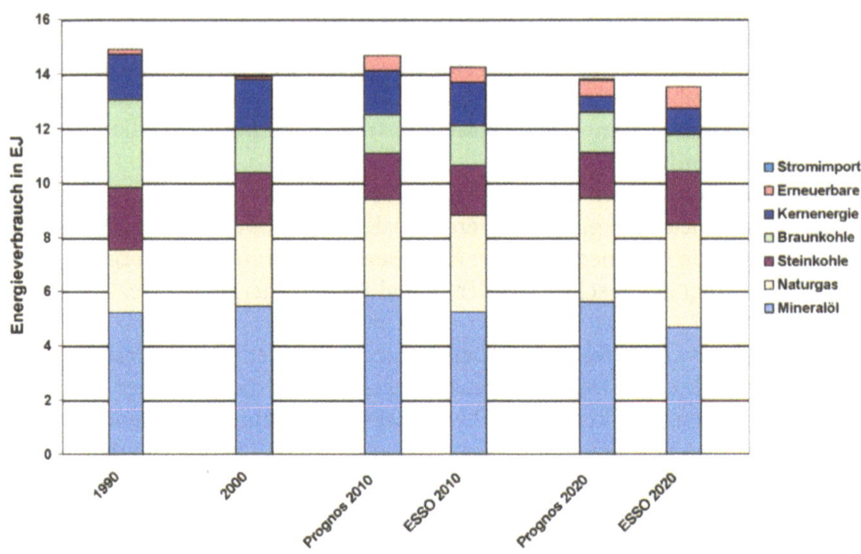

Abb.4 Primärenergieverbrauch in Deutschland (Trend)

technisch-wirtschaftliche Realität, sondern bedürfen noch erheblicher Entwicklungsanstrengungen.

Die Projektionen weisen noch auf einen anderen Problembereich hin, nämlich, dass die energiebedingte CO_2-Emissionen längerfristig nicht ab, sondern im Vergleich zum Jahr 2000 noch leicht zunehmen werden.
Abb.5. verdeutlicht die Herausforderung, die nationalen Treibhausgasminderungsziele in Deutschland zu erreichen.

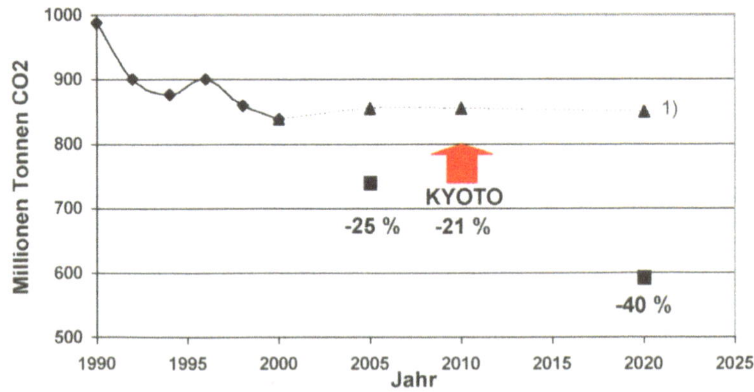

Abb.5 CO_2-Emissionsentwicklung und Minderungsziele in Deutschland

1) Entwicklung nach PROGNOS 2010

Rolle und Bedeutung der Energieforschung

Was bedeuten nun die dargestellten Herausforderungen und Problembereiche für die Energieforschung? Der Wissenschaftsrat hat zu dieser Frage festgestellt:

- Nur wenn Forschung und Entwicklung zu nachhaltigen Fortschritten bei der Umwandlung und Nutzung von Energie sowie bei der Ausweitung der Energiebasis führen, erscheinen die Aufgaben lösbar, die mit der Realisierung einer nachhaltigen Energieversorgung verbunden sind.
- Und weiter: Forschung und Entwicklung sind der einzige systematische Weg, die notwendigen technischen Fortschritte und Innovationen für eine ökonomie- und nachweltverträgliche Energieversorgung zu erreichen.

Gerade in einem rohstoffarmen Land wie Deutschland, kann der Beitrag zur Lösung der Energieprobleme primär wohl nur darin liegen, dass wir Techniken aber auch Energienutzungskonzepte entwickeln, die weitere wirtschaftliche und soziale Entwicklung ermöglichen und die natürlichen Legensgrundlagen auf Dauer erhalten.

Darüber hinaus verfügen die hochentwickelten Industrieländer in besonderem Maße über die materiellen und personellen Ressourcen, um durch Forschung und Entwicklung die Voraussetzungen für die Verwirklichung einer nachhaltigen Energieversorgung zu schaffen.

Angesichts des hohen Verbrauchs fossiler Energieträger in den hochentwickelten Volkswirtschaften, ergibt sich aus dem Nachhaltigkeitsgebot die Verpflichtung, neue Wege der Energieversorgung künftiger Generationen zu öffnen.

Energieforschung ist in diesem Kontext nicht nur ein Beitrag zur Wettbewerbsfähigkeit unserer Energieversorgungsunternehmen und der anlagenbauenden Industrie, sie ist auch eine Versicherungsprämie gegen die ökologischen und ökonomischen Risiken der Zukunft unserer und der nächsten Generationen. Das Forschung und Entwicklung ein beträchtliches Problemlösungspotenzial beinhalten, lässt sich gerade für den Energiebereich an zahlreichen Beispielen belegen.

Es ist keine Frage, dass die großen Zukunftsprobleme um Energie und Umwelt nur durch massive Anstrengungen im Bereich Forschung und Entwicklung gelöst werden können. Produkt- und Prozessinnovationen auf allen Stufen der Energiebereitstellungskette sind notwendig.

Verbesserte und neue Energietechnologien können die monetären und umweltbezogenen Kosten der Versorgung mit Energieträgern reduzieren, die Kosten von Energiedienstleistungen durch Effizienzsteigerungen senken, das Risiko von Preissteigerungen bei den importierten Energieträgern Öl und Erdgas mindern, die Emissionen von Treibhausgasen mindern und damit die Chancen für eine nachhaltige Entwicklung deutlich verbessern. Sollen derartige Fortschritte auch einen Beitrag zur Wettbewerbsfähigkeit der deutschen Wirtschaft und damit zur Sicherung von Beschäftigung in Deutschland leisen, so wird es darauf ankommen, in Schlüsselbereichen der Energietechnik an der Spitze der Entwicklung zu stehen

Den verschiedenen Dimensionen des Energieproblems muss dabei durch angemessene Breite und Diversifizierung der Forschungs und Entwicklungsfelder Rechnung getragen werden, die alle Energiesysteme umfasst, die ein plausibles Potenzial für Wirtschaftlichkeit, Umwelt und Klimaverträglichkeit haben. Dabei wird es auch notwendig sein in Forschungsfelder zu investieren, die erst in einigen Jahren oder Jahrzehnten marktfähige Produkte erwarten lassen und daher mit höheren Erfolgsrisiken behaftet sind.

Hier soll nicht der Versuch gemacht werden, das ganze Spektrum von Forschungsfeldern oder Technologien aufzuzählen, die behandelt werden müssen, sondern es sei nur erwähnt, dass die Bereiche fossiler und nukleare Kraftwerke ebenso dazugehören, wie z.B. die CO_2Abscheide und Ablagerungstechniken. Integraler Bestandteil dieser auf die Entwicklung neuer bzw. Verbesserung bekannter Energieumwandlungs und -anwendungstechniken ausgerichteten Forschungs und Entwicklungsarbeiten müssen dabei auch Arbeiten auf dem Gebiet der Materialentwicklung, der Verbrennung und Stofftrennung sowie der Simulation und Optimierung komplexer energietechnischer Systeme sein.

Energieforschung muss aber auch über die naturwissenschaftlich technischen Fragen hinausgehen, da, und dies haben ja die energiepolitischen Diskussionen in den letzten Jahrzehnten deutlich gemacht, die technischen Systeme eingebettet sind und in Wechselwirkung stehen mit der Umwelt, der Wirtschaft und der Gesellschaft. Einer systematischen, auf wissenschaftlichen Methoden basierenden Technikfolgenabschätzung und Analyse der Entwicklungsmöglichkeiten der Energieversorgung kommt für die Fundierung unternehmerischer wie energiepolitischer Entscheidungen eine wichtige Bedeutung zu.

Die langen Zeithorizonte bishin zu einer möglichen Nutzung, hohe Entwicklungsrisiken und Kosten sowie die Verantwortung für die Umwelt und die kommenden Generationen sind wesentliche Gründe dafür, dass Forschung und Entwicklung im Energiebereich nicht allein Aufgabe der Wirtschaft sein können, sondern zentrale Aufgabe der staatlichen Zukunftsvorsorge darstellen. Gerade im Zusammenhang mit der Deregulierung der Energiemärkte tritt diese staatliche Aufgabe stärker in den Vordergrund, da aufgrund des Kostendrucks das Engagement der Energiewirtschaft für Forschung und Entwicklung wohl eher rückläufig sein wird.

Auch aus diesem Grund, insbesondere aber angesichts der Herausforderungen die zur Realisierung einer nachhaltigen Energieversorgung zu bewältigen sind, muss es Sorge hervorrufen, dass die staatliche Förderung der Energieforschung in unserem Land in den letzten zwei Jahrzehnten dramatisch zurückgegangen ist.

Die Abb.6 zeigt, dass inflationsbereinigt heute für das wiedervereinte Deutschland nur noch etwa 1/3 der Mittel vorhanden sind, die in den siebziger Jahren in der alten Bundesrepublik für F&E im Energiebereich zur Verfügung standen.

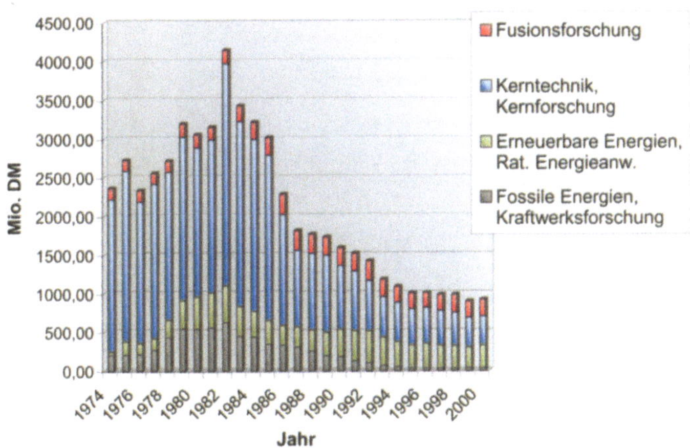

Abb.6 Forschungs und Entwicklungsausgaben des Bundes 1974–2000

Auch im Vergleich mit anderen Industrieländern wird deutlich, dass die staatliche Förderung der Energieforschung in den meisten wichtigen Industrieländern einen deutlich höheren Stellenwert als bei uns hat (siehe Abb.7).

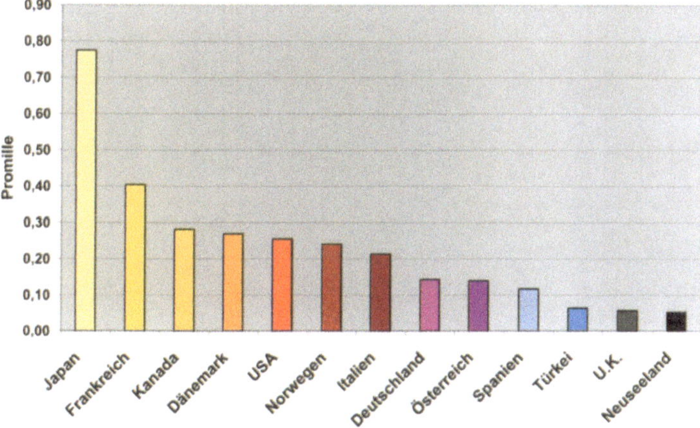

Abb.7 Anteil der Energie-Forschungsförderung am BIP

Ich glaube, der Wissenschaft wird man nicht Egoismus unterstellen können, wenn sie ihre Stimme dafür erhebt, die ausgelösten Veränderungen in der Energiewirtschaft und die vor uns liegenden energieseitigen Herausforderungen zum Anlass zu nehmen, die große gesellschaftliche Aufgabe ausreichender, kosteneffizienter und umweltverträglicher, also einer nachhaltigen Energieversorgung durch eine breit angelegte und angemessen ausgestattete Förderung der Energieforschung wieder stärker in die öffentliche Verantwortung zu nehmen.

Der Beitrag der Kohle für eine nachhaltige Energieversorgung in der Zukunft

Hans-Wilhelm Schiffer

Zunächst möchte ich mich kurz vorstellen. Mein Name ist Hans-Wilhelm Schiffer. Ich bin ebenso wie Herr Hillebrand Ökonom. Kein Exot bin ich in diesem Kreis allerdings, was meinen beruflichen Werdegang betrifft. Ich habe nämlich vor meiner jetzigen Tätigkeit bei RWE Rheinbraun ebenfalls in Ministerien gearbeitet, und zwar im Bundeswirtschaftsministerium und im Bundesumweltministerium.

RWE Rheinbraun, nur ganz kurz, fördert im Rheinland etwa hundert Millionen Tonnen Braunkohle pro Jahr im Tagebau. Davon werden fast 90 Prozent in den unternehmenseigenen Kraftwerken zur Stromerzeugung genutzt. Die von RWE Rheinbraun auf Basis Braunkohle produzierte Elektrizität macht immerhin 13 Prozent der gesamten Stromerzeugung in Deutschland aus. RWE Rheinbraun hält ferner eine maßgebliche Beteiligung an MATRA. Die Geschäftstätigkeit dieses ungarischen Unternehmens besteht ebenfalls in der Gewinnung und Verstromung von Braunkohle. Und das dritte Standbein ist die Steinkohle in

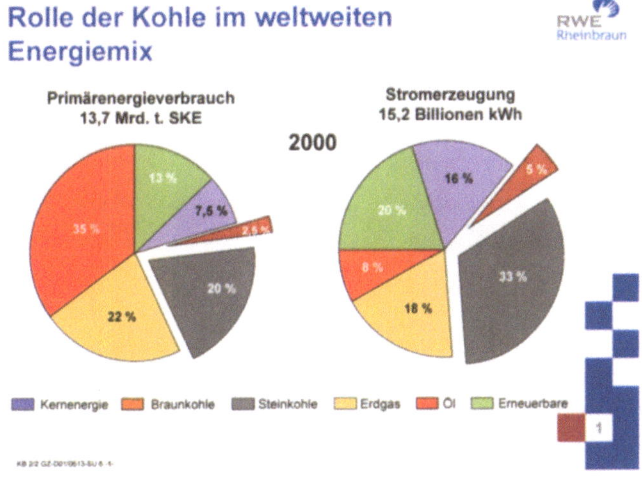

Abb.1 Die Rolle der Kohle im weltweiten Energiemix

den USA. Wir halten eine Mehrheitsbeteiligung an dem viertgrößten amerikanischen Steinkohleunternehmen CONSOL, das ungefähr 70 Millionen Tonnen Steinkohle jährlich fördert, also mehr als doppelt soviel wie in Deutschland an

Steinkohle insgesamt abgebaut wird. Zur Braunkohle möchte ich noch hinzufügen: Dieser heimische Energieträger, das ist vielfach außerhalb des Rhein-
landes nicht bekannt, ist subventionsfrei. Unsere Maßnahmen, die wir eingelei-
tet haben, sind darauf gerichtet, und wir erreichen das auch, die langfristige
Sicherung der Wettbewerbsfähigkeit von Braunkohlenstrom in Deutschland zu
gewährleisten.

Nun zu meinem Statement. Ich beginne ebenfalls mit der Weltenergiever-
sorgung. Im Jahr 2000 belief sich der Weltenergieverbrauch auf ungefähr 14
Milliarden Tonnen SKE. 80 Prozent dieses Weltenergieverbrauchs wurden
durch fossile Energien, also Kohle, Erdöl und Erdgas, gedeckt. Ungefähr sieben Prozent entfielen auf die Kernenergie und 13 Prozent auf erneuerbare
Energieträger.

Während bei der Deckung des gesamten Primärenergieverbrauchs Mineralöl an erster Stelle steht, dominiert bei der Stromerzeugung die Kohle. Ich bin
zuversichtlich, dass dies nicht nur im Moment der Fall ist, sondern dass die
Kohle auch in den nächsten Jahrzehnten eine maßgebliche Rolle für die weltweite Stromversorgung behalten wird.

Das Thema Prognosen ist bereits angesprochen worden. Verschiedenste
Institutionen haben Vorausschätzungen der weltweiten Entwicklung von
Angebot und Nachfrage vorgelegt. Dies sind etwa der Weltenergierat, die Internationale Energie Agentur und das US Department of Energy. Sie alle gehen
von der Annahme eines auch künftig steigenden Weltenergieverbrauchs aus.
Breite Übereinstimmung besteht auch, dass der Zuwachs im Energieverbrauch
sich vor allen Dingen in den Entwicklungs- und Schwellenländern abspielen
wird. Eine zweite Aussage ist, dass die fossilen Energieträger auf jeden Fall bis

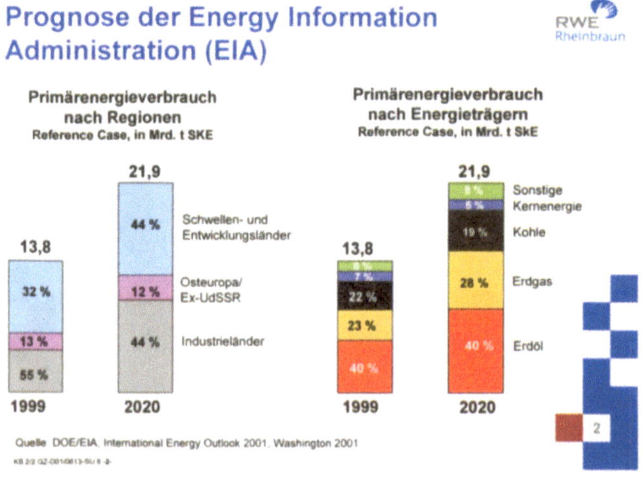

Abb.2 Entwicklung des weltweiten Primärenergieverbrauchs bis 2020

2020, aber auch noch deutlich darüber hinaus, eine führende Rolle spielen werden. Bis 2020 wird der Anteil der fossilen Energieträger weltweit sogar leicht ansteigen, weil die Regenerativen ihre Position nur in etwa halten können und die Kernenergie eher eine leicht rückläufige Entwicklung nehmen könnte.

Die gängigen Prognosen gehen davon aus, dass der Energieverbrauch weltweit bis 2020 um etwa 50 Prozent steigt und sich bis 2050 verdoppelt. Nach meiner persönlichen Auffassung greifen diese Prognosen zu hoch. Ich bin eher der Überzeugung, dass der Zuwachs bis 2020 auf größenordnungsmäßig ein Drittel und bis zum Jahr 2050 auf zwei Drittel gegenüber heute begrenzt bleibt. Trotz dieser maßvolleren Einschätzung gilt aber dennoch: Alle Energieträger müssen in absoluten Größen wachsende Versorgungsbeiträge leisten, um den steigenden Energieverbrauch zu decken.

Wenn man auf die Reservensituation abstellt, auch das ist kurz angesprochen worden, so ist statistisch von einer Reichweite der fossilen Energieträger von etwa hundert Jahren auszugehen. Diese Zahl ergibt sich, wenn man die Reserven an Kohle, Erdöl und Erdgas durch die gegenwärtige Jahresförderung dividiert. Eine differenzierte Betrachtung nach den verschiedenen Energieträgern macht deutlich, dass die Begrenzungen beim Erdöl und Erdgas am größten sind, während bei Kohle die höchste Reichweite der Reserven gegeben ist.

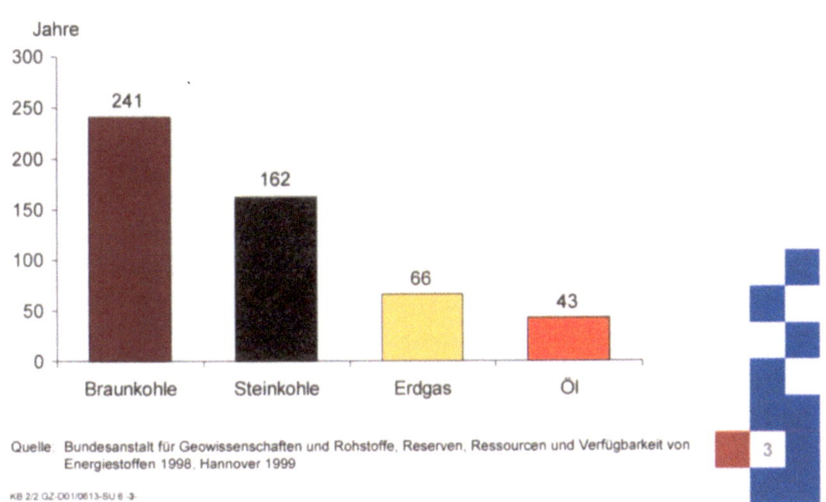

Abb.3 Reserven an fossilen Energieträgern

Hinzu kommt die starke geografische Ballung der Reserven an Erdöl und Ergas. So entfallen etwa zwei Drittel der weltweiten Reserven an Erdöl auf den Nahen Osten.

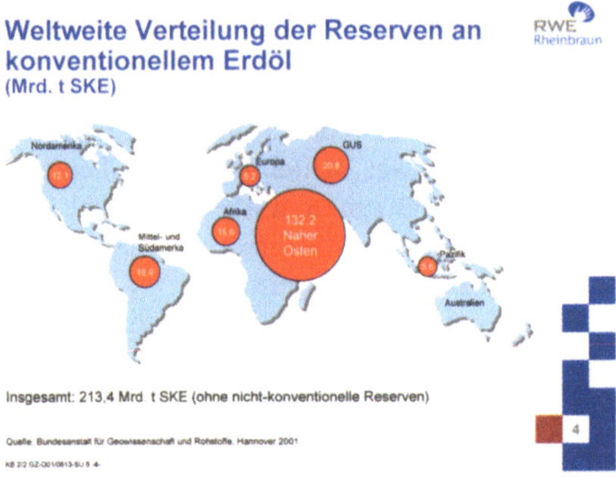

Abb.4 Reserven an fossilen Energieträgern

Bei Erdgas sind über 70 Prozent der Reserven auf zwei Regionen konzentriert, nämlich den Nahen Osten und die GUS-Staaten.

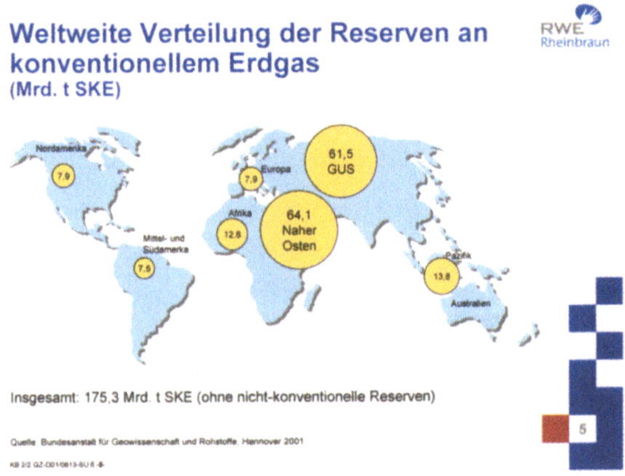

Abb.5 Reserven an konventionellem Erdgas

Als Konsequenz werden wir in den nächsten Jahren immer stärker von Erdöl- und Erdgasimporten abhängig sind. Diese Tendenz wird sich nicht nur für Deutschland einstellen. Vielmehr gilt dies für sämtliche Regionen dieser Welt. Nur bei Kohle ist die Situation anders.

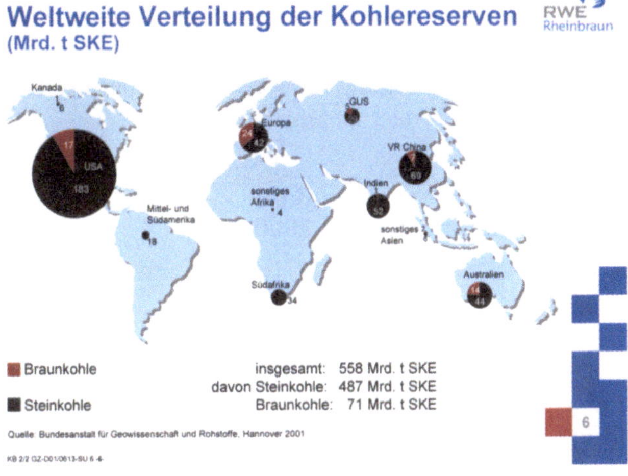

Abb.6 Kohlereserven

Bei diesem Energieträger besteht eine breite geographische Streuung der Reserven. Die größten Lagerstätten an Kohle befinden sich zudem in Staaten wie u.a. USA oder Australien. Die politischen Risiken, die beim Öl und beim Erdgas existieren, gibt bei der Kohle somit nicht.

Angesichts des wachsenden Importanteils muss dem Aspekt der Versorgungssicherheit ein wichtiger Stellenwert beigemessen werden. Versorgungssicherheit gehört deshalb auch in Zukunft – gleichrangig mit Wirtschaftlichkeit und Umweltverträglichkeit – zu den zentralen Zielen der Energiepolitik.

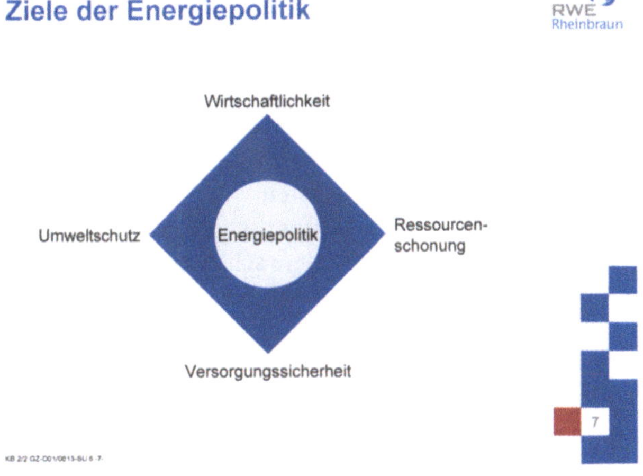

Abb.7 Ziele der Energiepolitik

Diesen Zielen werden wir am besten gerecht, wenn wir prinzipiell an einem ausgewogenen Energiemix, den wir in Deutschland haben, festhalten. Dies ist für die deutsche Energieversorgung angesichts der überproportional hohen Importabhängigkeit von zentraler Bedeutung.

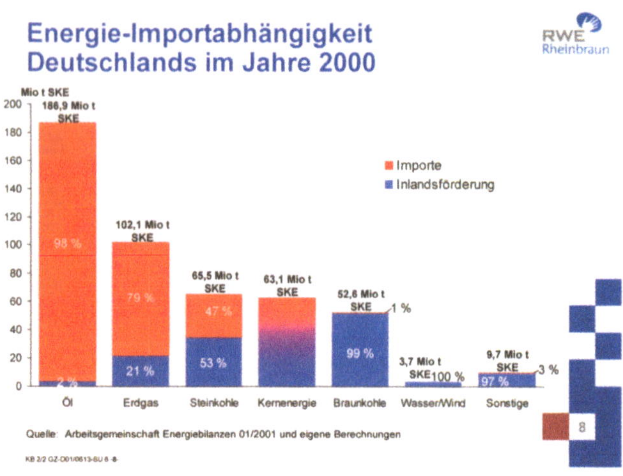

Abb.8 Energie-Importabhängigkeit Deutschlands im Jahr 2000

Der Einsatz von Öl und Erdgas sollte auf die Bereiche konzentriert werden, in denen eine Substitution dieser beiden Energieträger nicht möglich ist. Daraus folgt für mich: Energiepolitische Weichenstellungen sind zu vermeiden, die den Einsatz von Öl und Gas in Kraftwerken begünstigen.
Die Kohle kann in der Stromerzeugung unter Einsatz von Emissionsrückhaltemaßnahmen umweltverträglich genutzt werden. In den alten Bundesländern sind ja bereits seit den achtziger Jahren sämtliche Kraftwerke mit Rauchgasreinigungsanlagen ausgerüstet. Das gleiche gilt inzwischen für die Kraftwerke in den neuen Bundesländern. Die Probleme bei den klassischen Luftschadstoffen SO_2 und NOx können also als gelöst angesehen werden, zumindest in Deutschland, aber auch in anderen Industriestaaten.

Wenn es um die Klimarelevanz geht, schneidet die Braunkohle im öffentlichen Meinungsbild regelmäßig besonders schlecht ab. Dies ist allerdings nicht sachgerecht. Zum einen wird dabei nämlich nur auf den Prozess der Umwandlung von Primärenergie im Kraftwerk in Strom abgestellt. Zur ganzheitlichen Bewertung müssen aber auch Energieaufwand und Verluste vorgelagerter Glieder der Versorgungskette, nämlich Gewinnung und Transport, berücksichtigt werden.

Ferner werden regelmäßig nur die spezifischen CO2-Emissionen in die Vergleichsrechnungen einbezogen, während andere klimarelevante Spurengase, wie insbesondere Methan, ausgeblendet werden.

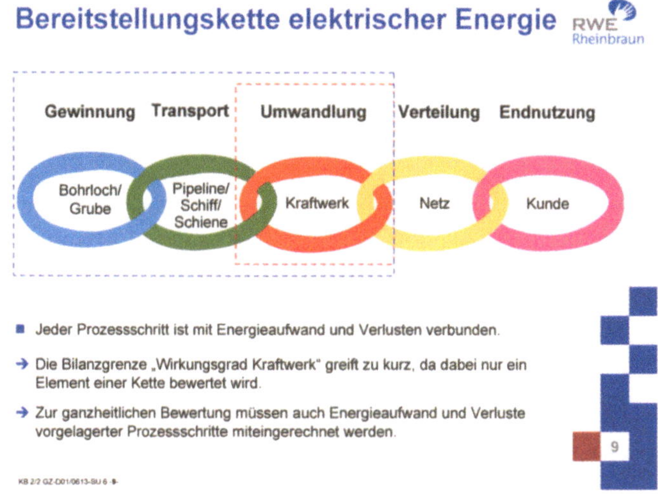

Abb.9 Bereitstellungskette elektrischer Energie

Wenn man das Methan aber mit einbezieht und gemäß dem Verursacherprinzip die gesamte Versorgungskette von der Gewinnung über den Transport bis zur Umwandlung betrachtet, dann gibt es keine größeren Unterschiede in der Klimarelevanz zwischen den fossilen Energieträgern. So sind beim Erdgas die

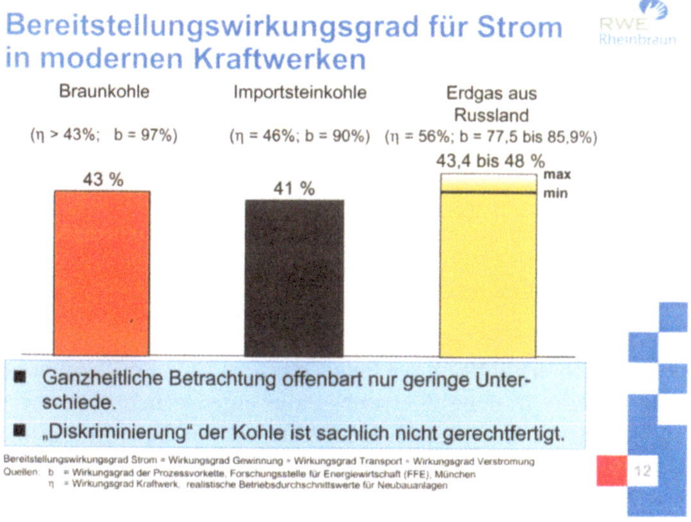

Abb.10 Bereitstellungswirkungsgrad für Strom in modernen Kraftwerken

erheblichen Verluste an Methan bei der Förderung beispielsweise in Russland, unserem größten Lieferanten, und auf den langen Transportwegen, die wir dort haben, mit in Rechnung zu stellen. Und deswegen macht es auch unter dem Gesichtspunkt der Klimaverträglichkeit nach unserer festen Überzeugung keinen Sinn, Kohle durch andere Energieträger, wie Öl oder Erdgas, zu substituieren.

Ein solches Vorgehen würde Probleme unter dem Gesichtspunkt der Versorgungssicherheit hervorrufen, es wären Preisrisiken damit verbunden, und es würde unter Umweltgesichtspunkten nichts bringen.

Was etwas bringt, ist die Effizienzsteigerung. Dies gilt für alle Bereiche. In der Braunkohlenindustrie konzentrieren wir uns besonders auf den Kraftwerksbereich.

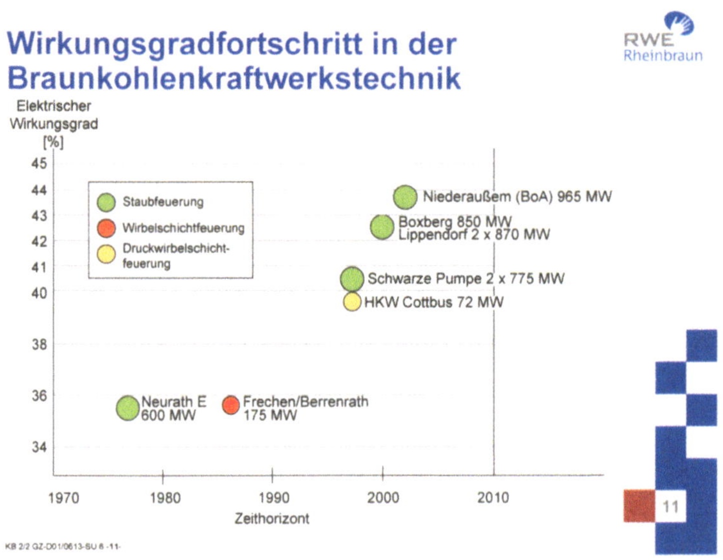

Abb.11 Wirkungsgradfortschritt in der Braunkohlekraftwerkstechnik

Wir haben durch Retrofitmaßnahmen den Wirkungsgrad der bestehenden Kraftwerke deutlich erhöht mit der Folge, dass die CO_2 Emissionen gesunken sind. Ferner bauen wir neue Kraftwerke, die einen erheblich höheren Wirkungsgrad haben, als die bestehenden Anlagen. So bewirkt beispielsweise allein das 1000-Megawatt-Neubaukraftwerk in Niederaußen in der Nähe von Köln, (Inbetriebnahme im Herbst 2002) und der damit verbundene Ersatz alter Kraftwerkskapazität eine Minderung von zwei bis drei Millionen Tonnen CO_2 pro Jahr.

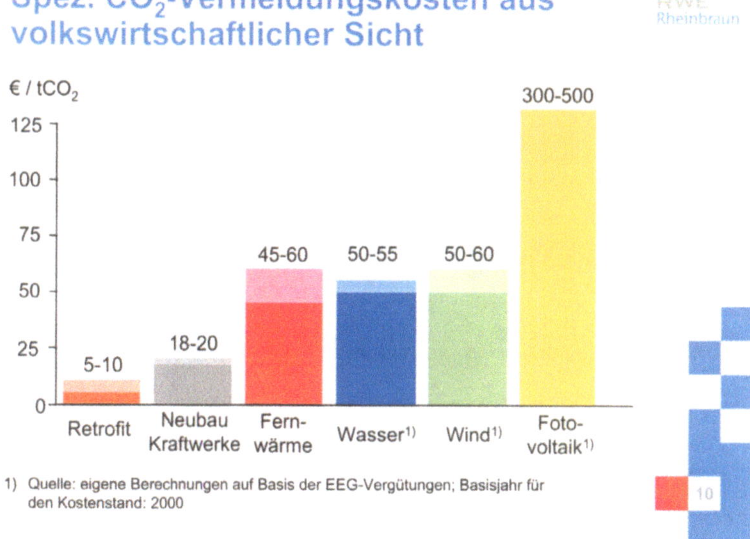

Abb.12 Spezifische CO2-Vermeidungskosten

Zum Schluss noch das Thema Effizienz des Mitteleinsatzes. Wie Energie steht auch Kapital nicht unbegrenzt zur Verfügung. Deshalb sind vor allem die Maßnahmen in den Vordergrund zu stellen, die bei gegebenem Kapitaleinsatz die größte CO2-Minderung erreichen lassen. Und dies sind beispielsweise Retrofitmaßnahmen bei bestehenden Kraftwerken und der Neubau neuer konventioneller Kraftwerke, während bei den meisten erneuerbaren Energien, insbesondere bei der Photovoltaik in Deutschland, die spezifischen CO2-Vermeidungskosten am größten sind.

Langfristig ist die Entwicklung und Markteinführung von CO_2-Abscheidetechnologien möglich, und damit könnte die Kohlenutzung sogar vollständig von der CO2-Problematik abgekoppelt werden. Dieser Bereich sollte deshalb, und das kommt gegenwärtig zu kurz, zu einem Schwerpunkt der Forschungsförderung gemacht werden. Eine Fokussierung der Forschungsförderung auf andere Felder außerhalb der fossilen Energieträger ist meines Erachtens nicht sachgerecht, gerade vor dem Hintergrund, den ich eingangs erläutert habe, dass wir noch auf Jahrzehnte die fossilen Energieträger als Basisversorgung für unsere Energieversorgung einsetzen werden.

 Hans-Wilhelm Schiffer

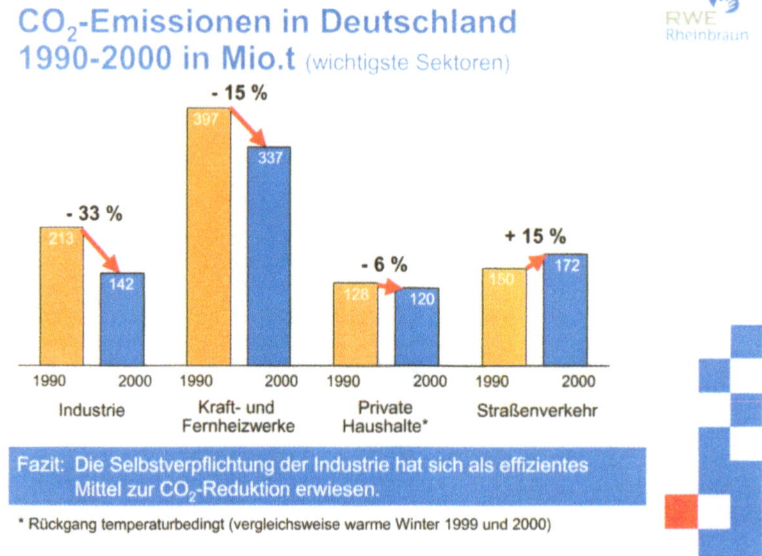

Abb.13 Entwicklung der CO₂- Emissionen in Deutschland seit 1990 nach Sektoren

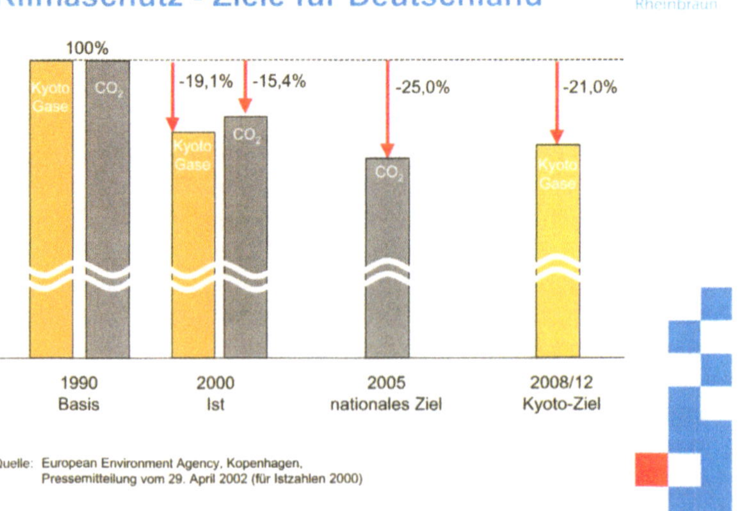

Abb.14 Klimaschutz-Ziele für Deutschland

Erdöl und Erdgas: Ressourcen und Verfügbarkeit nicht-erneuerbarer Energierohstoffe

Hilmar Rempel

Meine Herren, ich möchte mich auch kurz vorstellen. Ich bin von Hause aus Geologe, arbeite in der Bundesanstalt für Geowissenschaften und Rohstoffe, einer nachgeordneten Behörde des Wirtschaftsministeriums, die die Bundesregierung und die Bundesministerien in allen Rohstofffragen und geowissenschaftlichen Fragen berät. Zu unseren Aufgaben gehört auch die Erarbeitung von Energiestudien. Ich habe hier einige Exemplare der Kurzfassung unserer letzten Energiestudie ausgelegt. Daneben befassen wir uns als BGR auch mit der Endlagerung radioaktiver Abfälle, sowie mit angewandter Forschung auch auf dem Rohstoff- und Energiesektor.

In meinem Statement möchte ich im wesentlichen auf die Problematik Ressourcen und Verfügbarkeit nicht-erneuerbaren Energierohstoffe eingehen. Ich habe drei Poster zu dieser Problematik mitgebracht, zum Einen zu nichterneuerbaren Energierohstoffen allgemein, sowie zu Erdöl und zu Erdgas. Einige Abbildungen, die ich jetzt zeigen werde, sind auch auf den Postern zu sehen. Ich nehme an, dass in der Pause die Möglichkeit besteht, sich intensiver damit zu befassen.

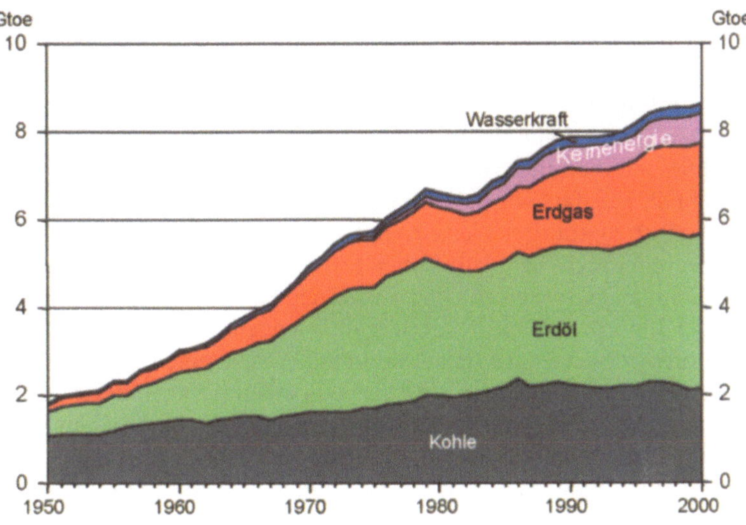

Abb.1a Entwicklung des Primärenergieverbrauchs weltweit 1950–2000
(absolut nach einzelnen Energieträgern)

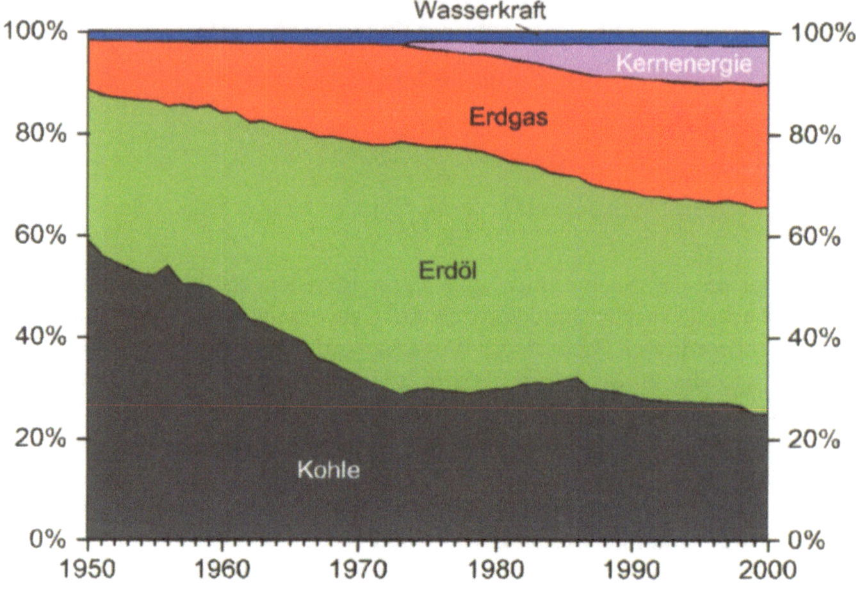

Abb.1b Entwicklung des Primärenergieverbrauchs weltweit 1950–2000
(prozentual nach einzelnen Energieträgern)

Sehen wir uns zunächst die historische Entwicklung des weltweiten Primärenergieverbrauchs (PEV) von 1950 bis 2000 an (Abb.1a und b). Zu sehen ist eine
fast kontinuierliche Steigerung des PEV mit gewissen Einschnitten bedingt
durch die Ölpreiskrisen bzw. durch den Zusammenbruch der Staatshandels-
länder. Es zeigt sich, dass Erdöl und Erdgas die dominierenden Primärenergieträger sind mit einem Gesamtanteil von über 60%. Daran dürfte sich auch in
den nächsten Jahren nicht viel ändern.

Betrachten wir die Importabhängigkeit Deutschlands bei Energierohstoffen
(Abb.2), so fällt auf, dass wir bei Erdöl fast vollständig von Importen abhängig
sind, bei Erdgas zu gut drei Vierteln (mit steigender Tendenz). Bei Steinkohle
ist auch, bedingt durch die relativ hohen Kosten der deutschen Steinkohle, eine
starke Zunahme des Importanteils zu verzeichnen und in diesem Jahr dürfte
erstmals der Import die Eigenförderung übersteigen. Diese Tendenz wird sich
auch zukünftig fortsetzen. Lediglich Braunkohle weist einen geringen Importanteil auf, erneuerbare Energien sind als voll einheimische Energie und Kernenergie als quasi einheimische Energie zu betrachten, denn nach dem Kauf und
Einsatz der Kernbrennstoffe reichen diese für viele Jahre.

So ist die Ausgangssituation für Deutschland. Betrachten wir nun die globale
Reserven- und Ressourcensituation (Abb.3). Zu den Reserven hat Herr Professor Voss bereits einiges gesagt. Es ist zu sehen, dass die Kohle mit einem Anteil
von fast 50 % am stärksten vertreten ist, einen relativ hohen Anteil haben Erdöl

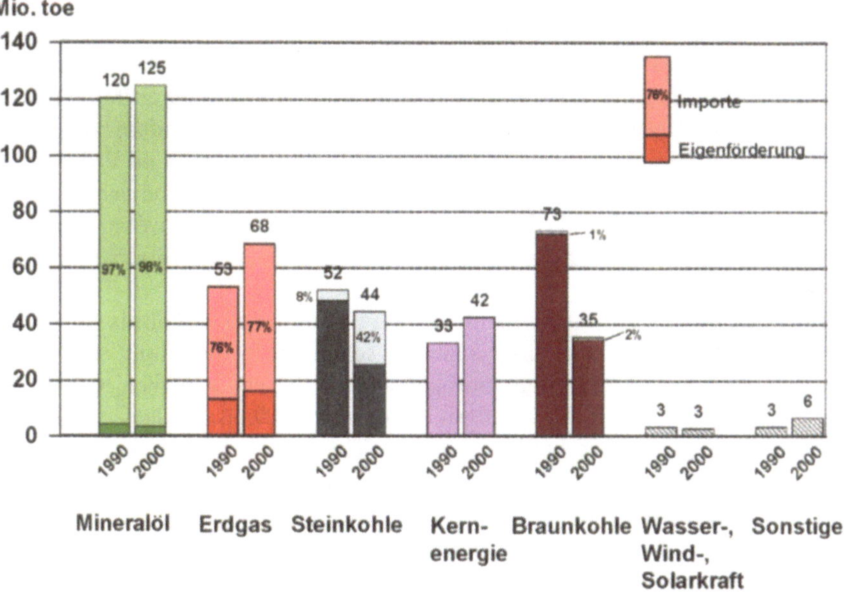

Abb.2 Importabhängigkeit Deutschlands bei Energieträgern 1990 und 2000

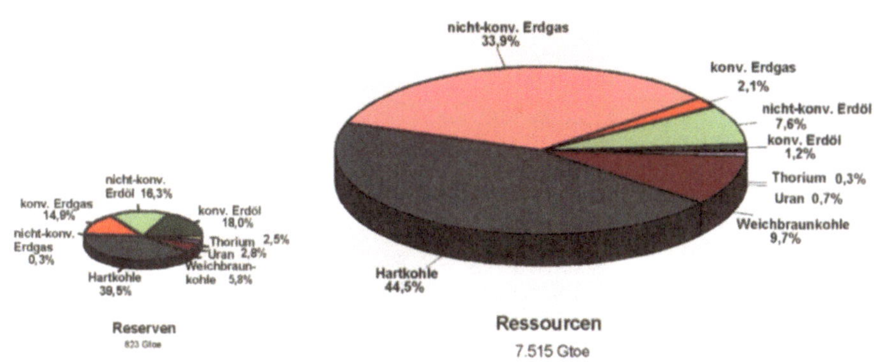

Abb.3 Reserven und Ressourcen nicht-erneuerbarer Energieträger weltweit

(konventionell und nicht-konventionell) mit fast 25 % und das konventionelle Erdgas nur mit etwa 15 %. Diese drei Energieträger (Kohle, Erdöl, Erdgas) sind also dominierend. Die Ressourcen, das heißt, zukünftig durch die Exploration zu erwartende Zugängen an Reserven, liegen etwa eine Größenordnung höher. Hier ist die Kohle auch etwa mit 50 % beteiligt, Erdöl, insbesondere konventionelles, hat einen relativ geringen Anteil von knapp 10 %, während Erdgas, insbesondere nicht-konventionelles Erdgas, mit über einem Drittel vertreten ist. Die große Masse wird bei Erdgas durch die Gashydrate gestellt, wobei hier noch ein großes Fragezeichen steht bezüglich ihrer zukünftigen Gewinnbarkeit auch unter Umweltaspekten.

Die Umsetzung dieser Zahlen in die statische Reichweite (Verhältnis der Reserven zur letzten Jahresförderung in Jahren) sehen wir in Abbildung 4. Betrachten wir die statische Reichweite bezogen auf die Reserven (dicken Balken), so ist zu sehen, dass Erdöl die geringste Reichweite aufweist, Erdgas und insbesondere Kohle schon wesentlich höhere Reichweiten haben. Hierbei ist allerdings zu beachten, dass die statische Reichweite eine irreführende Größe ist. Bildhaft ausgedrückt, ist die statische Reichweite (bezogen auf Reserven) mit der Lagerhaltung eines Produktionsbetriebs vergleichbar. Da die Exploration auf Erdöl und Erdgas sehr kostenintensiv ist, werden nur die Mengen an Roh-

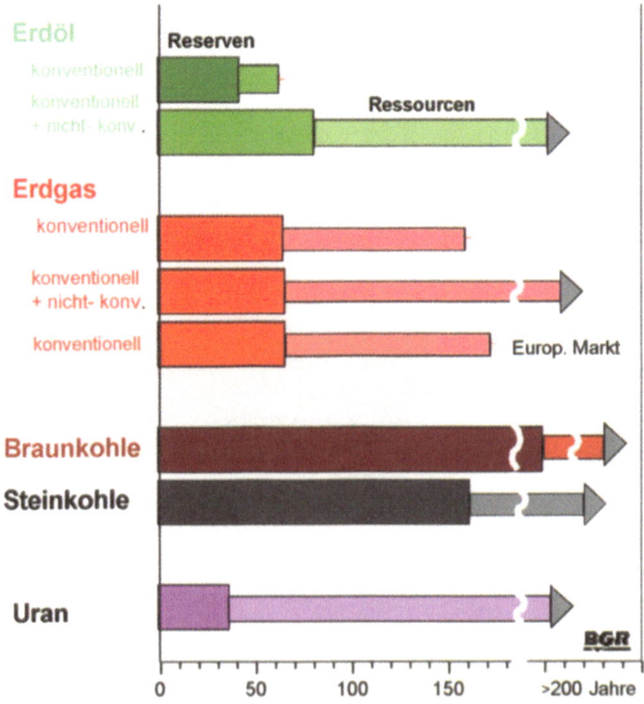

Abb.4 Statistische reichweite nicht-erneuerbarer Energierohstoffe

stoffen erkundet, die auch tatsächlich für eine reibungslose Förderung erforderlich sind. Um bessere Aussagen zu bekommen, ist es notwendig, die Ressourcen in die Betrachtung mit einzubeziehen, obwohl diese natürlich mit größeren Unsicherheiten behaftet sind. Wir sehen, dass auch unter Einbeziehung der Ressourcen bei konventionellem Erdöl die Reichweite relativ niedrig ist, etwa 60–80 Jahre. Berücksichtigt man zusätzlich das nicht-konventionelle Erdöl, erhält man eine Größenordnungen von über 200 Jahre, die etwa auch mit den Aussagen zum Beispiel der neuesten ESSO-Prognose übereinstimmt. Bei Erdgas sieht die Situation noch freundlicher aus. Kohle würde, wie wir schon gehört haben, für viele hunderte, möglicherweise tausend Jahre reichen. Uran ist auch reichlich vorhanden.

Betrachten wir die weltweite Situation bei Erdöl und Erdgas (Abb.5). Hier ist das Gesamtpotential (EUR – Estimated Ultimate Recovery) dargestellt. Es setzt sich zusammen aus den bereits geförderten Mengen, den Reserven, d.h. den bekannten und unter den gegenwärtigen wirtschaftlichen und technischen Bedingungen in Zukunft gewinnbaren Mengen, und den Ressourcen, d. h. den zukünftig noch zu erwarten Mengen im Ergebnis der Exploration oder verbesserter Technologien zur Gewinnung.

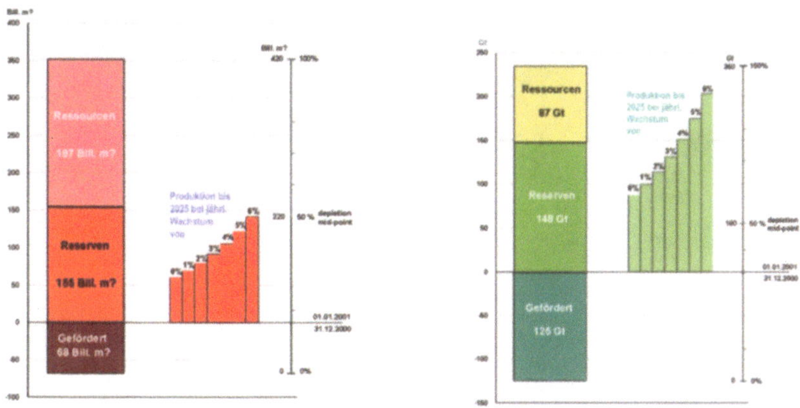

Abb.5. Gesamtpotenzial und Verfügbarkeit von konventionellem
Erdgas (a) und Erdöl (b) weltweit (Stand Ende 2000)

Es ist zu sehen, dass bei konventionellem, d.h. leicht gewinnbaren Erdöl (Abb.5b) etwa 35 Prozent des gesamten Potentials bereits verbraucht sind. Unter Annahme von Szenarien mit Steigerungsraten von null bis sechs Prozent ergibt sich, dass innerhalb der nächsten 25 Jahre bei Steigerungsraten von drei Prozent, die durchaus real sind, der Großteil der Reserven aufgebraucht ist. Damit wird deutlich, dass demnächst die Förderung in der bisherigen Größenordnung nicht mehr aufrecht erhalten werden kann. Hier muss das nicht-konventionelle Erdöl einspringen. Beim Erdgas (Abb.5a) stellt sich die Situation viel freundlicher dar. Das ist u.a. dadurch bedingt, dass die Nutzung des Erdgases im Vergleich zum Erdöl später begann, so dass auch über einen längeren Zeitraum Erdgas noch ausreichend zur Verfügung stehen wird.

Betrachten wir die regionale Verteilung des Gesamtpotenzials, so fällt bei Erdöl (Abb.6) auf, dass etwa 40 % auf den Nahen Osten entfallen. Hieraus ist zu sehen, dass in Zukunft die Erdölversorgung im wesentlichen von dieser Region bestimmt wird.

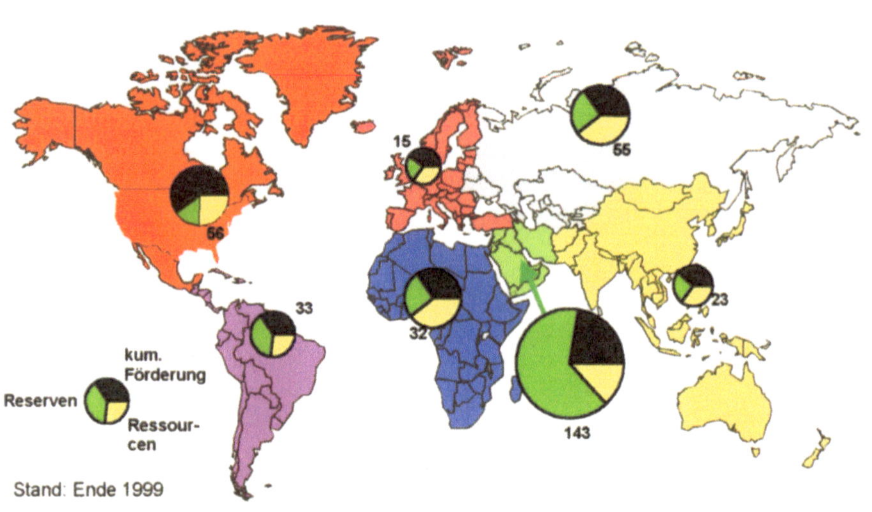

Abb.6 Regionale Verteilung des Gesamtpotenzials an konventionellem Erdöl (360 Mrd. t)

Bei Erdgas (Abb.7) ist das Potenzial auf die ehemalige Sowjetunion, also GUS, und den Nahen Osten konzentriert. Wenn wir Europa ansehen fällt auf, dass das Potenzial relativ gering ist und damit die Importabhängigkeit in Zukunft noch zunehmen wird.

Betrachten wir als Beispiel die Länder mit den größten Erdölreserven (Abb.8). Hier dominiert Saudi Arabien. Länder mit Erdölreserven von mehr als zehn bis zwanzig Milliarden Tonnen sind auch im Raum des Nahen Ostens konzentriert, dazu kommen noch Russland und Venezuela. Hier sind im Bereich einer sogenannten strategischen Ellipse etwa 70 % der Weltreserven an konventionellem Erdöl konzentriert.

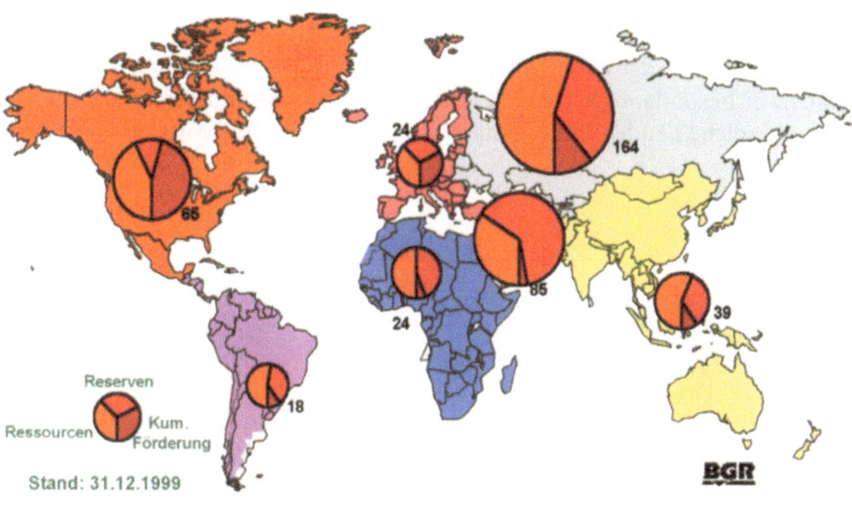

Abb.7 Regionale Verteilung des Gesamtpotenzials an konventionellem Erdgas (418 Bill. m_)

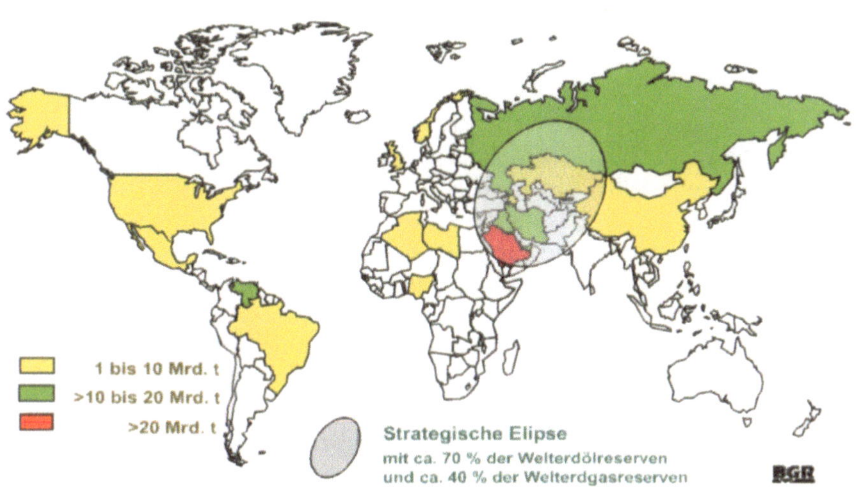

Abb.8 Länder mit Erdölreserven > 1 Mrd. t

Bei der Verteilung der Erdöl- und Erdgasreserven auf verschiedene wirtschaftspolitische Gruppierungen (Abb.9.) fällt auf, dass etwa drei Viertel der Welterdölreserven auf die OPEC-Länder entfallen, darunter zwei Drittel auf die Golfregion. Bei Erdgas konzentrieren sich die Reserven auch auf die OPEC-Länder, insbesondere Golfregion, und die GUS, insbesondere Russland, aber auch auf solche Länder wie Turkmenistan, Usbekistan und Kasachstan.

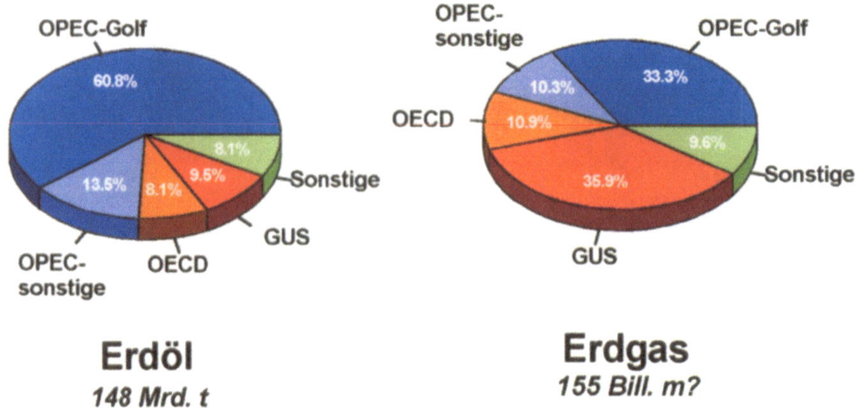

Abb.9 Verteilung der Erdöl- und Erdgasreserven nach wirtschaftspolitischen Gruppierungen

Ein wichtiger Aspekt bei der Verfügbarmachung von Erdöl und Erdgas sind die Transportkosten (Abb.10.). Die Transportkosten sind in Abhängigkeit von der Entfernung dargestellt. Es ist zu sehen, dass die Transportkosten für Erdöl relativ gering sind, günstiger sind noch die Transportkosten für Kohle über die Weltmeere. Bei Erdgas sind die Kosten deutlich (um etwa eine Größenordnung) höher. Damit ist die Versorgung mit Erdgas nur über bestimmte Entfernungen von der Förderregion aus gesehen wirtschaftlich möglich. Auf dem Poster ist auch eine Darstellung der maximalen möglichen Transportentfernungen in Abhängigkeit von den Grenzübergangspreisen, der Pipelinekapizät und den Gestehungskosten des Erdgases im Förderland enthalten.

Als vorletzte Folie möchte ich kurz ein mögliches Szenario der Entwicklung des Weltenergieverbrauchs (Abb.11.) zeigen. Es ist das Shell-Szenario, das von einer verstärkten Nutzung erneuerbarer Energien ausgeht. Ob es gelingt, in diesem Zeitrahmen erneuerbare Energien in dem dargestellten Maße nutzbar zu machen, ist sicher eine diskussionswürdige Frage.

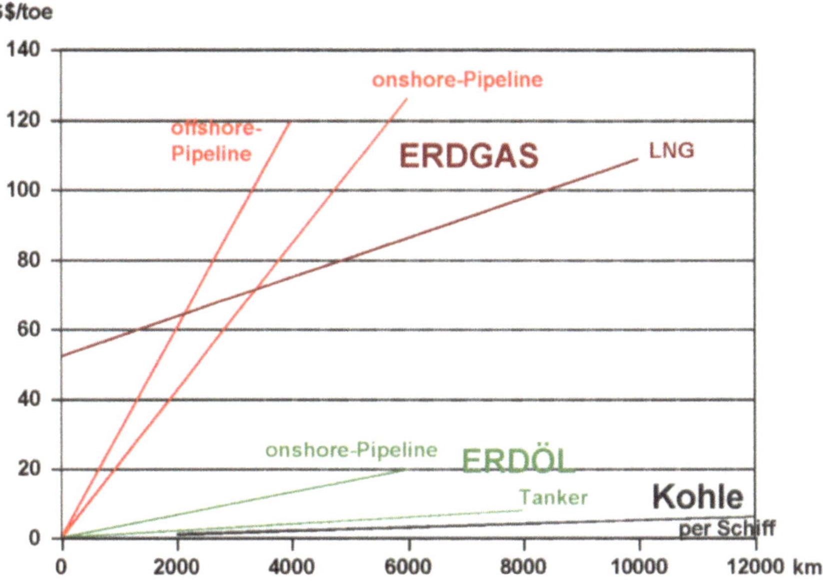

Abb.10 Transportkosten für Erdöl, Erdgas und Kohle

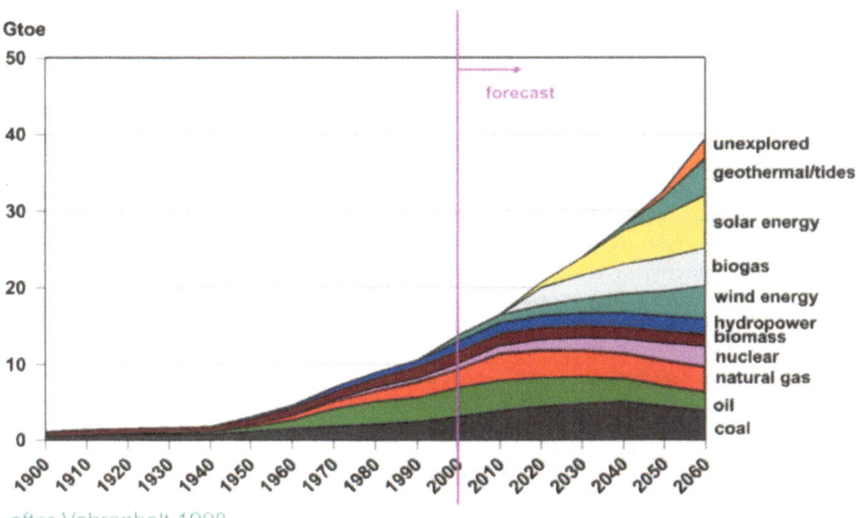

Abb.11 Entwicklung des Primärenergieverbrauchs weltweit 1900–2000 und Projektion bis 2060

Und zum Schluss möchte ich noch einen kurzen Bogen spannen in Richtung
CO_2-Versenkung, die mit dem weltweiten Klimawandel in Zukunft an Bedeutung gewinnen kann. Hier ist die BGR auch an einem EU-Projekt (GESTCO –
Geological Storage of CO_2 from Fossil Fuel Combustion) beteiligt, was sich
damit befasst, CO_2 in der Erdkruste, zum Beispiel in ausgeförderten Erdöl oder
Erdgaslagerstätten, in Kohlelagerstätten und in anderen Formationen zu ver-
senken. Das Projekt steht erst am Anfang. Es geht darum abzuschätzen, welche
Möglichkeiten bestehen, welche Kapazitäten zur Verfügung stehen, welche Kosten dabei entstehen und wie das realisierbar ist.

In dem Zusammenhang möchte ich noch kurz darauf hinweisen, dass vor
kurzem unter Federführung der BGR und der anderen im Geozentrum Hannover vereinigten Institutionen ein Klimabuch unter dem Titel „Klimafakten –
Der Rückblick – Ein Schlüssel für die Zukunft"[1] herausgegeben wurde. Dazu
habe ich einige Flyer ausgelegt. Das Buch enthält eine Darstellung der Klima-
geschichte im geologischen Zeitrahmen aus wissenschaftlicher Sicht. Ich
glaube, dass die in diesem Buch enthaltenen Aspekte auch für die hier Anwesenden interessant sein dürften.

Ich bedanke mich für Ihre Aufmerksamkeit.

Literatur bzw. Dokumente zum Diskussionsbeitrag von Hilmar Rempel

BUNDESANSTALT FUR GEOWISSENSCHAFTEN UND ROHSTOFFE (BGR) (1989): Reserven,
    Ressourcen und Verfügbarkeit von Energierohstoffen 1998. XVII + 400 S., E. Schweizerbart`sche
    Verlagsbuchhandlung (Nagele und Obermiller), ISBN 3-510-95842-X, Stuttgart.;
BUNDESANSTALT FUR GEOWISSENSCHAFTEN UND ROHSTOFFE (BGR) (2000): Bundesrepublik
    Deutschland. Rohstoffsituation 1999. 168 S., Schweizerbart`sche Verlagsbuchhandlung (Nagele
    und Obermiller), ISBN 3-510-95868-3, Stuttgart;
BUNDESANSTALT FUR GEOWISSENSCHAFTEN UND ROHSTOFFE (BGR) (2001): Bundesrepublik
    Deutschland. Rohstoffsituation 2000. 180 S, E. Schweizerbart`sche Verlagsbuchhandlung (Nagele
    und Obermiller), ISBN 3-510-95883-7, Stuttgart;
REMPEL, H. Ressourcen im Kaukasus, Vortrag auf der Internationalen Tagung der Bundesakademie
    für Sicherheitspolitik „Der Kaukasus: eine strategische Region im Spannungsfeld unterschied-
    licher Interessen" in Berlin am 23. 02.2000; BGR-Website (Aktuelle Themen), http://www.bgr.de/
    b123/kaukasien/kaukasus.htm;
REMPEL, H.: Geht die Kohlenwasserstoff-Aera zu Ende?, Vortrag auf der DGMK/BGR Veranstaltung
    „Geowissenschaften für die Exploration und Produktion: Informationsbörse für Forschung und
    Industrie" in Hannover am 23.05.2000; BGR-Website (Aktuelle Themen) http://www.bgr.de/
    b123/kw_aera/kw_aera.htm;
REMPEL, H.: Erdgas im 21. Jahrhundert; BGR-Website (Aktuelle Themen), (http://www.bgr.de/-
    b123/erdgas_21/erdgas_21.htm);

---

1 Hrsg. von Ulrich Berner und Hansjörg Streif. 2000. 238 Seiten, 287 Abbildungen. ISBN 3-510-95872-1.
Zu beziehen über den Buchhandel oder direkt über die Schweizerbart'sche Verlagsbuchhandlung.

REMPEL, H. (2001): Treibstoff mit begrenzter Reichweite, Geschäftsbericht 2000, Der Grüne Punkt – Duales System Deutschland. S. 54-60 ;
REMPEL, H. (2001): Erdgas für Europa – Stand und Aussichten einer gesicherten Versorgung, Erdöl Erdgas Kohle 117, H. 9, S. 413-421;
Homepage des Referates B 1.23 (Energierohstoffe) der BGR (http://www.bgr.de/b123).

Zukunftspotenziale der Kernenergie

Wolfgang Kröger

Ich bin in der komfortablen Lage, zwei Arbeitsschwerpunkte zu haben: zum einen Professor an der ETH Zürich für Sicherheitsanalytik zu sein und zum anderen am Paul Scherrer-Institut verantwortlich für den Forschungsbereich Nukleare Energie und Sicherheit. Das PSI ist ein nationales Forschungszentrum, würde man mit deutscher Terminologie sagen.

Ich habe meine Statements zusammengefasst zu Punkten, die ich hier durchgehen möchte, an zwei, drei Stellen werde ich einige Details einflechten.

Ich bin der Meinung, dass die Befriedigung eines wohl unvermeidlich weltweit steigenden Energiebedarfs dem Gebot der Nachhaltigkeit, und das heißt natürlich in erster Linie unter dem Gebot der Dekarbonisierung, folgen muss; dass dieses Gebot ernst zu nehmen ist und dass in den einzelnen Ländern und Regionen dieser Welt die Energieversorgungspolitik sich dieser Herausforderung stellen muss; dass dieses Gebot das Leitbild der nachhaltigen Energie sollte ein Paradigma sein, das wir beherzigen und das wir auch versuchen umzusetzen, zu operationalisieren. Es wird nicht reichen, diesen Begriff grob zu definieren und dann jedem zu überlassen, was er darunter versteht; vielmehr müssen wir handhabbare Indikatoren entwickeln. Und ich meine auch, dass man mit Blick auf die Bewertung von Energiesystemen sektorspezifische Indikatoren braucht. Ich bin nicht der Meinung, dass wir am PSI mit unserem diesbezüglichen Vorschlag schon „die Lösung der Welt" gefunden haben, möchte aber darauf hinweisen, dass wir den Versuch unternommen haben, die drei Eckpfeiler der Nachhaltigkeit, also Ökologie, Ökonomie und soziale Aspekte, aufzugreifen, Prinzipien daraus abzuleiten und dann Kriterien und Indikatoren zu definieren. Diese Indikatoren haben sogar Maßeinheiten, lassen sich zu einem Großteil nachgewiesenermaßen berechnen und wären dann, wenn man das sorgfältig tut, auch nutzbar für Entscheide, sowohl in der Forschung als auch in der Energiepolitik. Der Matrix ist zu entnehmen (siehe Tab.1), dass es neben heutigen Systemen auch um fortgeschrittene Systeme gehen muss und dass man auch Potenziale gewissenhaft ausleuchten sollte.

Die Indikatoren berücksichtigen den Aspekt der Ressourcen (Brennstoffe und andere notwendige Materialien), die Eingriffe in die Natur (CO_2-Emissionen, aber auch Verbrauch an Land und Wasser), die Frage des Risikos, (Normalbetrieb, Störfälle), die Frage der Wirtschaftlichkeit, hier gefasst über interne und externe Kosten. Hinzu kommenv Aspekte, die noch schwieriger zu bewerten sind: Abfall, d.h. Menge und Langlebigkeit toxischer Substanzen. Hinzukommen die Frage der Akzeptanz und andere gesellschaftliche Aspekte. Wir haben vorgeschlagen, dass man Risikoaversion einbezieht, und das heißt, dass man die bloße Möglichkeit schwerer Unfälle zulässt und abschätzt, wie maximale Konsequenzen aussehen könnten. Berücksichtigen sollte man aber auch, in welchem Maße Infrastruktur bis hin zur sozialen und politischen Stabilität zum Betrieb solcher Systeme gegeben sein muss.

Die Umsetzung des Prinzips Nachhaltigkeit sollte sich meines Erachtens nicht auf die Suche nach einfachen Regeln, nach dem „Königsweg", konzentrieren, sondern auf den ausgewogenen Umgang mit mehreren Dimensionen und Kriterien in einer neuen Form zugehöriger Entscheidungsprozesse. Die Basis dafür liefern wissenschaftlich-technische Informationen über eine Quantifizierung der dargelegten Indikatoren für verschiedene Energie- bzw. Stromerzeugungssysteme, und zwar unter Einbezug der bereits genannten Entwicklungsstufen, Tabelle 2 gibt dafür ein Beispiel. Innerhalb eines solchen Entscheidungsprozesses sind diese Informationen ggf. zu aggregieren (beispielsweise über externe Kosten) oder im Rahmen einer multikriteriellen Analyse zusammenzuführen und zu wichten.

Sie sehen, dass es uns gelungen ist, nicht nur für nukleare Stromerzeugungssysteme, sondern auch für andere System solche Analysen durchzuführen. Wichtig ist, dass man den gesamten Lebenszyklus einbezieht - und das möglichst mit gleichen Methoden für die verschiedenen Systeme.

Die Ergebnisse weisen deutlich die Stärken und Schwächen der verschiedenen Energieträger aus – so auch der Kernenergie. Systeme mit fossilem Brennstoff haben nur begrenzte Ressourcen. Sie zeigen zudemdie bekannten problematischen ökologischen Charakteristiken und sind auch bezüglich Sicherheit ungünstig; unter ihnen schneidet Erdgas am besten ab. Wasserkraft zeigt eine ausgezeichnete ökologische Bilanz, doch sind die involvierten Kosten hoch. Die „neuen" Erneuerbaren (Sonne und Wind) sind bezüglich Umwelt den fossilen überlegen. Sie haben das höchste Potenzial für technische Verbesserungen, benötigen auch dann noch große Mengen nicht-energetischer (Material) Ressourcen und haben mittelfristig nur ein stark begrenztes Potenzial, Strom zu einem konkurrenzfähigen Preisen zu liefern.

Für die Kernenergie charakteristisch sind nicht nur geringe Emissionen, sondern auch die in westlichen Werken ausgezeichnete Sicherheitsstatistik. Dies spiegelt sich in vergleichsweise tiefen Schätzwerten des Risikos für Normalbetrieb und auch für schwere Unfälle wieder. Katastrophale Ereignisse mit Freisetzung grosser Mengen radioaktiver Stoffe hat es in Kraftwerken westlicher Bauweise bis anhin nicht gegeben. Studien zeigen aber ein Potenzial für Ereignisse mit großen Folgen auf einem extrem tiefen Häufigkeitsniveau.

Für fossil- und wasserkraftgetriebene Kraftwerke zeigen die Statistiken zahlreiche Unfälle, einige davon sogar mit mehr als 1000 unmittelbaren Todesfällen (aufgrund von Ölbränden und Dammbrüchen in Nicht-OECD-Ländern). Die Auswertung statistischer Daten für OECD-Länder führt zu durchschnittlichen Risikowerten im Bereich von 7 x 10-2 (Gas) bis 4 x 10-1 (Öl)

Todesfällen pro GW(e)•a. Bei der Kernenergie wird das kalkulierte Unfallrisiko dominiert von latenten Auswirkungen nach Freisetzung großer Mengen radioaktiver Substanzen im Laufe von Unfällen mit Kernschmelzen, kombiniert mit frühzeitigem Versagen des Reaktorsicherheitsbehälters. Nach probabilistischen Analysen (PSA Stufe 3) muss man mit bis zu mehreren zehntausend späten Todesfällen rechnen; die Wahrscheinlichkeit solch katastrophaler Ereignisse ist extrem klein (>>10-7 pro Reaktor Jahr). Die Multiplikation dieser beiden Parameter führt zu errechneten Risikowerten in der Bandbreite von 10-1 bis hinunter auf 10-3 späte Todesfälle pro GW(e)•a für westliche Kraftwerke, je nach Bauweise und Standortbedingungen. Wenn Kernenergie eine Hauptrolle in einem zukünftigen, nachhaltigeren Energiemix spielen soll, müssten (und könnten) diese Zahlen durch technische Massnahmen weiter reduziert werden.

Wir haben auch versucht, die Produktionskosten einschließlich der externen Kosten zu quantifizieren. Der konsequente Einbezug externer (Umwelt)-Kosten wäre eine erste Möglichkeit, auf dem Weg der Nachhaltigkeit voranzukommen.

Die Kernenergie, etwas pauschaler beleuchtet, heißt: quasi unbegrenzte Ressourcen (und zwar nicht nur dann, wenn man Brutreaktoren einsetzt, sondern auch, wenn man die Uranressourcen voll nutzt); die ausgewiesene Wirtschaftlichkeit und die Verfügbarkeit der Technologie, geringe Emissionen und ein gutes Sicherheitsdispositiv, gute Sicherheitsmerkmale, stehen als Stärken. Schwächen aus unserer Sicht sind das große Schadenspotenzial denkbarer schwerer Unfälle in Kernkraftwerken, die langen aufwendigen Einschlusszeiten für radioaktive Stoffe in Endlagern und die mangelnde Robustheit gegenüber Änderungen in der Umgebung und Infrastruktur.

Die Frage ist nun, was ich empfehle, welche Schlussfolgerungen ich daraus ziehe. Man kann sicher davon ausgehen, dass die Forschung uns neue, vielleicht überraschende Einsichten und technische Möglichkeiten bescheren wird. Ich meine allerdings, dass es töricht wäre, in der heutigen Situation die Kernspaltung als Option aufzugeben. Sie kann Teil eines nachhaltigen Energiemixes werden, mit Abstrichen ist sie es ja heute schon. Sie kann zumindest für eine Übergangszeit eine solche Funktion wahrnehmen. Sie ist weiterzuentwickeln, und zwar in zwei Richtungen: zum einen in Richtung der Kraftwerke selbst, und zwar so, dass die Problematik schwerer Unfälle und ihrer Konsequenzen weiter gemindert, wenn nicht eliminiert wird. Zum anderen sollten Brennstoffe und Brennstoffzyklen so weiterentwickelt werden, dass Brennstoff besser ausgenutzt und der Zyklus möglichst geschlossen wird und so die Anforderungen an Endlager reduziert werden.

Die technischen Lösungen setzen unterschiedlich an und haben einen unterschiedlichen Reifegrad erreicht. Der „evolutionäre" Ansatz basiert auf der besten Technologie heutiger Leichtwasserreaktoren. Durch technische Verbesserungen wird die Wahrscheinlichkeit von Unfällen mit schweren Kernschäden weiter reduziert; man unterstellt ihr Eintreten aber dennoch und legt die letzte Barriere zur Umgebung, das sog. Containment, gegen mögliche Belastungen

aus. Eine Freisetzung radioaktiver Stoffe großen Ausmaßes wird somit „praktisch" ausgeschlossen. Das führende technologische Beispiel dafür ist der European Pressurized Water Reactor (EPR), mit Baureife in wenigen Jahren.
Daneben werden Wege verfolgt, die gegenüber heutiger Technologie prinzipielle Änderungen zulassen. So ersetzt man aktive Systeme (mit Pumpen, die gestartet werden müssen und Antriebsenergie brauchen) durch passive Systeme zur Nachwärmeabfuhr und stellt damit die Rückhaltung radioaktiver Stoffe sicher. Sie nutzen vermehrt Naturgesetzlichkeiten und arbeiten beispielsweise mit Naturkonvektion.

Außerdem macht man die Systeme robuster gegenüber fehlerhaften Handlungen des Personals: Die Wasservorräte werden so bemessen, dass sie die Wärme aus dem abgeschalteten Reaktor über Tage aufnehmen können und erst dann Nachspeisungen von außen nötig werden. Die Systeme werden einfacher und überschaubarer. Sie werden benutzerfreundlicher, und man hofft zudem, so Kosten senken und gleichzeitig das Vertrauen auch der „Laien" gewinnen zu können. Konzepte dieser Art sind der AP 600/1000 (MWe), der SBWR-600 /1200 und der SWR 1000; sie wären in etwa 10 Jahren baubar.

Alle diese Konzepte nutzen auch inhärente, also dem System innewohnende Mechanismen für Sicherheitsfunktionen, vor allem zur Unterbrechung der nuklearen Kettenreaktion bei Störungen. Dieses Prinzip wird bei einigen Entwicklungen noch stärker ins Zentrum der Auslegung gerückt und zusätzlich zur Nachwärmeabfuhr aus dem Reaktorkern herangezogen. Leistungsdichte und Größe, Systemaufbau und Materialeinsatz etc. werden so gestaltet, dass die sonst üblichen technischen Systeme einschließlich eines aufwendigen Containments überflüssig werden. Prominente Beispiele dafür sind der PIUS-Leichtwasserreaktor und der modulartig aufgebaute gasgekühlte Hochtemperaturreaktor (HTR). In jüngster Zeit hat der südafrikanische Kraftwerksbetreiber Eskom die Entwicklung eines kleinen und inhärent sicheren Reaktors auf HTR-Basis mit Gasturbine angekündigt. Er soll ohne Sicherheitssysteme auskommen und so konkurrenzfähigen Strom produzieren können; er wäre in wenigen Jahren baubar und wird derzeit von der US NRC vorbegutachtet.

All diese Entwicklungen würden also nicht nur die Unfallrisiken von Kernkraftwerken (definiert als Eintrittshäufigkeiten von Schadensereignissen multipliziert mit deren Folgen) weiter reduzieren, sondern Ereignisse mit potenziell katastrophalen Schäden in der Umgebung ausschließen bzw. ihre rechnerische Eintrittshäufigkeit so senken, dass sie zwar noch denkbar, aber nach üblichen Maßstäben ausschließbar waren.

Den Hintergrund dieser Entwicklungen bildet eine konkrete Markterwartung; z. B. in Frankreich über den Ersatz der Altanlagen. Und es ist auch zu erwarten, dass in den USA in absehbarer Zeit für ein bis drei Neuanlagen das Bewilligungsverfahren eröffnet wird und dass man auch dort einen Markt für die Kernenergie in der Zukunft sieht. Zudem wird ein internationales Entwicklungsprogramm, geführt von den USA unter dem Titel „Generation IV Nuclear Power Systems Initiative" vorbereitet. Neun Länder haben die Bildung eines entsprechenden Forums (GIF) unterzeichnet, die Schweiz ist zwischenzeitlich als 10. Land beigetreten.

Neue Entwicklungen im Bereich der Brennstofftechnologie und -zyklen haben zwei Ziele: einerseits Uranerz als natürliche Energiequelle besser zu nutzen und seine Verfügbarkeit auch langfristig nicht zu gefährden, andererseits die Mengen insbesondere extrem langlebiger radio-toxischer Abfälle zu reduzieren und die Anforderungen an die Langzeitsicherheit einer Endlagerstätte zu senken.

Neben einer Erhöhung des Abbrandes heutiger Brennstoffe folgt daraus die prinzipielle Forderung nach Wiederaufarbeitung mit weitgehender Nutzung der Abfallstoffe. Leichtwasserreaktoren ohne Rezyklierung nutzen nur 0,5 bis 0.6 % des Energieinhaltes von Natururan; allein durch die heute industriell erprobte Rezyklierung des produzierten Plutoniums über MOX-Einsatz lässt sich der Nutzungsgrad fast verdoppeln. Darüber hinaus bietet die Kerntechnik prinzipiell über Mehrfachrezyklierung und Reaktoren mit schnellen Neutronen die Möglichkeit eines weitgehend geschlossenen Systems. Die Ressourcenbeschränkung wäre praktisch aufgehoben; durch Reduzierung der zu lagernden Mengen an Plutonium und anderen langlebigen Actiniden ließen sich die zu gewährleistenden Einschlusszeiten in einem geologischen Endlager markant verringern. Gegen die Ausschöpfung dieses Potenzials sprechen in den nächsten 20 bis 30 Jahren zu hohe Kosten, verursacht auch durch den erheblichen Forschungsaufwand.

Welche Bedeutung die sog. Plutonium-Rückführung und Actiniden Transmutation haben könnte, verdeutlicht die nachfolgende Abbildung. Sie sehen den zeitlichen Verlauf der Radiotoxizität; das ist ein Maß für die Gefährlichkeit des Endlagergutes und lässt alle Barrieren, die man aufbaut, außer Acht. Eingetragen als Orientierungsmaßstab ist der natürliche Pegel, gegeben durch die Radioaktivität des verbrauchten Natururans, dessen Unterschreiten die Frage nach den zu gewährleistenden Einschlusszeiten beantwortet.

Man sieht, dass die Radiotoxizität eines Endlagers sehr lange durch Plutonium bestimmt wird, gefolgt von den höheren Aktiniden und schließlich von den Spaltprodukten. Bei direkter Endlagerung bringt man alles ins Gestein; wenn man selektiv die genannten Nuklide herausnähme, ließen sich die Einschlusszeiten von nahezu astronomischen Zeiträumen reduzieren auf Zeiträume, mit denen wir umzugehen verstehen, d.h. auf historische Zeiträume von einigen tausend Jahren. Das ist der eigentliche Reiz, der Plutoniumrückführung und auch der Aktiniden-Transmutation. Anders zusammengefasst: Wenn man aus fachlicher Sicht alle Brennstoffzyklen zulassen und kombinieren würde mit verschiedenen Reaktoren, also alles nutzt, was technisch möglich ist, ginge Toxizität im Endlager etwa um einen Faktor 90 bis 100 herunter. Zur Klarstellung: Wenn alle Barrieren berücksichtigt würden, ändert sich das Risiko für die Biosphäre nicht allzu sehr, sondern „nur" die Gefährlichkeit der gelagerten Substanz.

Tabelle 1: Konkretisierung des Begriffs Nachhaltigkeit in Zusammenhang mit Energiesystemen

Prinzipien	Kriterien	Indikatoren	Maß-einheit	Heutige Techniken	Fortgeschrittene Techniken
„keine" Erschöpfung von Ressourcen	Verbrauch von Brennstoff/	Abbauzeit 1)	Jahre		
	anderen Materialien	Verbrauch (z.B. Kupfererz)	Jahre g*		
	Beanspruchte Fläche	Betrieb	km2 *		
	Effekte auf Wasser	Verunreinigung (z.B. Zink) oder Verbrauch	kg oder m3 *		
	Beeinträchtigung der Umwelt durch Emissionen	Klimarelevante Gase	Tonnen CO2 äquiv.*		
		Ozonschicht schädigende Gase	Tonnen FCKW äquiv.*		
	Beeinträchtigung der menschlichen Gesundheit	Normalbetrieb	Verlorene Lebens jahre *		
		Unfälle / Kollektiv-risiko	Todesfälle *		
	Beeinträchtigung sozialer Aspekte	Risikoaversion	Landverlust, Todes-fälle 2)		
		Arbeitsplätze	DPJ *		
		Proliferations-gefahr	qualitativ		
	Wirtschaftlichkeit	interne und externe Kosten	Währungs-einheit/kWh		
„keine" Produktion nichtabbaubarer Abfälle	Produzierte Menge relevanter Substanzen		m3 oder kg*		
	Notwendige Einschlusszeiten 3)		Jahre		
„keine" hohe Empfindlichkeit gegenüber dem Umfeld	Ver- und Entorgungssicherheit	Auslandsabhängigkeit	qualitativ		
		Technologieverfügbarkeit	Währungseinheit		
	Robustheit, d.h. keine Notwendigkeit	rascher Eingriffe von außen	Stunden		

* pro GWh

1) bei Annahme einer Stabilisierung auf heutigem Produktionsniveau
2) Maximalwert identifiziert durch Risikoanalysen für eine 1 GW(e)-Anlage
3) notwendig zur Erreichung „natürlicher Niveaus"
4) ausgedrückt in erwarteten Kosten investiert in F&E bis zur Kommerzialisierung
5) Zeitperiode nach einem anormalen Ereignis, bevor menschliche Korrekturaktionen notwendig werden

Stand der Fusionsforschung

Werner Dyckhoff und Alexander M. Bradshaw

Einleitung

Die Kernfusionsforschung hat zum Ziel, die Verschmelzung von Wasserstoffkernen als eine neue Methode der Energiegewinnung mit günstigen Sicherheits- und Umwelteigenschaften nutzbar zu machen. Um die Fusionsreaktion in Gang zu bringen, muss das Wasserstoff-Plasma in einem „Magnetfeldkäfig" eingeschlossen und auf hohe Temperaturen aufgeheizt werden. Da die dafür verwendeten Wasserstoffisotope Deuterium und Tritium nahezu unbegrenzt vorhanden und über die ganze Welt verteilt sind, könnten Fusionskraftwerke – allerdings erst in einigen Jahrzehnten – dazu beitragen, den immer noch steigenden Energiebedarf der Menschheit zu befriedigen [1].

In diesem Zusammenhang wird häufig gefragt, warum die Zeitskala für die Realisierung der Fusionsenergie so lang ist. Ferner wird auch noch darauf hingewiesen, dass am Anfang der 60er Jahre ebenfalls behauptet wurde, man wäre in vierzig Jahren so weit. In diesem Kapitel wird gezeigt, dass die Fusionsforschung – die in den letzten Jahren erhebliche Fortschritte zu verzeichnen hatte – bis zum Ziel noch eine Reihe von plasmaphysikalischen und technologischen Problemen zu lösen hat. Dafür wird insbesondere ITER ein entscheidender und zeitaufwendiger Schritt sein (ITER = International Thermonuclear Experimental Reactor). Dieses Experiment soll ein Deuterium-Tritium-Plasma in einem quasi-stationären Betriebszustand aufrechterhalten, dessen Leistungsverstärkungsfaktor Q (das Verhältnis von erzeugter Fusionsleistung zu aufgewendeter Heizleistung) mindestens einen Wert von 10 erreicht. Bisherige Arbeiten geben keinen Grund zu bezweifeln, dass das Experiment erfolgreich sein wird. Einige der technologischen Fragen, vor allem auf dem Gebiet der Materialforschung, werden jedoch noch große Anstrengungen erfordern. Hierzu gehört die Entwicklung von neutronenbeständigen Materialien mit geringem Aktivierungspotenzial sowie von hitze- und erosionsbeständigen Materialien für die erste Wand. Auf den zweiten Punkt kommend muss festgestellt werden, dass man zu Beginn der experimentellen Hochtemperaturplasmaphysik in den 60er Jahren vielleicht zu optimistisch war. Schaut man die damaligen Prognosen jedoch genau an und vergleicht sie mit dem inzwischen Erreichten, dann zeigt sich, wie sehr die Fusionsforschung ihren Zielen in den letzten Jahren nahe gekommen ist. In Experimenten mit Plasmen gleichen Anteils von Deuterium und Tritium konnte das europäische Gemeinschaftsexperiment JET bei Oxford, Großbritannien, 1997 eine Fusionsleistung von 12 MW (entsprechend einem Q-Wert von 0,65) über die Dauer von etwa einer Sekunde erzielen.

Die Forschungsfortschritte waren zudem von den politisch gesetzten Rahmenbedingungen abhängig. So hat die Bauentscheidung für JET mehrere Jahre gedauert; die ITER-Planung läuft bereits seit dreizehn Jahren, ohne dass ein Baubeschluss möglich wurde. Bewegung in die ITER-Entwicklung brachte jedoch 2001 der Vorschlag der EU-Kommission, Mittel im 6. Europäischen Forschungsrahmenprogramm für ITER zu reservieren sowie die inzwischen eingegangenen Standortbewerbungen der Länder Frankreich, Spanien, Kanada und Japan.

Die folgenden Abschnitte skizzieren die physikalischen Grundlagen für den Einschluss heißer Plasmen mit Magnetfeldern, den aktuellen Stand der Fusionsforschung, den nächsten geplanten Schritt, das Konzept eines künftigen Fusionskraftwerks sowie die Charakterisierung der Fusion als Energiequelle. Schließlich soll diskutiert werden, welche Rolle die Fusionsenergie in einem zukünftigen Energiesystem spielen kann.

Prinzip der Kernfusion

Da die Bindungsenergie pro Nukleon als Funktion der Massenzahl für leichte Kerne zunimmt, werden bei der Fusion leichter Kerne, oder Kernverschmelzung, große Energiemengen freigesetzt. Als Erster beobachtete 1919 Rutherford eine Fusionsreaktion, als er $H^{17}O$ durch Beschuss von Stickstoff mit α Teilchen herstellte. Nach den Arbeiten von Eddington über die Vorgänge in der Sonne sowie von Gamov zur Rolle des Tunneleffekts konnte 1938 Hans Bethe zeigen, dass Kernfusionsreaktionen die Quelle der Sonnenenergie sind. Rutherford war es auch, der 1934 mit seinen Mitarbeitern die ersten Deuterium-Deuterium und Deuterium-Tritium-Fusionsreaktionen realisierte, die in Fusionsexperimenten und künftigen Kraftwerken die wichtigste Rolle spielen. Obwohl die Kernverschmelzung sofort als eine mögliche Energiequelle für die Menschheit betrachtet wurde, schlug das Forschungsgebiet mit der Entwicklung von thermonuklearen Waffen einen gesellschaftlichen, politischen und wissenschaftlichen Irrweg ein. Viele Arbeiten zur zivilen Nutzung der Fusion blieben deshalb zunächst unter Verschluss. Erst 1958, nach der zweiten Genfer Konferenz zur friedlichen Nutzung der Kernenergie, zeigte sich das große Interesse der beiden Supermächte sowie der europäischen Länder, vor allem Großbritanniens, an der Fusion als Energiequelle. Seither befassen sich die meisten kraftwerks-orientierten Fusionsuntersuchungen mit dem sogenannten magnetischen Einschluss.

Allerdings werden ebenso – motiviert durch ihre Waffenprogramme vor allem in den USA und in Frankreich – große Anstrengungen unternommen, die sogenannte Trägheitsfusion (siehe im folgenden Abschnitt „Alternative

Wege zur Fusion") zu realisieren. Hier wird eine kleine Kugel des Fusionsbrennstoffes direkt oder indirekt durch Laserbeschuss komprimiert und erhitzt. „Die Laserfusion ist ein Paradebeispiel für die Janusköpfigkeit, mit der sich physikalische Forschung darbieten kann. Die Brennstoffkügelchen sind zugleich Energiepillen für den Fusionsreaktor und ‚Minibomben' für den Laborversuch", so E. Rebhan [1].

Physikalische Grundlagen des magnetischen Einschlusses

Damit zwei Atomkerne verschmelzen können, müssen sie sich bis auf einen Abstand im Bereich des Kerndurchmessers (10^{-15} m) nähern, da erst dann die anziehende starke Wechselwirkung die abstoßende Coulomb-Kraft zwischen den positiv geladenen Atomkernen überwiegt. Zur Überwindung dieser „Coulomb-Barriere" müssen die Atomkerne auf sehr hohe Energien gebracht werden, was am einfachsten in „heißen" Gasen erreicht wird. Einfache Abschätzungen ergeben dabei notwendige Temperaturen von über 100 Millionen Kelvin. Bei solchen Temperaturen ist ein Gas nahezu vollständig ionisiert, d.h. in den Plasmazustand übergegangen [2, 3]. Da man es nun mit einem nach außen hin neutralen Gemisch aus elektrisch geladenen Teilchen (Elektronen und Ionen) zu tun hat, lassen sich die heißen Plasmen – für die sich ein materieller Behälter verbietet – mit Magnetfeldern einschließen. Längs der Magnetfeldlinien führen Elektronen und Ionen eine spiralförmige Bewegung aus, wobei der Radius der Spirale, der Larmor-Radius, vom Betrag des Feldes und der Teilchenmasse abhängt. Die geladenen Teilchen können quer zum Magnetfeld nicht entkommen, parallel dazu sind sie jedoch frei beweglich. Um die Verluste an den Enden einer linearen Anordnung (Abb. 1) zu vermeiden, nutzt man ringförmige Plasmaröhren (Abb. 2). Dies hat jedoch ein inhomogenes, nach außen abfallendes Magnetfeld zur Folge: Auf Feldlinien, die innen im Torus

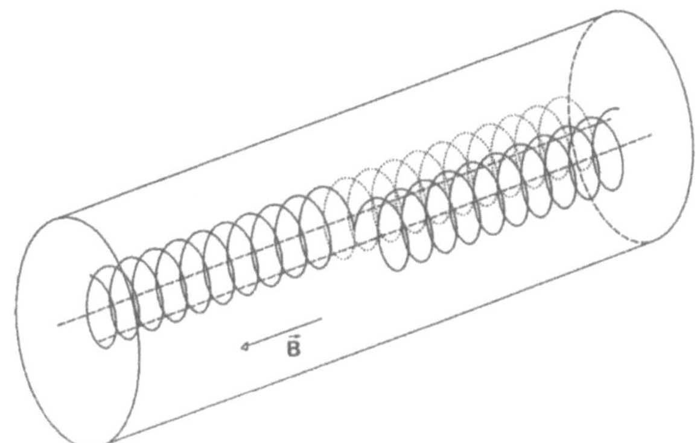

Abb.1 Einschluss im Magnetfeld: In einem Magnetfeld bewegen sich Ionen und Elektronen auf Spiralbahnen um die Feldlinien. Nur durch Stöße können sie sich quer zum Magnetfeld bewegen

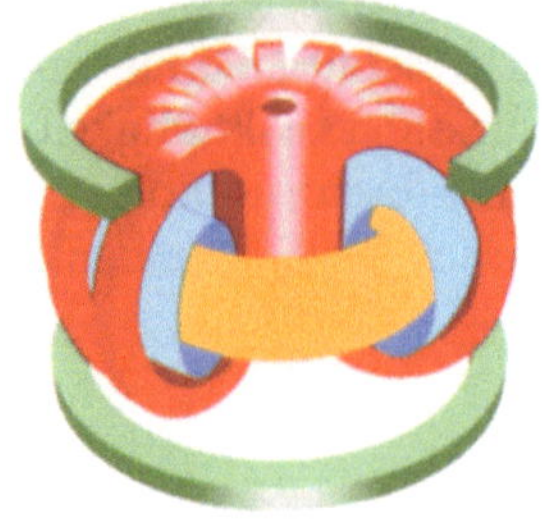
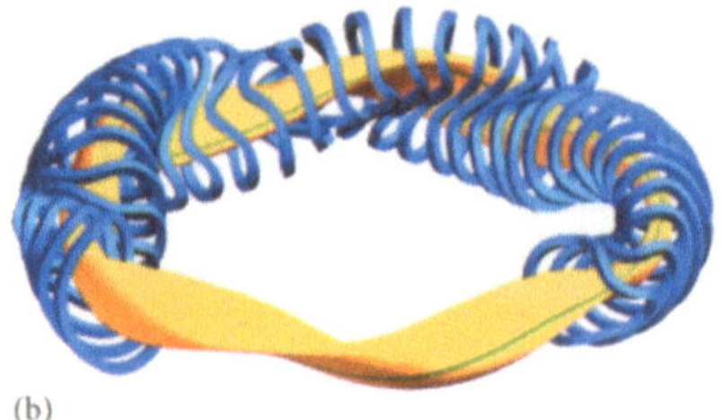

Abb.2 Toroidaler Einschluss im Magnetfeld: Bei einem Tokamak (a) wird das ringförmige Vakuumgefäß von den Toroidalfeldspulen (rot) umgeben, die ein rein toroidal umlaufendes Magnetfeld erzeugen. Die Verdrillung der Feldlinien entsteht durch den toroidalen Plasmastrom, dessen Magnetfeld auf dem kleinen Umfang um den Torus herumläuft. Dieser Plasmastrom wird mit Hilfe der zentralen Spule im Plasma induziert.
Beim Stellarator wird das gesamte Magnetfeld von einem Satz modularer, nicht-ebener Spulen (blau) erzeugt, wie in (b) am Beispiel von WENDELSTEIN 7-X dargestellt. Der Stellarator ist damit technisch wesentlich aufwendiger, kann aber prinzipiell stationär betrieben werden.

verlaufen ist das Magnetfeld höher als auf äußeren Feldlinien. Dies würde zu einem sofortigen Zerfall des Plasmaringes führen, lässt sich aber vermeiden, wenn man die Feldlinien schraubenförmig um den Torus herumführt, so dass alle Feldlinien Bereiche starken und schwachen Magnetfeldes durchlaufen. Dabei bilden die Feldlinien ineinander geschachtelte magnetische Flächen aus, die das Plasma einschließen.

Im Wesentlichen wurden zwei Methoden für diese Verdrillung der Feldlinien entwickelt. Der in Abb. 2a) dargestellte Tokamak [4], dessen Prinzip von Tamm und Sacharov in Russland entwickelt wurde, arbeitet mit einem im Plasma fließenden Strom, dessen Magnetfeld in poloidaler Richtung (um den kleinen Umfang des Torus herum) verläuft. Das Plasma wirkt hier als Sekundärspule zu der im Torus stehenden Transformatorspule. Dadurch arbeitet ein Tokamak zunächst gepulst. Es gibt jedoch auch andere Möglichkeiten, einen toroidalen Strom zu treiben, z.B. durch Hochfrequenzwellen. Diese Technik wird weltweit untersucht und könnte einen stationären Betrieb auch beim Tokamak erlauben. Durch den Plasmastrom hat ein Tokamak eine „automatische" innere Heizung, was ihm in den 60er und 70er-Jahren einen enormen Entwicklungsvorsprung sicherte. Infolgedessen sind derzeit die meisten Fusionsexperimente – auch ITER – Tokamaks.

Bei dem von L. Spitzer jr. in Princeton entwickelten Stellarator dagegen werden die magnetischen Feldlinien alleine durch äußere Spulen erzeugt. Dies erfordert komplizierte, dreidimensional verformte Spulen, wie in Abb. 2b) für den Stellarator WENDELSTEIN 7-X gezeigt, der derzeit vom Max-Planck-Institut für Plasmaphysik in Greifswald errichtet wird. Die in den 50er Jahren untersuchten ersten Stellaratoren litten wegen ihrer ungünstigen Magnetfeldkonfiguration unter hohen Teilchenverlusten. Erst durch die numerische Optimierung der Stellaratoren konnte dieser Nachteil beseitigt werden, was letztendlich durch die enormen Fortschritte bei den Hochleistungsrechnern ermöglicht wurde. WENDELSTEIN 7-X, der Ende dieses Jahrzehnts in Betrieb gehen wird, ist in dieser Hinsicht weitestgehend optimiert und soll damit den Vorsprung der Tokamaks aufholen. Wenngleich ITER als Tokamak geplant wird, ist für das darauf folgende Demonstrationskraftwerk jedoch noch offen, ob die Anlage ein Stellarator oder ein Tokamak werden wird. Da alle technologischen Entwicklungen unabhängig vom Einschlusskonzept sind, können die ITER-Ergebnisse später auch für den Stellarator verwendet werden.

Alternative Wege zur Fusion

Zwei Alternativen zum magnetischen Einschluss werden hier kurz dargestellt: die bereits oben erwähnte Inertialfusion und die myonische Fusion.

Bei der Inertialfusion (oder Trägheitsfusion) wird eine kleine Kapsel (engl. pellet) aus Deuterium und Tritium durch Beschuss mit Hochleistungslasern (oder schweren Ionen) kugelsymmetrisch bestrahlt und auf Temperaturen von etwa 110 Millionen Kelvin erhitzt. Die äußere Schicht der Kugel verdampft mit hoher Geschwindigkeit und lässt gleichzeitig den inneren Teil der Kugel – aufgrund der Impulserhaltung – implodieren, was zu der für die Fusion notwendigen Energiedichte führt [5]. Der Einschluss des aufgeheizten Brennstoffs wird dabei komplett durch Trägheit und nicht durch magnetische Felder erreicht. Trägheitsfusion wird hauptsächlich in den USA und in Frankreich und in geringerem Maße in Japan, Großbritannien und in anderen europäischen Ländern erforscht. Da solche Experimente auch für die Untersuchung der Explosionsphysik von Kernwaffen verwendet werden kann, wird der größte Teil der Forschung in den USA durch das Verteidigungsministerium finanziert. Die Inertialfusion ist im Hinblick auf die Realisierung eines Kraftwerks deutlich weniger weit entwickelt als die magnetische Fusion.

Die myonische Fusion wird, trotz ihrer zu Beginn vielversprechenden Aussichten, nur noch wenig erforscht. Die Idee ist, Myonen, die „schweren Schwestern" des Elektrons, mit Hilfe eines Beschleunigers zu produzieren und in ein Gasgemisch aus Deuterium und Tritium zu injizieren. Das Myon wird mit endlicher Wahrscheinlichkeit von einem Deuterium- oder Tritiumatom eingefangen, die zusammen ein Deuterium-Tritium-Molekül bilden. Wegen der im Vergleich zum Elektron großen Masse des eingefangenen Myons sind die Ausmaße solch eines Moleküls deutlich geringer als bei einem „normalen" Molekül mit gebundenen Elektronen. Daher sind die Atomkerne viel näher zusammen und die Wahrscheinlichkeit einer Fusionsreaktion ist relativ groß. Leider liegt das Problem dieser eleganten Methode in dem hohen Energiebedarf zur Erzeugung der Myonen, da die Myonen während ihrer Lebensdauer nur ca. 200 Fusionsreaktionen „katalysieren" können [6].

Plasmaphysik: „break even" an JET

Die genannte Plasmatemperatur von über 100 Millionen Kelvin beim magnetischen Einschluss ist nur eines der Kriterien für ein Fusionsplasma zum Erreichen der Zündung. Zugleich müssen Plasmadichte und Energieeinschlusszeit möglichst hoch sein. Letztere Größe ist ein Maß für die Güte des Plasmaeinschlusses und ergibt sich aus dem Verhältnis von Plasmaenergie zu aufgewandter Heizleistung. Der erhebliche Fortschritt, den die Fusionsforschung in Theorie und Experiment in den zurückliegenden 50 Jahren erzielt hat, lässt sich deshalb am deutlichsten an den Werten für das Fusionsprodukt (das Produkt aus Temperatur, Dichte und Einschlusszeit) erkennen [4]. Wie Abb. 3 zeigt, konnte dieser Wert, der im Kraftwerk größer als $3 \cdot 10^{22}$ Mio. Kelvin mal Sekunde pro Kubikmeter sein muss, von den ersten Versuchen bis zu den heutigen größten Tokamak-Anlagen um das rund 25.000fache gesteigert werden. Er liegt beim europäischen Gemeinschaftsexperiment JET nur noch einen Faktor 5 unter dem Zielwert für ein Kraftwerk.

Da Tritium ein radioaktives Gas ist, erfordert seine Benutzung einen höheren sicherheitstechnischen Aufwand, den man bei den meisten Experimenten vermieden hat, indem man sie mit reinen Deuteriumplasmen betrieben hat. In den 90er Jahren wurden aber an zwei Fusionsexperimenten (TFTR in Princeton und JET) Untersuchungen mit Deuterium-Tritium-Plasmen angestellt. In Plasmen mit gleich hohen Anteilen von Deuterium und Tritium konnte JET 1997 über die Dauer von etwa einer Sekunde eine Fusionsleistung von 12 MW erzielen. Dabei wurde kurzfristig sogar eine Spitzenleistung von 16 MW erreicht; 65 Prozent der aufgewandten Heizleistung wurden per Fusion wieder gewonnen (das bedeutet einen Leistungsverstärkungsfaktor von $Q = 0{,}65$).

Wenn man die einzelnen Plasmaparameter zu den in Abb. 3 dargestellten Daten betrachtet, stellt man fest, dass die notwendigen Plasmatemperaturen und -dichten heutzutage routinemäßig erreicht oder gar übertroffen werden. Rekordtemperaturen von 400 Millionen Kelvin wurden gemessen. Einzig die Energieeinschlusszeit muss noch verbessert werden. Dies erklärt, warum die optimistischen Vorhersagen der 60er Jahre nicht eingetroffen sind. Damals hat man mit der Annahme, dass Teilchen quer zum Magnetfeld (Abb. 1) nur durch Stöße transportiert werden, einen sehr guten Plasmaeinschluss berechnet, der zu relativ kleinen Anlagen geführt hätte. Es stellte sich jedoch heraus, dass die Energie- und Teilchenverluste sehr viel größer sind als erwartet. Erst in den letzten Jahren konnten als Ursache dafür turbulente Vorgänge im Plasma identifiziert werden. Mit neueren Entwicklungen, sogenannten „internen Transportbarrieren" (Bereiche verminderter Energie- und Teilchenverluste), gelingt es inzwischen, die Turbulenz zu unterdrücken und Plasmen mit verbessertem Energieeinschluss zu züchten. Bisher ist man den erhöhten Energieverlusten, d.h. der zu geringen Isolationsfähigkeit des Plasmas, pragmatisch durch Vergrößerung der Plasmaanlagen begegnet. Daraus ergibt sich, dass eine weitere Steigerung der Plasmaparameter über JET hinaus den Aufbau eines größeren

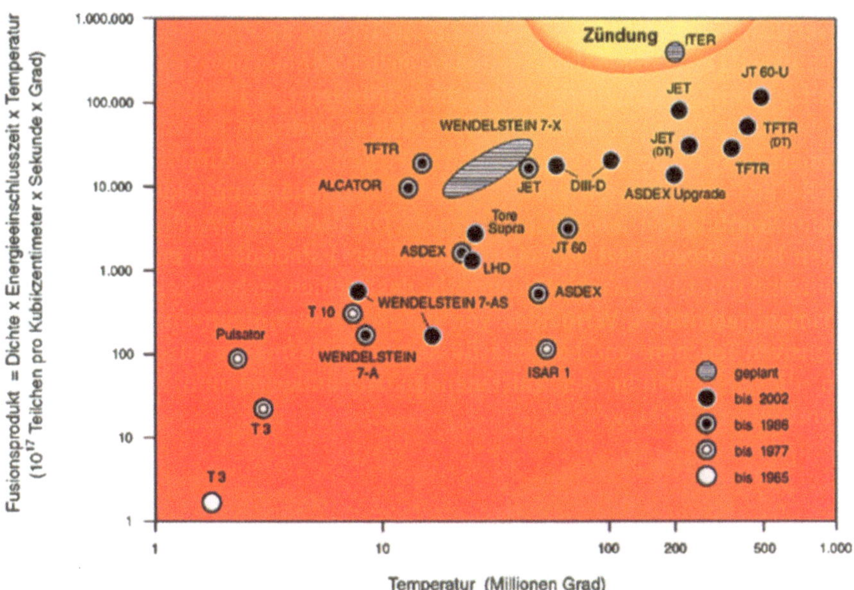

Abb.3 nTτ -Diagramm: Der Fortschritt der Fusionsforschung lässt sich am besten im Fusionsprodukt nTτ messen, das hier gegen die Plasmatemperatur T aufgetragen ist. (Misst man T in Energieeinheiten, so entspricht 1 keV 11.6 Millionen Kelvin). Die rechts oben mit „Zündung" bezeichnete Kurve entspricht der Grenze, ab der die Fusionsleistung der Alphateilchen alle Energieverluste deckt und das Plasma ohne weitere Leistungszufuhr selbständig brennt.

Experimentes erfordert. Dabei zeigt Abb. 3, dass der nächste Entwicklungsschritt auch ein qualitativer ist: Die nächste Anlage – ITER – soll in den Bereich vordringen, in dem die Fusionsleistung des Plasmas deutlich größer ist als die aufgewendete Heizleistung (d.h. Q >> 1).

ITER – der nächste Schritt

Auf dem Genfer Gipfeltreffen im November 1985 schlug Russland den USA vor, den nächsten Schritt der Fusionsforschung in weltweiter Zusammenarbeit zu planen. Aus dieser Initiative entstand das Projekt ITER, an welchem ab 1988 die vier Partner USA, Russland, Japan und Europa (vertreten durch Euratom) in einer gemeinsamen Studiengruppe arbeiteten. Der 1998 im „Final Design Report" vorgestellte Entwurf nannte für ITER eine Fusionsleistung von 1.500 MW für Pulslängen von 1000 s. Obwohl dieser Entwurf im genehmigten Finanzrahmen lag (Investitionskosten von ca. 7 Milliarden US$), konnten die vier Partner das Projekt aus Kostengründen nicht realisieren. Die Studiengruppe wurde aufgefordert, ein kleineres Experiment zu entwerfen, das die wesentlichen physikalischen Ziele – bei Abstrichen an Plasmaparametern und Technik – zu etwa den halben Kosten erreichen könnte. 1999 verließen die USA aus forschungs- und energiepolitischen Gründen das ITER-Projekt; die verbliebenen Partner legten im Juli 2001 einen endgültigen Entwurf für das verkleinerte Experiment vor: ITER-FEAT (Fusion Energy Amplifier Tokamak). ITER-FEAT (Abb. 4) soll bei einem Leistungsverstärkungsfaktor $Q \ge 10$ eine Fusionsleistung von 500 MW produzieren. Die Baukosten wurden mit 3,7 Milliarden Euro abgeschätzt. Um ein solches Plasma stationär zu erzeugen, ist ein genügend guter Plasmaeinschluss nötig, das Vermeiden bzw. Kontrollieren von Plasmainstabilitäten, Vermeiden von Plasmaverunreinigungen, Kontrolle der intensiven Teilchen- und Leistungsflüsse auf die plasmabegrenzenden Strukturen, die stete Abfuhr der entstehenden Heliumkerne und kontinuierliche Brennstoffnachfüllung.

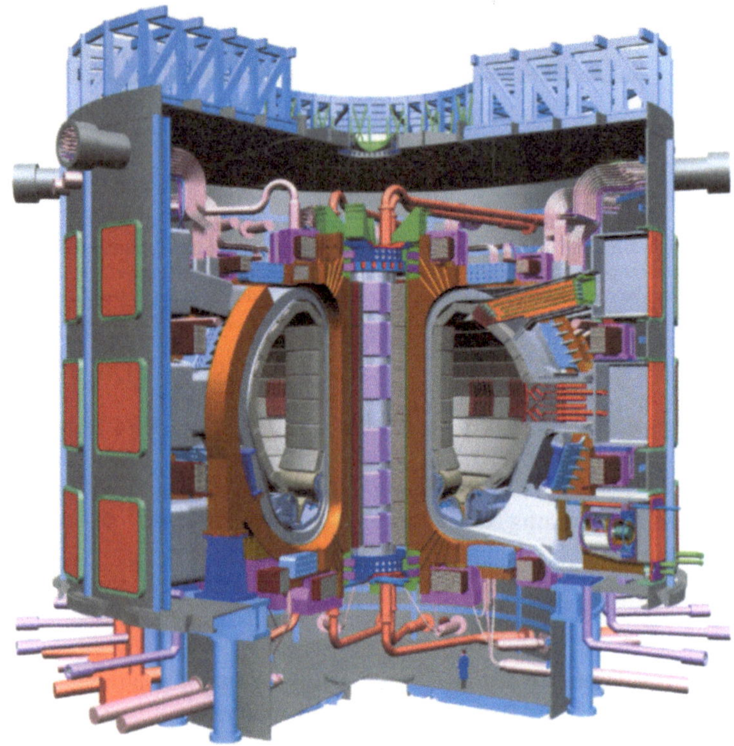

Abb. 4 Schematische Darstellung von ITER entsprechend dem veröffentlichten Abschlussbericht. Der Durchmesser der Anlage beträgt ca. 34m.

Die meisten dieser eher physikalischen Fragestellungen werden bereits in heutigen Experimenten bearbeitet, müssen nun aber unter Kraftwerksbedingungen untersucht werden. Insbesondere muss die Skalierung der Energieeinschlusszeit t auf ein Plasma von beinahe Kraftwerksgröße überprüft werden. (Wie oben dargestellt, erfordert größeres Q auch größere Plasmadimensionen und nicht überall ist die Größenskalierung trivial.) Auch die zentrale Plasmaheizung durch die hochenergetischen Alpha-Teilchen aus der Fusionsreaktion und die von ihnen möglicherweise erzeugten kollektiven Effekte sind zwei wichtige Fragen, die erst mit ITER untersucht werden können, da sie an die Bedingung $Q \gg 1$ gekoppelt sind.

Des weiteren soll ITER alle wesentlichen technologischen Komponenten eines Fusionskraftwerks – supraleitende Spulen, Fernhantierungstechnik, stationäre Plasmaheizung, Tritiumtechnologie und andere Komponenten des Brennstoffkreislaufes – enthalten, um ihre Kompatibilität mit dem thermonuklearen Plasmabetrieb nachweisen zu können. Daher wurde parallel zu den Designarbeiten ein Technologie-Entwicklungsprogramm aufgelegt (siehe im folgenden Abschnitt „Entwicklung der Fusionstechnologie").

Seit Sommer 2001 liegt ein fertiger Bauentwurf für ITER vor; nun muss ein Standort gefunden und der Bau beschlossen werden. Im Juni 2001 hat Kanada einen Standort angeboten, in Europa wurden 2002 ebenfalls Standorte in Südfrankreich und Spanien vorgeschlagen; auch Japan hat einen Standort nominiert. Die Verhandlungen über die Rahmenbedingungen eines gemeinsamen Baus von ITER haben im Herbst 2001 begonnen. Ob und wann der Bau jedoch beschlossen wird, hängt von der Entscheidungsfindung in den Regierungen der beteiligten Partnerländer ab – ein zunehmend die Zeitskala der Fusionsforschung bestimmendes Element.

Entwicklung der Fusionstechnologie

Die Fusion verwendet komplexe Technologien und erfordert noch weitere Fortschritte auf verschiedenen Gebieten wie supraleitende Magnetspulen, hochhitzebeständige Materialien, Wandmaterialien, die dem hohen Neutronenfluss standhalten, Fernhantierungsanlagen und Plasmaheiztechniken. ITER hat neben der Demonstration der physikalischen Machbarkeit der Fusion als Energiequelle auch die Aufgabe, die für einen Reaktor notwendigen Komponenten zu erproben. Deshalb wurde 1994 ein spezielles Programm zur Entwicklung der Schlüsseltechnologien im Rahmen der ITER-Studien eingeführt. In weltweiter Kooperation wurden sieben Aufgaben ausgeschrieben, um Schlüsselkomponenten zu konstruieren, zu bauen und zu testen. Bis zum Frühjahr 2001 wurden die Tests aller Komponenten erfolgreich abgeschlossen.

Materialien für Fusionsanlagen müssen zwei Ziele erfüllen: (i) sie sollten ihre mechanischen Eigenschaften auch nach Bestrahlung mit intensiven Neutronenflüssen erhalten und (ii) neutroneninduzierte Aktivierung sollte nicht zur Produktion von langlebigem radioaktiven Abfall führen. Eine Reihe von Materialien sind als Kandidaten für zukünftige Fusionskraftwerke identifiziert worden. Experimentelle Daten fehlen, da es weltweit keine geeignete Neutronenquelle zur Untersuchung der Materialien gibt. Deshalb wurde unter der Schirmherrschaft der IEA das Design einer Neutronenquelle IFMIF (= International Fusion Material Irradiation Facility) ausgeschrieben. Ende 1996 wurde ein Konzeptentwurf vorgelegt.

Das mögliche Design eines Fusionskraftwerks

Die Abb. 5 zeigt schematisch die wesentlichen Komponenten eines Fusionskraftwerks: Die inneren, kreisförmigen Komponenten stellen den Querschnitt des toroidalen Plasmas und des umgebenden Blankets dar. Außerhalb des Blankets und gegen die Neutronen abgeschirmt liegen die Magnetspulen. Das Blanket selbst hat neben der Abschirmung weitere Aufgaben: hier wird die Energie der Fusionsneutronen auf ein Kühlmittel übertragen und der Brennstoff Tritium durch Neutronenreaktionen in Lithium erzeugt. Die Komponenten wie Dampferzeuger, Turbine und Generator entsprechen denen in einem konventionellen Kern- oder Verbrennungskraftwerk.

In Abb. 5 wird ein wesentlicher Vorteil der Energiegewinnung aus Fusion deutlich: Die Brennstoffe sind Deuterium und Lithium, aus dem in einem internen Kreislauf Tritium als der eigentliche Brennstoff gewonnen wird. Deute-

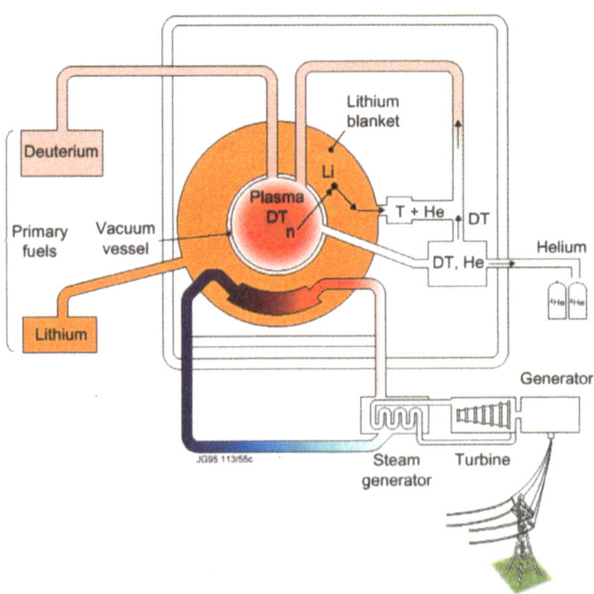

Abb. 5 Schema eines Fusionskraftwerkes: Die im Plasma entstehenden Neutronen werden im Blanket abgebremst. Zum einen erwärmen sie dabei das Kühlmittel, das über Dampf in einem Generator elektrischen Strom erzeugt. Zum anderen erzeugen die Neutronen durch Reaktionen mit dem im Blanket enthaltenen Lithium Tritium. Dieses Tritium wird dem Plasma zusammen mit Deuterium als Brennstoff zugeführt, ebenso wie das im Plasma nicht verbrannte Tritium, das dem Abgas entzogen wird

rium ist in praktisch unerschöpflichen Mengen im Meerwasser enthalten; die Lithiumvorräte in der Erdkruste würden bei gleich bleibendem Weltenergieverbrauch für mindestens 30 000 Jahre reichen und können damit ebenfalls als unbegrenzt gelten. Zudem sind beide Rohstoffe gleichmäßig über die Erde verteilt – geopolitische Konflikte sind von vorn herein ausgeschlossen. Wegen der hohen Energiefreisetzung pro Fusionsreaktion (17 MeV; das sind etwa 10 Millionen mal mehr als bei der „Verbrennung" von einem Kohlenstoffatom) sind auch die umgesetzten Stoffmengen und die Umweltbelastungen bei Verarbeitung, Transport und Abbau sehr gering. So könnte ein Gramm Brennstoff in einem Kraftwerk 90 000 Kilowattstunden Energie freisetzen – die Verbrennungswärme von 11 Tonnen Kohle.

In rund 25 Jahren – wenn ITER die prinzipielle Eignung der Kernfusion als Energiequelle bewiesen hat – könnte mit dem Bau eines Prototyp-Kraftwerks begonnen werden.

Charakterisierung der Fusion als Energiequelle

Sicherheits- und Umwelteigenschaften

Besondere Vorteile hat die Fusion in Bezug auf Sicherheits- und Umweltaspekte. Obwohl sie häufig mit der Kernspaltung (Fission) verglichen wird, sind die beiden Energieformen bezüglich Sicherheit und Umweltbeeinflussung völlig unterschiedlich. Wie in Abb. 5 gezeigt, werden dem Plasma kontinuierlich Deuterium und Tritium zugeführt, d. h. das im Plasmagefäß enthaltene Brennstoffinventar ist stets sehr gering. Da je ein Deuterium- und ein Tritiumkern zu einem Neutron und einem Heliumkern verschmelzen, kann prinzipiell keine Kettenreaktion und damit auch kein explosionsartiger Anstieg der Energieproduktion auftreten.

Die Aufrechterhaltung der Fusionsbedingungen in einem Plasma ist eine delikate Aufgabe. Durch jede Störung des Systems wird der erlaubte enge Parameterbereich verlassen und die Fusionsreaktionen erlöschen. Das Kraftwerk schaltet sich damit bei Störungen selbständig ab, womit ebenfalls überhöhte Leistungsproduktionen ausgeschlossen sind.

Zudem ist die Energiedichte eines Fusionsplasmas und auch die Nachwärme der aktivierten Strukturen so gering, dass sich bei allen denkbaren Unfällen die Kraftwerksstrukturen nur mäßig erwärmen, selbst wenn die komplette Kühlung ausfällt. Da die Schmelztemperaturen der Metalle nie erreicht werden (die Wandtemperaturen bleiben auch in den schlimmsten angenommenen Fällen unter 1.000° C), ist eine Mobilisierung radioaktiven Materials ausgeschlossen. Alle denkbaren Unfallszenarien wurden im Rahmen der ITER-Planung umfangreich untersucht und sind in die Optimierung des Designs eingegangen [7]. Die Katastrophenfreiheit eines Fusionskraftwerks ist das erklärte Konstruktionsziel, dessen Erreichen kaum bezweifelt wird.

Radioaktiver Abfall entsteht in einem Fusionskraftwerk durch die Aktivierung der Metalle durch Neutronenstrahlung. Die Fusionsabfälle besitzen – im Vergleich zur Fission – deutlich kürzere Halbwertszeiten: Etwa 100 Jahren nach dem Abschalten eines Kraftwerkes wird die Aktivität der Strukturmaterialien bereits um vier Größenordnungen abgenommen haben; langlebige Aktinide treten nicht auf. Zudem sind die radiologischen Eigenschaften des Abfalls durch geschickte Materialwahl einer Optimierung zugänglich.

Insgesamt werden nach Betriebsende eines Fusionskraftwerkes (summiert über die ganze Betriebszeit) etwa 65.000 t radioaktiven Materials anfallen. Dies ist eine ähnliche Menge wie in einem konventionellen Kernkraftwerk, aber nach einer Abklingzeit von etwa 100 Jahren können 30 bis 40 Prozent dieses Materials normal entsorgt werden, für weitere etwa 60 Prozent des Materials kommt ein ganzes Spektrum von Maßnahmen in Frage. Je nach Aufwand, den man treiben möchte (Tätigkeiten 'von Hand' bis hin zu 'komplexer Fernhantierung'), ist sowohl vollständiges Recycling und Verwendung in neuen Kraftwerken möglich als auch teilweises Recycling bis hin zur Endlagerung der Materialien.

Der Rest des Materials – ein bis einige Prozent – ist langlebig. Dieser Anteil ist deshalb so gering, weil fusionsspezifische Materialien entwickelt wurden, die keine Legierungselemente wie Nickel, Molybdän, Kobalt oder Niob enthalten, aus denen durch Neutronenbeschuss langlebige Aktivierungsprodukte entstehen könnten. An der Entwicklung optimierte Materialien wird weiterhin gearbeitet.

Kosten des Fusionsstroms

Wie wurde der Strompreis für die Fusion in bisherigen Studien berechnet? Übliche Annahmen sind [8], dass das erste Fusionskraftwerk auf dem Tokamak-Prinzip beruht und eine Leistung von 1 GWe liefern wird. Anhand der Erfahrung mit laufenden Fusionsanlagen, der Kostenabschätzungen für ITER sowie diverser Systemstudien werden die Kapitalkosten für die Kraftwerkskomponenten abgeschätzt. Die Stromkosten setzen sich dann zusammen aus den Investitionskosten für die zentrale Fusionsanlage (39 Prozent) und deren Peripherie (23 Prozent), den Kosten für den Austausch der sogenannten Divertorplatten und Blankets während des Betriebs (30 Prozent), für Brennstoff, Betrieb, Wartung und Entsorgung (8 Prozent). Eine jährliche Auslastung von 75 Prozent, eine Lebensdauer von 30 Jahren und Kapitalzinsen von 5 Prozent werden dabei zugrunde gelegt. Zuletzt beschreiben Lernkurven die im Laufe der Zeit durch Bau- und Betriebserfahrungen möglichen Kostenreduktionen. Die Kosten bei der zehnten Anlage einer Art dürften dann zwischen 0,06 und 0,10 €/kWh liegen. Im Vergleich zu diesen eher konservativen europäischen Studien schätzen einige amerikanische Studien die Kosten von Fusionsstrom deutlich niedriger ab. Grundlage ist hier zwar auch das physikalisch Mögliche, jedoch werden besonders große Fortschritte in der Plasmaphysik und -technologie angenommen.

Externe Kosten der Fusion

Energiewandlungstechnologien werden meistens bezüglich ihrer Kosten, im Falle von Kraftwerken der Stromgestehungskosten, miteinander verglichen. In diesen Vergleichen spiegeln sich aber nur unzureichend die verschiedenen Umwelt- und Sicherheitseigenschaften der Anlagen wieder. Ein Ausweg aus diesem Dilemma bietet das Konzept der „externen Kosten". Hier werden alle Auswirkungen einer Technologie bilanziert und es wird versucht die Auswirkungen monetär zu bewerten. Die externen Kosten sind jetzt alle Kosten, die weder vom Betreiber noch vom Kunden einer Anlage, sondern von der Gesellschaft als ganzes getragen werden. Beispiele hierfür sind die Beeinträchtigungen der Gesundheit durch Luftemissionen oder Lärm oder aber die Zerstörung von Ökosystemen durch den Eintrag toxischer Substanzen.

Im Rahmen eines europäischen Forschungsprojektes „ExternE" [9] wurde eine Methode entwickelt, die externen Kosten von Kraftwerken zu bestimmen. Diese Methode wurde auch auf zukünftige Fusionskraftwerke und den dazugehörigen Brennstoffkreislauf angewandt. Sie verwendet ein grundlegendes und standortspezifisches Vorgehen, d. h. sie betrachtet zusätzliche Effekte aufgrund einer neuen Aktivität am untersuchten Standort. Die Quantifizierung der Einflüsse wird durch Schadensfunktionen oder Analyse der Einflusswege erreicht. Der gesamte Brennstoff- und Lebenszyklus der Anlage wird einbezogen.

Die hypothetische Anlage der Untersuchung liegt bei Lauffen am Neckar. Die meisten Kennwerte der Anlage wurden der Europäischen Fusions-Sicherheitsstudie SEAFP [7] entnommen. Andere Daten stammen vom ITER Design und von Kernkraftwerken. Die Studie zeigt im Ergebnis, dass die externen Kosten der Fusion nicht über denen der Erneuerbaren Energiequellen liegen [10, 11].

Die mögliche Rolle der Fusion in einem zukünftigen Energiesystem

Die Energienachfrage wird im 21. Jahrhundert mit großer Wahrscheinlichkeit ansteigen, da zum einen die Weltbevölkerung auf insgesamt neun bis zwölf Milliarden Menschen wachsen wird. Zum anderen leben die meisten Menschen heute in sehr bescheidenen oder sogar inakzeptablen sozialen und wirtschaftlichen Verhältnissen. Wenn Wohlstand sich global ausbreiten soll, dann ist mit einem deutlichen Anstieg der Energienachfrage zu rechnen. Allein Indien wird seinen Energieverbrauch in diesem Jahrhundert wohl um einen Faktor sechs steigern; für China gilt ähnliches, von vielen Ländern Afrikas ganz zu schweigen. Auch ist davon auszugehen, dass der hohe Anteil von fossilen Brennstoffen an der weltweiten Energieversorgung von derzeit mehr als 90 Prozent noch einige Jahrzehnte andauert: In den Industrieländern bestehen feste Energieversorgungsstrukturen, die sich nur langsam verändern werden; in den Schwellen- und Entwicklungsländern zwingt die Kapitalknappheit dazu, die billigste Lösung zu wählen. Das bedeutet – zumindest für Indien und China – die intensive Nutzung der heimischen Kohle.

Jedoch muss aus den bekannten Gründen – Klimaveränderung, Ressourcenknappheit und Gefährdung durch internationale Konflikte – die Energieversorgung langfristig umgestellt und eine Abkehr von fossilen Brennstoffen angestrebt werden. Hierfür ist die Fusion eine wichtige Option, insbesondere, weil sie sich gut in die bestehenden Versorgungsstrukturen einpasst: Wo heute ein großes Kohle-, Gas- oder Kernspaltkraftwerk steht, könnte später ein Fusionskraftwerk diesen Platz einnehmen.

In einer detaillierten Studie des holländischen Energieinstitutes ECN [8] wurde untersucht, unter welchen Bedingungen Fusion – wenn sie im Jahr 2050 bereit stünde – Eingang in den europäischen Energiemarkt finden würde. Es stellt sich heraus, dass die Fusion gebraucht wird, wenn die Emission an Treibhausgasen deutlich reduziert und die Kernspaltung nicht weiter ausgebaut werden soll. Während eine starke Zunahme an Kohle- oder Kernkraftwerken die Einführung der Fusion verhindern würde, könnten sich laut der ECN-Studie Fusion und Erneuerbare Energien gut ergänzen, was sich durch die unterschiedlichen Charakteristiken dieser Techniken erklärt. Fusion würde dabei in erster Linie die Grundlast bedienen, während Wind- und Sonnenkraftwerke wegen ihrer intermittierenden Leistungsabgabe nicht geeignet sind, solange nicht Speicher mit großer Kapazität zur Verfügung stehen.

Zusammenfassung

Die Fusionsforschung hat in den letzten drei Dekaden beachtliche Fortschritte erzielt. Mehr als 16 MW Fusionsleistung konnten in dem Europäischen Gemeinschaftsexperiment JET bei einem Q-Wert (Leistungsverstärkungsfaktor) von 0,65 erreicht werden.

Technologien für ITER, das international geplante Fusionsexperiment, sind durch intensive FuE-Arbeiten sowie Konstruktion und Test von Prototypen weiterentwickelt und verbessert worden. Eine Entscheidung über den Bau von ITER steht aus. Standorte in Kanada, Frankreich, Spanien und Japan wurden angeboten. ITER soll die prinzipielle Eignung der Fusion basierend auf dem magnetischen Einschluss als eine zukünftige Energiequelle nachweisen. In rund 25 Jahren könnte dann mit dem Bau eines Prototyp-Kraftwerks begonnen werden.

Die Aspekte der Sicherheit, der Umwelt und der Sozio-Ökonomie der Fusion sind detailliert untersucht worden. Die Fusion wird, falls sie bis 2050 voll entwickelt ist, in ein nachhaltiges Energiesystem passen und in der Lage sein, Strom für kommende Jahrtausende zu akzeptablen Kosten zu erzeugen.

Literatur:

1. E. Rebhan, Heißer als das Sonnenfeuer, Piper 1992
2. U. Schumacher, Status and problems of fusion reactor development, Naturwissenschaften 88 (2001), 102-112
3. R. J. Goldston, P. H. Rutherford, Introduction to Plasma Physics, IOP Publishing, Bristol, 1995
4. J. Wesson, Tokamaks, Clarendon Press, Oxford, 2nd edition (1997)
5. J. Meyer-ter-Vehn et al., Europhys. News, 29 (1998), 202 – 205
6. L. W. Alvarez et al., Phys. Rev., 105 (1957), 1127 – 1128
7. J. Raeder et al., Safety and Environmental Assessment of Fusion Power (SEAFP), European Commission DG XII, Brussels, 1995
8. P. Lako et al., Long-Term Scenarios and the Role of Fusion Power, Laborbericht ECN-C-98-095, Februar 1999.
9. ExternE, Externalities of Energy, Vol. 1, Summary, EUR 16520 EN, 1995
10. Sáez et al., Externalities of the Fusion Fuel Cycle, CIEMAT, 1999
11. T. Hamacher, A.M. Bradshaw: Fusion as a future power source: recent achievements and prospects; to be published in the proceedings of the 18th World Energy Congress, 2001, Buenos Aires.

Solarenergie

Joachim Luther und Tim Meyer

1. Einleitung

Energie ist eine entscheidende Ressource für Wirtschaft und Gesellschaft: als Prozesswärme, zum Antrieb von Kraftmaschinen, für Licht und Transport. Die Verfügbarkeit immer höherwertiger Energie (von Holz über Kohle, Öl und Gas zu Strom) war und ist ein entscheidender Motor technischer Innovation und trägt in großem Maße zur Wirtschaftskraft aller Ökonomien bei.

Der Energiehunger moderner Ökonomien und die heutige Art, ihn zu stillen, bilden jedoch auch eine Querschnittsursache für globale Umweltveränderung. Die Emission von Klimagasen, insbesondere CO_2, Schwermetallen, Stickoxiden, VOC (volatile organic compounds) und Stäuben geht zu einem erheblichen Teil auf das globale Energieversorgungssystem zurück. Es liefert somit wesentliche Beiträge zum globalen Klimawandel und der Degradation von Luft, Böden und Gewässern. Bei der Förderung und dem Transport von Energieträgern treten weitere Umweltschädigungen global relevanten Ausmaßes auf (WBGU 1994; EPA 1995; Feldmann und Gradwohl 1996; EIA 2001; UNDP 2000).

Ein Indikator für diese Umweltbelastungen sind die Stoffströme, die von den Energiesystemen verursacht werden. Tabelle 1 zeigt die natürlichen und die vom Menschen verursachten Stoffströme wichtiger Schadstoffe sowie die jeweiligen Anteile der verschiedenen Verursacher.

Kanada und USA	+ 12.7
Lateinamerika	+ 23.3
Europäische Union	+ 0.8[7]
Zentral- und Osteuropa	− 35.8
Mittlerer Osten	+ 62.7
Afrika	+ 21.9
Asien und Pazifikregion (exkl. Australien, Japan, Neuseeland)	+ 34.8
Summe OECD (exkl. Ungarn, Korea, Mexiko, Polen)	+ 10.8
Entwicklungsländer	+ 34.3
Welt	+ 7,6

Tabelle 2: Entwicklung des CO_2-Ausstoßes von 1990 bis 1999

---

7 vor allem durch Senkungen in Deutschland und Großbritannien so gering

Stoffstrom[1]	Natürliche Einträge (in Tonnen pro Jahr)	Human disruption index[2]	Anteil der anthropogenen Stoffströme durch			
			Kommerzielle Energiever-sorgung	Traditionelle Energieversorgung	Landwirtschaft	Herstellung, Andere
Blei-Emissionen[3]	12.000	18	41 % (Verbrennung fossiler Kraftstoffe incl. Additiven)	Vernachlässigbar	Vernachlässigbar	59 % (Metallverarbeitung, Herstellung, Müllverbrennung)
Öleinträge in die Ozeane	200.000	10	44 % Ölförderung, -verarbeitung und Transport)	Vernachlässigbar	Vernachlässigbar	56 % (Deponierung von ölhaltigen Abfällen inkl. Motorenöl)
Cadmium-Emissionen	1.400	5,4	13 % (Verbrennung fossiler Energieträger)	5 % (Verbrennung von Brennholz, Dung etc.)	12 % (Verbrennung von Abfällen und Landflächen)	70 % (Metallverarbeitung, Herstellung, Müllverbrennung)
Schwefel-Emissionen	31 Mio. (Schwefel)	2,7	85 % (Verbrennung fossiler Energieträger)	0,5 % (Verbrennung von Brennholz, Dung etc.)	1 % (Verbrennung von Abfällen und Landflächen)	13 % (Schmelzen, Müllverbrennung)
Methan-Emissionen	160 Mio	2,3	18 % (Förderung und -Verarbeitung fossiler Energieträger)	5 % (Verbrennung von Brennholz, Dung etc.)	65% (Reisanbau, Haustiere, Flächenbereinigung)	12 % (Mülldeponien)
Stickstofffixierung (als Stickstoffoxid und Ammoniak)[4]	140 Mio. (Stickstoff)	1,5	30 % (Verbrennung fossiler Energieträger)	2 % (Verbrennung von Brennholz, Dung etc.)	67 % (Düngemittel, Verbrennung von Abfällen und Landflächen)	1 % (Müllverbrennung)
Quecksilber-Emissionen	2.500	1,4	20 % (Verbrennung fossiler Energieträger)	1 % (Verbrennung von Brennholz, Dung etc.)	2 % (Verbrennung von Abfällen und Landflächen)	77 % (Metallverarbeitung, Herstellung, Müllverbrennung)
Stickstoffemissionen	33 Mio	0,5	12 % (Verbrennung fossiler Energieträger)	8 % (Verbrennung von Brennholz, Dung etc.)	80 % (Dünger, Landbereinigung, Mängel in Bewässerungssystemen)	Vernachlässigbar
Staubemissionen	3,1 Mrd.	0,12	35 % (Verbrennung fossiler Energieträger)	10 % (Verbrennung von Brennholz, Dung etc.)	40% (Verbrennung von Abfällen und Landflächen)	15 % (Schmelzen, nicht-landwirt-schaftliche Flächenbereini-gung, Müllverbren-nung)
Weitere Kohlenwasserstoffemissionen (außer Methan)	1 Mrd.	0,12	35 % (Verarbeitung und Verbrennung fossiler Energieträger)	5 % (Verbrennung von Brennholz, Dung etc.)	40 % (Verbrennung von Abfällen und Landflächen)	0 % (nicht-landwirtschaft-liche Flächenbereinigung, Müllverbrennung)
CO$_2$-Emissionen 150 Mrd. (Kohlenstoff)	0,05	75 %	(Verbrennung fossiler Energieträger)	3 % (Netto Entwaldung und Brennholz)	15 % (Netto, Entwaldung und Flächen-bereinigung)	7 % (Netto, Entwaldung für Holzherstellung, Zementherstellung)

Tabelle 1: Globale Stoffströme und ihre Ursachen Mitte der 1990er Jahre (nach UNDP 2000)

Trotz einiger Anstrengungen und erzielten Erfolgen zeigt der globale Trend weiter in die falsche Richtung. Der weltweite CO_2-Ausstoß beispielsweise ist in den Jahren 1990 bis 1999 um 7,6 % gestiegen (Tabelle 2).

Alleine die zu befürchtenden Auswirkungen des Klimawandels von Umweltkatastrophen bis zu Hungersnöten machen deutlich, dass die heutigen Energiesysteme nicht nachhaltig sind (IPCC 2001). Berücksichtigt man die wachsende Weltbevölkerung, sind globale Reduktionen der CO_2-Emissionen in den Industrieländern um bis zu 80 % bis zum Jahre 2050 nötig, will man den Schaden in Grenzen halten. Die „Grenzen des Wachstums" werden also nicht wie früher angenommen durch die Verfügbarkeit fossiler Energieträger definiert, sondern durch die Begrenzung der Senken, d.h. der begrenzten Kapazität unserer Umwelt, Abfallstoffe aus der Gewinnung technischer Energie aufnehmen und bewältigen zu können. Bereits heute verursachen Energiebereitstellung und -nutzung Folgekosten in erheblicher Höhe, die von der Allgemeinheit getragen (externalisiert) werden.

Eine weitere Herausforderung macht eine Transformation der Energiesysteme nötig: weltweit haben ca. 2 Mrd. Menschen keinen Zugang zu hochwertigen Energiedienstleistungen, über eine Milliarde Menschen kein sauberes Trinkwasser. Würden diese Versorgungsaufgaben auf die bisherige Weise mit hohem Einsatz konventioneller Energieträger bewältigt, würden die oben genannten Umweltprobleme nochmals verschärft.

Aus Sicht der westlichen Industrieländer und insbesondere der EU-Staaten spricht die große Abhängigkeit von Energieimporten und die sich daraus ergebenden geopolitischen Implikationen zusätzlich für ein langfristiges Umsteuern.

2. Der Beitrag der Solarenergie in nachhaltigen Energiesystemen

Die Lösung der angerissenen Probleme kann nur durch ein konzertiertes Zusammenspiel einer Vielzahl von Maßnahmen in Politik, Gesellschaft, Wirtschaft und technischer Entwicklung gelingen. Auch über die Energiesysteme hinaus scheint an manchen Stellen ein tief greifender Strukturwandel unum-

---

1 Wenn nicht anders gekennzeichnet handelt es sich hier um Emissionen in die Atmosphäre.
2 Der „Human disruption index" bezeichnet das Verhältnis der vom Menschen verursachten Stoffströme zu den natürlichen Stoffströmen.
3 Die durch Automobile verursachte Anteil der anthropogenen Bleiemissionen Mitte der 1990'er Jahre wird auf 50% der Emissionen Anfang der 1990'er Jahre geschätzt.
4 Errechnet als gesamte Stickstofffixierung abzüglich der durch Stickstoffoxid.
5 Trockenmasse
6 Obwohl die Zahl klein ist, verursachen diese Emissionen einen Anstieg der globalen CO2-Konzentration in der Atmosphäre von 0,4%. Ursache hierfür ist u.a. die Langlebigkeit von CO2 in der Atmosphäre.

gänglich, beispielsweise um den Energie- und Umweltverbrauch des Transport-
sektors in den Griff zu bekommen. In diesem Artikel soll jedoch lediglich der
mögliche Beitrag der Solarenergie zu nachhaltigen Energiesystemen beleuchtet werden.

Drei Säulen sind für den Umbau unserer Energiesysteme von zentraler Bedeutung:

Effizientere Energienutzung: durch Wärmedämmung, sparsamere Geräte
und Prozesse etc. sind unter Berücksichtigung heutiger (!) ökonomischer
Randbedingungen ca. 30% Einsparungen bei der Nachfrage nach Endenergie
möglich (d.h. ohne Berücksichtigung möglicherweise zukünftig steigender
Preise für fossile Energieträger). Langfristig wird auch die Frage der Lebens-
stile westlicher Zivilisationen eine Rolle spielen.

Effizientere Energiewandlung: durch Technologien wie die Kraft-Wärme-
Kopplung lassen sich Primärenergieträger deutlich effizienter nutzen als heute
üblich. Neue Energiewandlungstechnologien wie Brennstoffzellen, aber auch
ein Brennstoffwechsel hin zu Energieträgern mit geringerem Kohlenstoffgehalt
(z.B. von Öl zu Gas) können den Primärenergieeinsatz und die CO_2-Emissio-
nen weiter reduzieren.

Erneuerbare Energien: der verbleibende Energiebedarf kann langfristig rein
auf Basis erneuerbarer Energien wie Solarenergie, Windkraft, Wasserkraft,
Biomasse und Geothermie gedeckt werden.

Zu den Potenzialen der Nutzung erneuerbarer Energiequellen gibt es für
Deutschland vielfältige Studien. Nach eigenen Abschätzungen beträgt das
durch ökologische und strukturelle Restriktionen eingeschränkte „lokale
Potenzial" alleine in den alten Bundesländern ungefähr (Nitsch, Luther 1990):

Wasserkraft:	30 TWh Strom	
Wind (ohne Offshore):	20 TWh Strom	
PV:	60 TWh Strom	
Abfallbiomasse:	20 TWh Strom	80 TWh Wärme
Solarthermie+		
Umgebungswärme:		140 TWh
Summe Strom:	140 TWh	
Summe Wärme:		220 TWh
Summe primärenergetisch, lokales Potenzial:		570 TWh
(Substitutionsfaktor 2,5 für Strom)		

Dabei bezeichnet „lokales Potenzial" lediglich dasjenige, welches durch klein-
räumige Nutzung erneuerbarer Energiequellen in Verbindung mit der her-
kömmlichen Energieversorgung, ohne Langzeitspeicher (saisonal) und ohne
nennenswerten Bedarf an zusätzlichen Landflächen zur Verfügung steht.

Durch die Nutzung von off-shore Windenergiekonversion, Photovoltaik über Straßen und sonstigen Technikflächen, solarthermischen Großanlagen in Zusammenhang mit Nahwärmenetzen und Importstrom aus solarthermischen und photovoltaischen Kraftwerken lässt sich je nach Flächeneinsatz und Importaktivität noch einmal deutlich mehr als die aus „lokalen Potenzialen" gewinnbare technisch nutzbare Energie bereitstellen. Beispielsweise würden Photovoltaische und solarthermische Kraftwerke pro 100 km^2 Fläche etwa 40 TWh/a Energie liefern (die Fläche der Bundesrepublik beträgt 357.000 km^2). Das Offshore-Windkraftpotenzial beträgt bei konservativer Abschätzung mindestens 40 TWh/a. Zum Vergleich: der Stromverbrauch in der Bundesrepublik im Jahr 1999 betrug 475 TWh (AG Energiebilanzen 2001). Für gesamt Europa bietet der Import von Solarstrom aus Nordafrika ein weiteres, attraktives Potenzial. Auch weltweit übersteigt das Dargebot erneuerbarer Energien und insbesondere der Solarenergie den Bedarf um ein Vielfaches (UNDP 2000).

Das von den genannten Zahlenwerten wirtschaftlich erschließbare Potenzial hängt von der Internalisierung externer Kosten, die insbesondere mit der Nutzung fossiler Energiequellen zusammenhängen, entscheidend ab. Wichtig ist, dass bei den externen Kosten auch diejenigen, die durch die CO_2-Emission hervorgerufen werden, monetarisiert werden.

Neben dem Potenzial für die Energieversorgung stellen erneuerbare Energien auch ein großes Potenzial für die deutsche Wirtschaft dar. Nimmt man einen Ausbau der Technologien zur Nutzung erneuerbarer Energiequellen von 20% pro Jahr an, werden sie sich zu einem beachtlichen Wirtschaftsfaktor entwickeln (J. Nitsch, C. Rösch 2001). Die jährlichen Investitionsvolumina betragen bereits heute knapp 6 Mrd. DM pro Jahr. Sie können beim genannten Szenario (s.o.) auf 11 Mrd. DM pro Jahr im Jahr 2010, auf 28 Mrd. DM pro Jahr im Jahr 2030 und auf 50 Mrd. DM pro Jahr im Jahr 2050 steigen.

„Der letzte Wert entspricht etwa dem Wert der Mineralölimporte des Jahres 2000 (46 Mrd. DM pro Jahr), stellt also für die Energiewirtschaft keine neuartige Situation dar". Diese Mittel werden zu großen Teilen im Inland verausgabt; gleichzeitig wird „Ressourcenkonsum (Energieträgerimport) durch investive Maßnahmen ersetzt, was einer nachhaltigeren Wirtschaftsweise deutlich entgegenkommt".

Solarenergie kann auf verschiedenste Weise genutzt werden. Indirekt z. B. in Form von Wind- und Wasserkraft und Biomasse (siehe Beiträge von Prof. Kleinkauf, Prof. Nestmann und Prof. Mohr). Im Folgenden wird nur die direkte Nutzung der Solarstrahlung beschrieben:
- in Gebäuden
- „aktiv" zur Erzeugung von Niedertemperaturwärme
- zur Stromerzeugung: Photovoltaik und Kraftwerke
- in weiteren Anwendungen wie der direkten Nutzung von Hochtemperatur wärme für industrielle Prozesse

3. Solare Gebäude

Eine strikte Trennung der drei Bausteine für die Transformation der Energie-systeme wie oben vorgenommen – Effizientere Energienutzung, effizientere Energiewandlung und Ausbau der erneuerbaren Energien – ist in der Praxis nicht möglich und auch gar nicht anstrebenswert. Gerade in modernen Gebäuden wachsen Energieeinsparung (z.B. Wärmedämmung, siehe auch Beitrag Prof. Fricke) effiziente Nutzung fossiler Energieträger (z.B. Brennstoffzellen, siehe auch Beitrag Prof. Stimmig) und die Nutzung der Solarenergie (z.B. Raumwärme und Beleuchtung) zusammen.

Über ein Drittel des Endenergieverbrauches in den EU-Ländern werden zum Heizen, Kühlen und Beleuchten von Gebäuden verwendet. Die damit einhergehenden Energiekosten belaufen sich auf etwa 4% des EU-Sozialproduktes (ESAP 1998). In Deutschland fallen 46% des Endenergieverbrauchs in Gebäuden an (Wohnen und Arbeiten), davon 2/3 im Bereich Wohnen. Als Endenergie dominiert heute die Wärme (<80°C) mit etwa 90% den Bedarf. Dies ist vor allem durch den enormen Heizungsenergieverbrauch im Gebäudebestand bedingt.

Bereits heute reduziert die Strahlung der Sonne diesen Wärmebedarf um 10–15% (Solgain 2000). Diese Tatsache ist weitgehend unbekannt oder wird häufig als nicht exakt zu bestimmende Größe – keine Zähler und keine Gewinnmöglichkeiten – ignoriert. Sie zeigt jedoch das große Potenzial <u>der direkten Nutzung von Sonnenenergie im Gebäudebereich.</u>

Die ökonomisch optimale Nutzung der Solarenergie setzt eine integrierte Planung und den abgestimmten Einsatz einer Reihe von Techniken voraus. Die wichtigsten Bausteine einer solchen Planung sind in Abbildung 1 gezeigt.

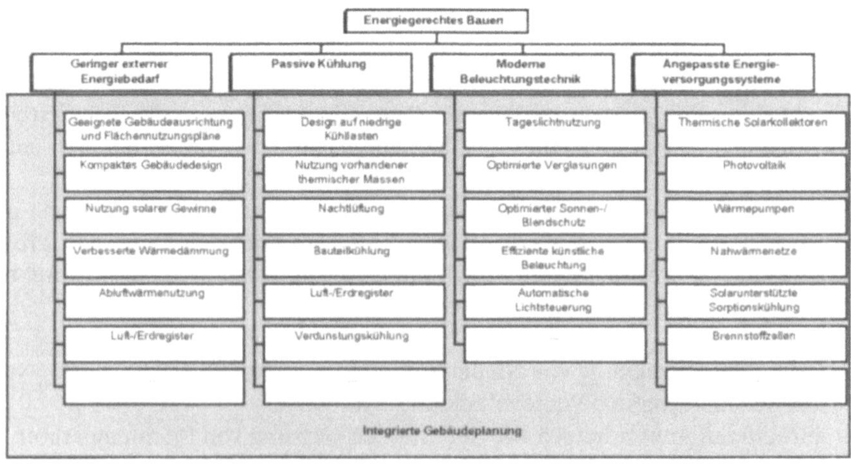

Abb.1 Bausteine für energieeffiziente solare Gebäude

Diese Techniken können an dieser Stelle nicht im Detail beschrieben werden. Zur Wärmepumpe sei auf den Beitrag von Dr. Ziegler verweisen und zu Komponenten für Effizienzsteigerungen auf den von Prof. Fricke.

„Solare" oder „schlanke" Gebäude sind also durch ein Zusammenspiel energiebewusster Planung und neuester Entwicklungen zu Komponenten und Gebäudetechnik gekennzeichnet. Auch die Ebene der Siedlungs- und Städteplanung ist für die Erzielung von Energieeinsparungen und solaren <u>Gewinnen</u> wichtig. Mit einem hohen Maß an Interdisziplinarität lassen sich so erhebliche Energieeinsparungen realisieren:

- Im Neubaubereich sind Effizienzsteigerungen von über 80 % bereits heute ökonomisch sinnvoll. Es gibt eine Vielzahl unterschiedlicher Konzepte – 3l-Haus, solares Passivhaus, Nullenergiehaus, Energie-Plus-Haus – die den Architekten und Bauherren eine große Vielfalt bei der Umsetzung erlauben.
- Bisherige Sanierungen im Bereich des Altbaus haben gezeigt, dass mit heute verfügbaren Technologien 70 % Einsparung möglich sind. Die Sanierungsraten liegen heute auf Grund der relativ hohen Kosten und nicht ausreichenden Förder- und Rahmenbedingungen allerdings nur bei 1 % pro Jahr.
- Im Bürogebäudebereich ermöglichen integrale Gesamtenergiekonzepte (Wärme, Kälte, Licht) Einsparungen im Bereich von 50 %. Im Unterschied zum Wohnbau fällt der <u>größte</u> Teil des Energiebedarfes bei Gewerbebauten nicht auf die Wärmeerzeugung, sondern die technische Gebäudeausrüstung. Abbildung 2 zeigt, dass dieser Trend weiter anhält. Mit den oben gezeigten Maßnahmen (Abbildung 1) lässt sich dieser Trend brechen.

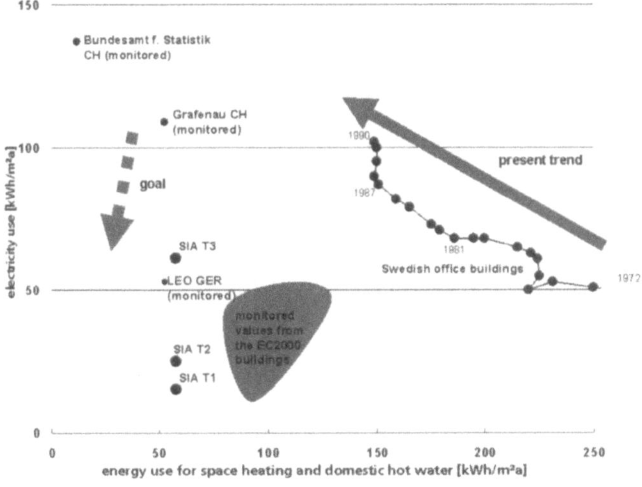

Abb.2 Trends im Bestand Europäischer Gewerbebauten. Der jährliche Energieverbrauch wird auf die Nettogeschossfläche der Gebäude bezogen. Die Punkte zeigen gemessene Energieverbräuche für die Wärmebereitstellung und Strom für die Gebäudetechnik (Licht, Klimatisierung etc.).

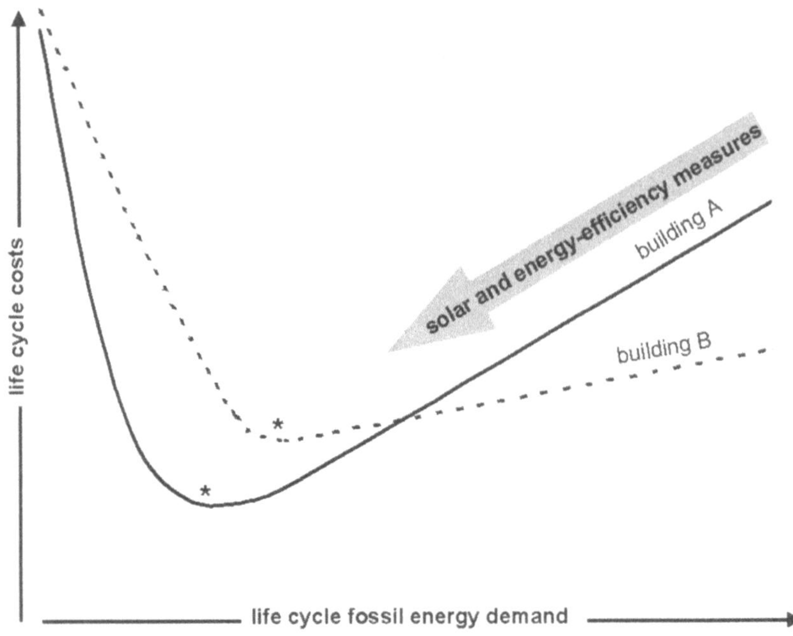

Abb.3 Das Energiekonzept schlanker Gebäude sollte dem Least Cost Planning (LCP) Ansatz folgen. Die Kurven zeigen beispielhaft den Bedarf fossiler Energie zweier Gebäude, aufgetragen über den Investitions- und Betriebskosten. Diese Parameter variieren mit dem Nutzerverhalten, den klimatischen Bedingungen und dem Gebäudetyp. Insgesamt reduziert ein ausgeglichener Mix aus Energieeinsparungsmaßnahmen und Nutzung der Solarenergie gleichzeitig den Energieverbrauch und die über die Nutzungs-dauer des Gebäudes gerechneten Gesamtkosten. Das Minimum bezeichnet das Konzept sogenannter „schlanker", energieeffizienter solarer Gebäude.

Durch integriertes Gebäudedesign lassen sich bei sorgfältiger Planung und Betrachtung der gesamten Lebenszykluskosten ökonomische Vorteile erzielen (Least Cost Planning, LCP). Abbildung 3 veranschaulicht dies. Einige dieser Kostenvorteile werden jedoch erst langfristig wirksam, da Gebäude eine Nutzungsdauer bis zu 50 Jahren haben und z.B. Energiepreise langfristig steigen können. Hier müssen geeignete Rahmenbedingungen geschaffen werden, damit auch dem privaten Investor, der nicht über solche Zeiträume kalkulieren kann, ausreichend Anreiz zur energiesparenden Bauweise oder Renovierung gegeben wird.

Solarthermische Anlagen

Einen wichtigen Beitrag zur Restenergieversorgung schlanker Gebäude leisten solarthermische Anlagen. Aber auch im Gebäudebestand werden diese Systeme zur Warmwasserbereitung und Heizungsunterstützung eingesetzt. Solarthermische Anlagen liefern Wärme auf einem Temperaturniveau von 60–80°C.

In sonnenreichen Ländern gehören solarthermische Anlagen schon lange ins gewohnte Bild: auf zahlreichen Dächern findet man kompakte Systeme zur Erzeugung und Speicherung von Warmwasser. Der jährliche Warmwasserbedarf eines Haushaltes in diese Breiten kann auf diese Weise zu ca. 90% gedeckt werden. In kälteren Regionen wie Nordeuropa werden üblicherweise andere technische Konzepte verfolgt. Um Wärmeverluste zu reduzieren sind die Solarkollektoren stärker isoliert und mit anderen (sog. selektiven) Absorberschichten ausgestattet. Zudem befindet sich der Warmwasserspeicher innerhalb des Gebäudes. Der Warmwasserbedarf eines Haushaltes wird durch solche Systeme üblicherweise bis zu ca. 60% solar gedeckt. Zunehmend werden solarthermische Anlagen auch zur Unterstützung der Raumheizung eingesetzt.

Für solarthermische Anlagen existiert weltweit ein vergleichsweise großer, etablierter Markt. In Europa wurden 1999 erstmals mehr als 1 Mio. m² Kollektorfläche installiert (Abbildung 4). Für das Jahr 2002 wird erwartet, dass alleine in Deutschland dieser Wert erreicht wird.

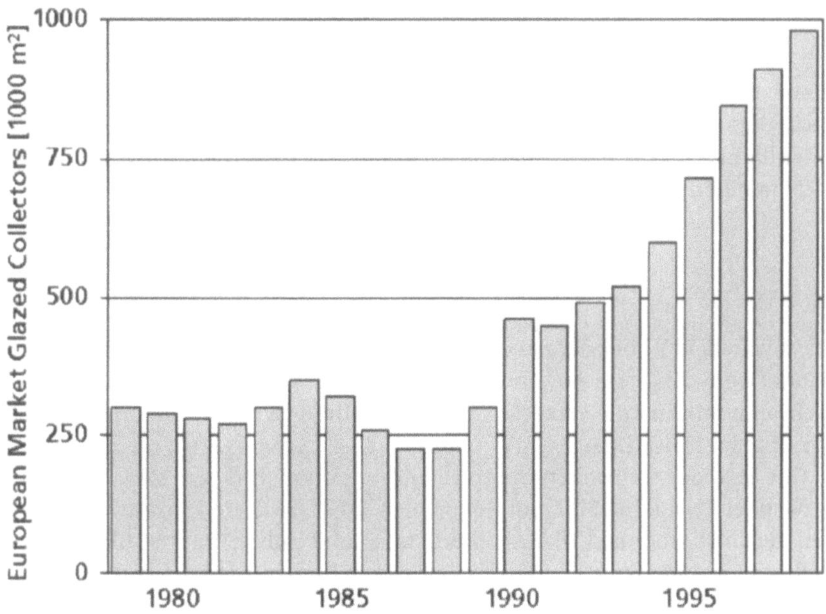

Abb.4 Markt für Solarkollektoren in Europa (Dalenbäck 2000)

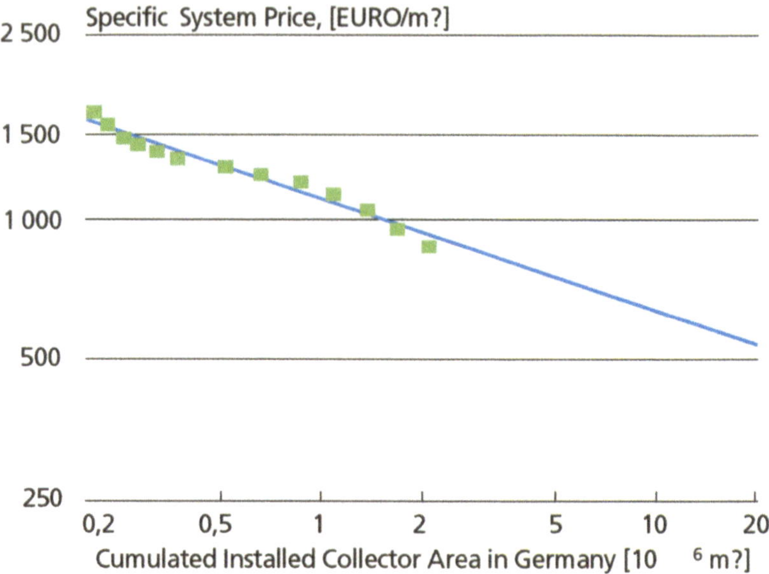

Abb.5 Entwicklung der spezifischen Systempreise für thermische Solaranlagen in Deutschland
(Lernkurve anhand der Daten von 1985 bis 1997 nach DLR (1998))

Mit dem Marktwachstum und verbesserten Produktionsverfahren konnten die
Preise für solarthermische Systeme erheblich reduziert werden. Die übliche
Darstellungsweise bezieht die Systempreise auf die installierte Kollektorfläche
(Abbildung 5). Eine kWh Solarwärme zur Warmwasserbereitung in Ein- oder
Mehrfamilienhäusern kostet in unseren Breiten heute ca. 20–50 Pfg.

Photovoltaik

Photovoltaik (PV) bezeichnet die direkte Wandlung von Sonnenlicht in elektrischen Strom. Als erste Anwendungen dieser Technologie wurden Satelliten im
Weltraum mit Energie versorgt. Seit gut 25 Jahren ist die Photovoltaik auch auf
der Erde im Einsatz.

Gut 87% der weltweiten Solarmodulproduktion von 280 MW (Jahr 2000)
verwendet kristalline Silicium-Solarzellen. Über mehrere Prozessschritte werden aus Siliciumdioxid (Sand) Einkristalle oder polykristalline Blöcke hergestellt, aus denen dann die Solarzellen prozessiert werden. Es gibt eine ganze
Palette weiterer PV-Technologien mit jeweils spezifischen Eigenschaften in
Hinblick auf Wirkungsgrad, Kosten, verwendetem Material etc., die im Ausblick kurz angerissen werden.

Photovoltaische Stromerzeugung wird in Leistungseinheiten von einigen
Milliwatt bis hin zu mehreren Megawatt genutzt:

P < 5 W	Taschenrechner, Kleine Ladegeräte, Radios, kabellose Sensoren
5 W < P < 500 W	Kleine Beleuchtungssysteme, Telefone, Verkehrszeichen, Parkscheinautomaten, Navigationsleuchten, Kleine Kommunikationssysteme, Solar-Home-Systeme (Versorgung einzelner Häuser z. B. in Entwicklunsländern), Kühlschränke für Medikamente, Korrosionsschutz
500 W < P < 500 kW	Wasserpumpen, Entsalzungsanlagen, kleine Bootsantriebe, Versorgung größerer Netzferner Gebäude, netzgekoppelte PV-Systeme auf Hausdächern
500 kW < P	Große netzgekoppelte PV-Systeme, auf Hausdächern oder freiem Feld

In den genannten netzfernen Anwendungen ist Photovoltaik meistens heute schon wirtschaftlich überlegen. In Industrieländern wäre der Netzanschluss z.B. von Parkscheinautomaten oder auch netzfernen Hütten auf Grund der hohen Erschließungskosten meist deutlich teurer. Sollen z.B. Messstationen oder Telekommunikationseinrichtungen in abgelegenen Gegenden versorgt werden, verursachen Dieselgeneratoren einen hohen Wartungsaufwand. Solche Anlagen werden kostengünstig mit Photovoltaik-Generatoren und Batteriespeichern versorgt.

In Entwicklungsländern ist an die Versorgung einzelner Hütten, Häuser oder ganzer Dörfer durch Anschluss an ein Stromnetz oft nicht zu denken. Bei geringer Siedlungsdichte lohnen die Investitionen in die Netzinfrastruktur nicht. Auch hier sind Photovoltaik-Systeme oder Hybridsysteme mit zusätzlichen Energiewandlern wie kleinen Wind- oder Wasserkraftwerken bereits heute oft überlegen.

Aus den genannten Gründen ist es kein Wunder, dass ein großer Teil – etwa 50% – des derzeitigen Marktes für Solarmodule von netzfernen Anwendungen ausgemacht wird. Sie zeigen zudem die große Chance für die Entwicklung armer Länder und Regionen und für die Versorgung der 2 Mrd. Menschen, die heute noch keinen Zugang zu modernen Energiedienstleistungen haben (Williams 2001).

Die Produktion von Solarmodulen und –systemen ist in den vergangenen 15 Jahren kontinuierlich sehr stark gewachsen, im Schnitt mit 15%-20%. In den letzten Jahren waren es sogar 25%-40% (Abbildung 6).

Marktwachstum und Forschung und Entwicklung haben eine erhebliche Kostenreduktion der Photovoltaik in den letzten Jahren bewirkt. In Mitteleuropa erzeugt ein PV-System mit 3kW Leistung heute Strom zu etwa 0,6 4/kWh, in Südeuropa zwischen 0,35 4/kWh (Annahmen: 5Ä/Wp Systemkosten und 25 Jahre Betrieb).

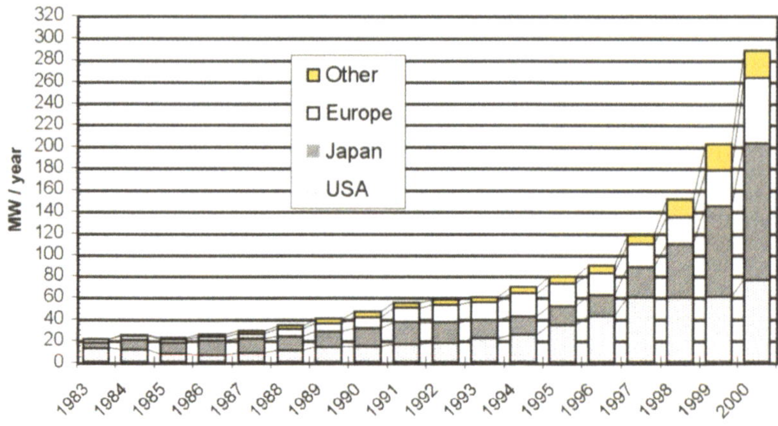

Abb.6 Verkaufte Solarmodule weltweit, Entwicklung seit 1983

Auch in 10–20 Jahren werden die Kosten für photovoltaisch erzeugten Strom noch über den Kosten für Grundlaststrom aus modernen Kraftwerken liegen. Dennoch ist das Potenzial für weitere Kostensenkungen erheblich und kann Photovoltaik langfristig konkurrenzfähig Strom erzeugen – insbesondere, wenn die externen Kosten der konventionellen Stromerzeugung berücksichtig werden. Bei weiterem Marktwachstum von jährlich 25 % etwa wird Solarstrom schon im Jahr 2010 nur noch die Hälfte der heutigen Preise kosten.

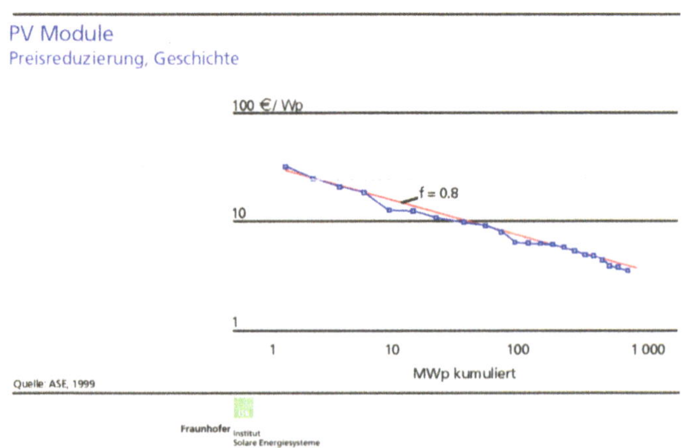

Abb.7 Entwicklung der Preise von Solarmodulen aufgetragen über der kumulierten
produzierten Menge (Lernkurve)

Energetisch ist das Potenzial der Photovoltaik sowohl für Deutschland (siehe oben) als auch weltweit immens: das UNDP hat gemeinsam mit dem World Energy Council abgeschätzt, dass selbst bei steigendem Energiebedarf im Jahr 2050 das Solarenergiepotential 1,5 bis 2,7 mal größer ist als der weltweite Energiebedarf (UNDP 2000). Dabei wurde das technisch nutzbare Potenzial nach Abzug nicht geeigneter Flächen sowie solcher Flächen verwendet, die aus ökologischen Gründen nicht vom Menschen genutzt werden sollten.

Neben diesen energetischen Erwägungen wird das große Potenzial der Photovoltaik für eine nachhaltige Energieversorgung auf weitere grundlegenden Eigenschaften gestützt:
- Die Sonne ist eine unerschöpfliche Energiequelle, es werden keine <u>Ressourcen</u> bei der Stromerzeugung verbraucht
- Der Rohstoff für die Herstellung von Solarzellen ist nachhaltig nutzbar und unbegrenzt verfügbar: Sand
- Im Betrieb entstehen keine Verschmutzungen oder Abfälle; nur kleine <u>Mengen giftiger Stoffe</u> werden bei der Produktion eingesetzt (und müssen hier zurückgeführt oder unschädlich gemacht werden)
- Photovoltaik ist modular und in hohem Maße skalierbar; mit Photovoltaik kann überall auf dem Globus dezentral Strom erzeugt werden;
- Durch die Skalierbarkeit können mit Photovoltaik wenig erschlossene Gebiete auch mit kleinen Mengen Strom versorgt werden (z. B. für einzelne Hütten oder Dörfer); dies kommt der Entwicklung armer Länder sehr entgegen;
- Photovoltaik ist eine extrem zuverlässige Technik (mit Lebensdauern der Module über 20 Jahren).

Zukünftige technologische Entwicklungen der Photovoltaik werden vor allem die weitere Kostensenkung im Auge haben. Bei den Solarmodulen wird dies vornehmlich über effizientere Prozesse und neue Zelltechnologien geschehen. Vielversprechende Ansätze sind

Kristallines Silicium: die heute marktbeherrschende Technologie, wird über dünnere Zellen (von heute 300μm, eine Zwischenstufe von 200, auf wahrscheinlich deutlich unter 100) und günstigere Herstellungsprozesse erheblich billiger werden

Dünnschichttechniken: stark reduzierter Materialeinsatz soll bei diesem Entwicklungsstrang die Kosten senken. Bereits in den Markt eingeführt sind Solarzellen aus amorphem Silicium (aSi), im Staus der Markteinführung befinden sich Cadmium-Tellurid (CdTe) und Kupfer-Indium-Diselinid (CIS)[7].

---

7 Bei CdTe und CIS scheint nach heutigem Wissen der langfristig erreichbare Beitrag zur Energieversorgung begrenzt, da die Vorkommen für die benötigten Rohstoffe (Tellur und Indium) begrenzt sind.

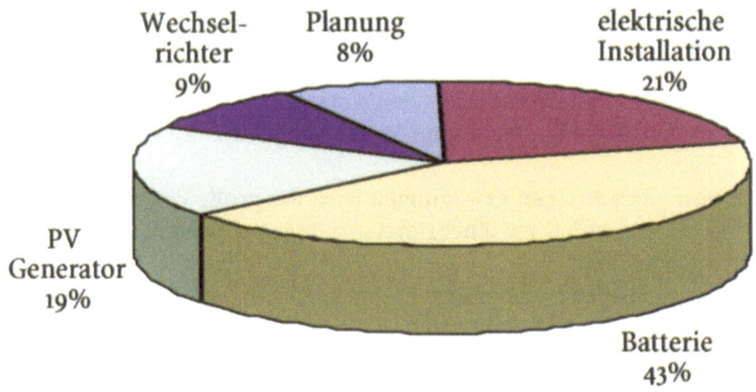

Abb.8 Lebensdauerkosten (über 20 Jahre, 6% Zins) eines PV-Inselsystems mit Batteriespeicher

Ein weiterer vielversprechender Weg wird bei kristallinen Silicium-Dünn-schicht-Solarzellen beschritten. Hier werden dünne kristalline Silicium Schich-ten auf weniger hochwertigen Substraten abgeschieden.

Konzentratorsysteme: Sonnenlicht wird mit einer kostengünstigen Optik konzentriert, so dass die benötigte Fläche der Solarzellen erheblich sinkt (Faktor 100-1000). Daher können teurere Zellen mit höheren Wirkungsgraden (in Zukunft vermutlich bis zu 40%) eingesetzt werden.

Bei netzgekoppelten Systemen machen die Solarmodule einen Anteil von ca. 70% der Investitionskosten aus (KfW 2001). Berücksichtigt man Wartungskosten und einen einmaligen Austausch des Wechselrichter während der Betriebszeit von 20 Jahren, sinkt der Anteil der Modulkosten an den Gesamtkosten leicht. Bei Photovoltaikanlagen zur netzunabhängigen Stromversorgung verursachen die Solarmodule einen deutlich kleineren Teil der Kosten (Abbildung 8). Auch bei der Systemtechnik (Wechselrichter, Laderegler, Batteriespeicher, Montage) sind entsprechende Kostenreduktionen über neue Konzepte und Skaleneffekte bei der Herstellung (Lernkurve) notwendig und erreichbar.

Weitere Technologien zur Nutzung der Solarenergie

Neben energieeffizienten, solaren Gebäuden, Niedrigtemperatur-Solarwärmenutzung und Photovoltaik gibt es eine Reihe weiterer Technologien, die das immense Potenzial der Solarstrahlung anzapfen.

Zur Stromerzeugung bieten solarthermische Kraftwerke eine weitere attraktive Möglichkeit. Bei diesen Kraftwerken wird das Sonnenlicht konzentriert und auf einen Empfänger reflektiert, in dem ein Trägermedium (Wasser, Thermoöle) erhitzt wird. In einer Turbine wird anschließend Strom erzeugt. Mit verschiedenen technologischen Konzepte können Leistungseinheiten zwischen einigen 10 kW und mehreren hundert MW realisiert werden. In Kalifornien sind Anlagen mit einer Leistung von insgesamt über 350 MW bereits seit über 15 Jahren in Betrieb.

Heutige Stromerzeugungskosten solarthermischer Kraftwerke liegen zwischen 30 und 40 Pfg/kWh. Die gewonnenen Langzeiterfahrungen und neue Forschungsergebnisse nutzend könnten sie in näherer Zukunft auf 10–12 Pfg/kWh sinken. Werden solarthermische Kraftwerke wärmeseitig mit modernen Gaskraftwerken kombiniert, sind Stromerzeugungskosten um 16 Pfg/kWh bereits heute erreichbar (Tyner et. al 1999).

Geeignete Standorte für diese Technologie finden sich allerdings nur in den sonnenreichen Gegenden der Erde, da nur die sogenannte Direktstrahlung genutzt werden kann.[8]

Solarwärme höherer Temperatur (80°–200°C) kann auch zur Speisung industrieller Prozesse verwendet werden. Dabei sind zu den höheren Temperaturen hin wieder konzentrierende Systeme vorteilhaft. Bei Temperaturen bis zu 1000°C werden bei der sogenannten „Solarchemie" (teilweise zusätzlich durch gezielte Nutzung des UV-Anteils des Sonnenlichtes) chemische Reaktionen angetrieben oder beschleunigt.

Sonnenlicht kann darüber hinaus zum Kochen, Trocknen, zur Wasseraufbereitung oder langfristig zur Erzeugung von Wasserstoff genutzt werden. Die Breite Palette möglicher Anwendungen und Nutzungsformen zeigt, dass es bei der Solarenergie wie bei den erneuerbaren Energien insgesamt auf die intelligente Mischung von Technologien und Konzepten ankommt.

Empfehlungen
Forschung und Entwicklung

Forschung ist eine essentielle Voraussetzung dafür, dass die ehrgeizigen Ziele einer nachhaltigen Energieversorgung erreicht werden können. Daher sollten die Mittel für Energieforschung insgesamt aufgestockt werden. Die öffentliche Forschung sollte sich dabei insbesondere wieder stärker auf Vorlaufforschungsprojekte konzentrieren: die Probleme sind langfristig und Energiesysteme per se träge im Umbau. Dieser Bereich wird heute stark vernachlässigt. Derzeit werden vor allem Vorhaben gefördert, die in direkter Kooperation mit der Industrie zur Umsetzung von Forschungsergebnissen in den Markt führen.

---

8 Direktstrahlung bezeichnet denjenigen Anteil der Solarstrahlung, der ohne Streuung in der Atmosphäre direkt auf den Empfänger trifft. In Deutschland beträgt dieser Anteil ca. 50 %, der restliche Anteil ist diffuses Licht, das nach Streuung an der Atmosphäre aus allen Himmelsrichtungen den Empfänger erreicht.

Eine derartige F&E Förderung ist gut und ausgesprochen wichtig. Auf der anderen Seite ist derzeit nicht ausreichend ersichtlich, über welche zukunftsgerichteten (und heute noch nicht marktfähigen) Technologieentwicklungen die oben als notwendig herausgestellten Kostenreduktionen realisiert werden sollen. Daher kann die Industrie alleine das Risiko nicht auf sich nehmen. Themenschwerpunkte sollten sein:

- Photovoltaik
- solarthermische Energiewandlung
- Materialien für die photovoltaische und solarthermische Energiewandlung und neue Komponenten für solares und energieeffizientes Bauen
- Komponenten und Systeme für das solare und energieeffiziente Bauen (optisch schaltbare Fenster, selektive Außenbeschichtungen für Häuser, intelligente lichtlenkende Fassadenelemente)
- elektrische Netze mit verteilten Energieerzeugern und –speichern (<u>distributed generation</u>)
- Entwicklung von Energietechnologien für den Export
- Brennstoffzellen (erhalten aber derzeit vergleichsweise viel Mittel)
- Entwicklung elektrischer Systemkomponenten (Leistungs- und Regelungselektronik).

Markteinführung erneuerbare Energien und Wirtschaftsförderung

Zum Aufbau der Solarenergie und der erneuerbaren Energien insgesamt sind in vielen Bereichen Förderprogramme notwendig. Diese sollten vor allem langfristig überschaubar angelegt werden. Dabei ist darauf zu achten, dass die Markteinführung zielgerichtet, das heißt zeitlich befristet und in der Regel auch degressiv angelegt ist. Es sind Modelle zu bevorzugen, die einen Anreiz zum Betrieb der Anlagen enthalten. Erhöhte Vergütungen können insofern Investitionszuschüssen vorzuziehen sein. Vergünstigte Kredite stellen ein geeignetes Instrument dar, wenn die Investitionskosten für die neue Technologie noch sehr weit über konventionellen Technologien liegen. Neben der Förderung der Anlagen können Beratung und Information noch verbessert werden, insbesondere da bei jedem Vorhaben eine Vielzahl von technischen Optionen und Fördermöglichkeiten abgewogen werden muss.

Aus den unter Abschnitt 7 genannten Gründen ist eine Bevorzugung einzelner Technologien der regenerativen Energien im zukünftigen Energiemix nur schwer herzuleiten.

Literatur

AG Energiebilanzen (2001): „Endenergieverbrauch von 1990 bis 2000", Stand 20.07.2001, www.agenergiebilanzen.de

Dalenbäck, J.O. (2000): „Solar Thermal Systems", Tagungsband EuroSun 2000, Kopenhagen, Juni 2000

DLR (1998): http.dlr.de

EPA (1995): „Extraction and Benefication of Ores and Minerals: Uranium", U.S. Environmental Protection Agency.

ESAP (1998): Energy in Europe: 1998 – Annual Energy Review, Report for the European Communities, ISBN 92-828-4880-9

EIA (2001):Annual Energy Outlook 2001, Washington D.C.: US. Department of Energy, US. Energy Information Administration

Feldmann, G. C. und Gradwohl, J. (1996): „Oil Pollution", Smithsonian Institution.

IPCC, W. G. (2001): „Third Assessment Report of Working Group 1". Shanghai, IPCC.

Jefferson, M. (2000): „The potential and cost of strategies for reducing CO_2 emissions in the steel making industry".

KfW (2001): „100.000-Dächer-Solarstrom-Programm, Statistische Kennzahlen für das Jahr 2000", Kreditanstalt für Wiederaufbau.

Nitsch, J.; Luther, J. (1990): Energieversorgung der Zukunft, Springer-Verlag

(Anmerkung: drei Quellen von Hand eingefügt: ESAP 1998, Nitsch, Luther 1990 und Nitsch, Rösch 2001, Dalenbäck 2000 (falls Endnotes die schluckt)

Solgain (2000):Voss, K., Wienold, J., Vandaele, L., Lund, P., Thyholt, M., Santamouris, M., Mihalakakou, G., Lewis, J., Wangusi, M. & Burton, S.: SOLGAIN – The contribution of passive solar energy utilization to cover the space heating demand of the European residential building stock, 3rd ISES Europe Solar Congress, Eurosun 2000, Copenhagen, Denmark

Tyner, C.; Kolb, G. J.; Meinecke, W; Trieb, F. (1999). Concentrating Solar Power in 1999, An IEA-SolarPACES Summary and Future Prospects. SolarPACES Task I: Electric Power Systems. SolarPACES, January 1999

UNDP, Ed. (2000). World Energy Assessment. New York, United Nations Development Program.

WBGU (1994). Welt im Wandel: Die Gefährdung der Böden. Bonn, Economica.

Williams, N., Ed. (2001). G8 Renewable Energy Taskforce - Final Report, G8 Renewable Energy Taskforce.

Wasserkraft

Franz Nestmann

Naturelement Wasser

Das Wasser als natürliches Element ermöglicht alles Leben auf unserem Planeten. Besonders in den Kulturraumlandschaften der industriellen Gesellschaft ermöglicht die Nutzung von Wasser eine Sicherung der Lebensraumqualität und des industriellen Fortschritts.

Fließendes Wasser prägt unsere Landschaften und Lebensraumstrukturen. Das Fachgebiet „Wasserbau" untersucht zahlreiche komplexe Vorgänge und leitet Zusammenhänge und Verfahren ab, die den Menschen eine Wasserbewirtschaftung ermöglichen:

- Trinkwasserver- und -entsorgung
- Be- und Entwässerung kulturwirtschaftlich genutzter Flächen
- Schiffbarmachung und Erhaltung von Gewässersystemen als Transportwege
- Renaturierungen strukturarmer, verbauter Fließgewässer
- Nutzung der Wasserkraft
- Schutz der Menschen vor dem Wasser (Hochwasserschutz)
- Schutz des Wassers vor dem Menschen (z.B. Altlasteneinträge, Kläranlagen).

Nach obiger Aufzählung unterscheidet man zwischen der „Nutzwasserwirtschaft", welche die Nutzung der Ressource Wasser behandelt und der „Schutzwasserwirtschaft", welche den Schutz des Wassers an sich und den Schutz des Menschen vor dem Wasser im Falle von Naturkatastrophen ermöglicht.

Im Falle der Wasserkraft, welche zur „Nutzwasserwirtschaft" zählt, nutzt man die aus der Schwereeigenschaft von fließendem Wasser hervorgehenden Energien (Lageenergie & Bewegungsenergie) und wandelt diese mit Maschinen in andere Energieformen um. Bereits vor 2000 Jahren wurde die Kraft des fließenden Wassers zum Betrieb von Schiffsmühlen am Oberrhein genutzt (vgl. Abbildung 1).

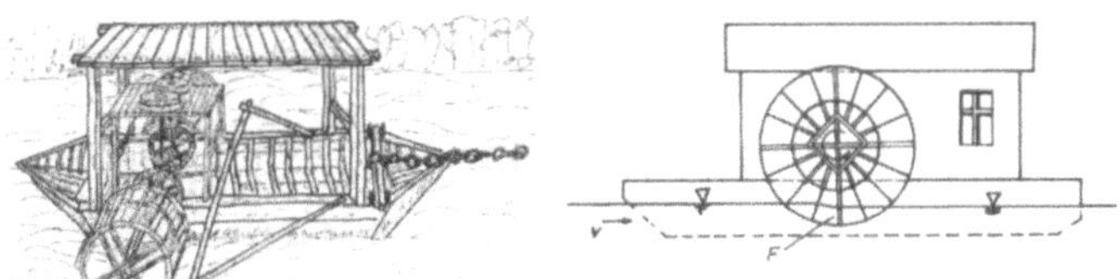

Abb. 1 Schiffsmühlen nutzten die Bewegungsenergie von fließendem Wasser.
Links: Schiffsmühle am Oberrhein. Rechts: Prinzipskizze.

Eigenschaften der Wasserkraft

Die Wasserkraft ist regenerativ – sie erneuert sich durch den Wasserkreislauf von selbst. Die Wasserkraft kann durch große Anlagen genutzt werden (zentral) aber auch durch viele kleine Anlagen (dezentral). Wasserkraftanlagen sind sehr schnell einsatzbereit, so dass insbesondere Wasserkraftwerke bei der Abdeckung von Energiebedarfsspitzen zum Einsatz kommen. In Deutschland gibt es bei der dezentralen (Klein-) Wasserkraftnutzung infolge der Einspeisbedingungen für Stromerzeuger Konflikte: eine Einspeisung von erwirtschafteten Energieüberschuss einer dezentralen Kleinkraftanlage ist derzeit aufgrund der auf den Strommarkt herrschenden Tarifbedingungen nicht wirtschaftlich möglich.

Speziell bei oben genannter Spitzenabdeckung spielt die wohl wichtigste Eigenschaft bei der Wasserkraftnutzung eine tragende Rolle: Wasser kann in Stauräumen oder Becken bzw. Seen gespeichert werden und bei Bedarf im Kraftwerk abgearbeitet werden. Damit ist die Wasserkraft eine Energieerzeugung mit Speichereigenschaft.

Warum Wasserkraft?

Aus den Ausführungen im vorstehenden und in diesem Kapitel wird ersichtlich, dass Wasserkraft eine emissionsfreie Energieerzeugung ermöglicht (vgl. Tabelle 1).

Der Ausstieg aus einem in der Bundesrepublik bislang stärksten Energieträger – der Nuklearenergie – sowie die Beschlüsse zur Reduktion der Treibhausgasemissionen während der Umweltkonferenzen in Rio (1992) und Kyoto (1997) zeigen den Trend zu einer Senkung der Verbrauchsquote fossiler Brennstoffe bzw. erschöpflicher Energiequellen in den westlichen Industrienationen sehr deutlich auf.

Aus Abbildung 3.1 wird deutlich, dass die bisher zur Abdeckung des Energiebedarfs primär eingesetzten Kraftwerksanlagen größtenteils auf erschöpflichen Energiequellen basieren. Einen Überblick über die Treibhausgasemissionen unterschiedlicher Energieerzeuger gibt Tabelle 1.

Aufgrund des Wasserreichtums vieler westlicher Industrienationen muss die Wasserkraft neben anderen Energieerzeugungsarten als technisch bedeutsame Alternative bei der Bewältigung künftiger möglicher Energiekrisen in Betracht gezogen werden.

Wasserkraft im 21. Jahrhundert

In diesem Abschnitt soll auf das Potenzial der Wasserkraft eingegangen werden. Besonders die europäisch-alpinen Regionen in Deutschland, der Schweiz und Österreich gelten weltweit als eine der Wiegen der Wasserkraft. Aufgrund

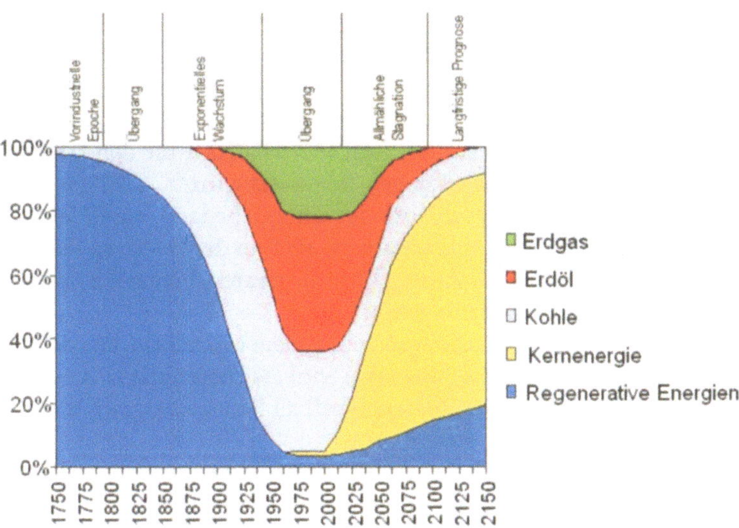

Abb. 2 Übersicht über die erschöpflichen und unerschöpflichen Energien.
(Quelle: Mosonyi & Giesecke 1998.)

des Wasserdargebots und vorhandener günstiger hydraulischer und geographischer Bedingungen ist hier ein immenses Wasserkraftpotenzial vorhanden:
- In Deutschland werden derzeit ca. 86 % des gesamten ökonomisch verwertbaren Wasserkraftpotenzials genutzt. Damit werden ca. 4 % des Energieverbrauchs gedeckt.
- In der Schweiz werden bereits 94 % des Potenzials genutzt. Dies ermöglicht zu 57 % eine Abdeckung des Energiebedarfs.
- In Österreich werden ca. 69 % des Potenzials genutzt. Dadurch werden 66 % des Energiebedarfs gedeckt.

Art der Energie-erzeugung	g CO_2-Äquivalent/kWh	CO_2-Äquivalent/kWh in Relation zur Wasserkraft
Wasserkraft infolge Bau infolge Speichereinstau	15 1 bis 11 12	1
Kernenergie	8 bis 59	0,5 bis 4
Gas	460 bis 123	431 bis 82
Öl	686 bis 949	46 bis 63
Kohle	860 bis 1290	57 bis 86

Tab. 1 Treibhausgasemissionen unterschiedlicher Energieerzeuger (Quelle: Gagnon 1997).

Aus der Aufzählung werden speziell für Deutschland zweierlei Fakten ersichtlich: Zum Einen zeigt der geringe Anteil der Wasserkraft die Notwendigkeit einer Basisversorgung mit nuklearer bzw. thermischer Energieerzeugung auf. Zum Anderen muss jedoch bedacht werden, dass die Wasserkraft aufgrund ihrer Speicherfähigkeit prädestiniert und wirtschaftlich für den kurzfristigen Bedarf von Spitzenbedarfsabdeckungen eingesetzt wird.

Europaweit werden derzeit ca. 17% des Energiebedarfs durch Wasserkraft gedeckt. Weltweit ist die Wasserkraft mit ca. 20% an der Deckung des Energiebedarfs beteiligt. 70% des ökonomisch verwertbaren Potenzials in den Entwicklungsländern sind bislang ungenutzt.

Aus diversen Fachveröffentlichungen wird zudem ersichtlich, dass die Nutzung der Wasserkraft weiter zunimmt[1]. Weiterhin wird ersichtlich, dass insbesondere in Entwicklungsländern die Rolle der Wasserkraft an Bedeutung gewinnt.

Hier beschäftigt sich der Wasserbau mit komplexen Zusammenhängen, die i.d.R. zu einer interdisziplinären Verknüpfung und schließlich zu einer technisch-ökonomischen und ökologischen Bewertung führen. Einige dieser Bewertungskriterien sind z.B.:

* Herstellungs- und Fertigungskosten
* Betrieb
* Wartungsaufwand
* Lebensdauer
* Umweltbeeinflussung
* Einsatzort / Einsatzland
* Ausbildungsstandards
* Alternativen

Die Untersuchung der Bewertungskriterien mündet nicht zuletzt in einer selbstkritischen Bewertung des bisher Erreichten. Hier stellt sich die Frage, ob wir bislang aktiv genug in der Bereitstellung von Wasserkraft als der stärksten Quelle der erneuerbaren Energien waren. Ferner müssen wir erörtern, ob die Wasserkraftnutzung, wie wir sie bisher betreiben, als umweltfreundliche und nachhaltig-regenerative Energieerzeugung akzeptiert ist bzw. was noch geändert werden muss.

Dies wirft natürlich die Frage nach der Zukunft der Wasserkraft auf. Bewirken die Beschlüsse von Rio und Kyoto demnächst eine drastische Zunahme der Wasserkraftnutzung? Wenn ja, dann stellt sich die Frage, ob wir eine bessere Ausbildung und Praxis für den Wasserkraftanlagenbau brauchen.

Letztere Frage lässt sich bereits jetzt schon mit einem eindeutigen Ja beantworten. Die Nutzung der Wasserkraft ist relativ unaufwendig, umweltfreundlich und zentral/dezentral anwendbar und somit ganz besonders wichtig in

---

1 vgl. Erdmann, 1999

Entwicklungsländern. Die Industrieländer spielen dabei aufgrund des bereits gewonnenen Know-how eine wichtige Rolle für die weitere Entwicklung der Wasserkraft und die Verbreitung der Kenntnisse.

Nachhaltige Wasserkraftnutzung

Eine nachhaltige Nutzung der Wasserkraft kann nur in einem ausgewogenen Konsens zwischen den folgenden drei Faktoren stattfinden:
* Energieerzeugung (Energy)
* Ökologische Folgen der Wasserkraftnutzung, z.B. durch Aufstau (Ecology)
* Ökonomische Effektivität (Economy)

Aus dem angestrebten Gleichgewicht zwischen den „drei E-Faktoren" lassen sich die folgenden Kriterien für die nachhaltige Wasserkraftnutzung ableiten:
* Technische Qualität
* Interdisziplinäre Transparenz
* Umweltfreundlichkeit
* Soziale Akzeptanz
* Ökonomie
* Alternativen / Konsequenzen

Aus dem Zusammenspiel der „E-Faktoren" gewinnen interdisziplinäre Betrachtungsweisen an Einfluss, die zu einer Umsetzung des Konzeptes Wasserkraft notwendig sind.

Ökologie & Wasserkraft

Ökologie und Wasserkraft stehen heute sehr nah zusammen. Die Beachtung ökologischer Fließgewässercharakteristika (z.B. Durchwanderbarkeit für Fische und Kleinlebewesen, Habitatansprüche der Gewässerflora und -fauna) bei der Standortwahl und Bemessung wasserwirtschaftlicher Anlagen ist mittlerweile sogar rechtlich verankert (EU-Wasserrahmenrichtlinie, 2000).

Die Evaluierung dezentraler Standorte für Wasserkraftanlagen bezieht mittlerweile neben den hydrologischen auch ökologische und morphologische Faktoren mit ein. Da Flüsse im industriellen Raum dichtbesiedelte Lebenslinien sind, muss der Hochwasserschutz bei Planungen berücksichtigt werden.

An unserem Institut werden derzeit numerische Simulationsprogramme zur Optimierung von Speicherkaskaden (Abfolge von Stauhaltungen zur Schiffbarmachung eines Gewässers und zur Wasserkraftnutzung) am Neckar entwickelt und auf andere Gewässersysteme übertragen. Durch eine gezielt-gesteuerte Speicherraumnutzung kann somit auch Hochwasserschutz betrieben werden.

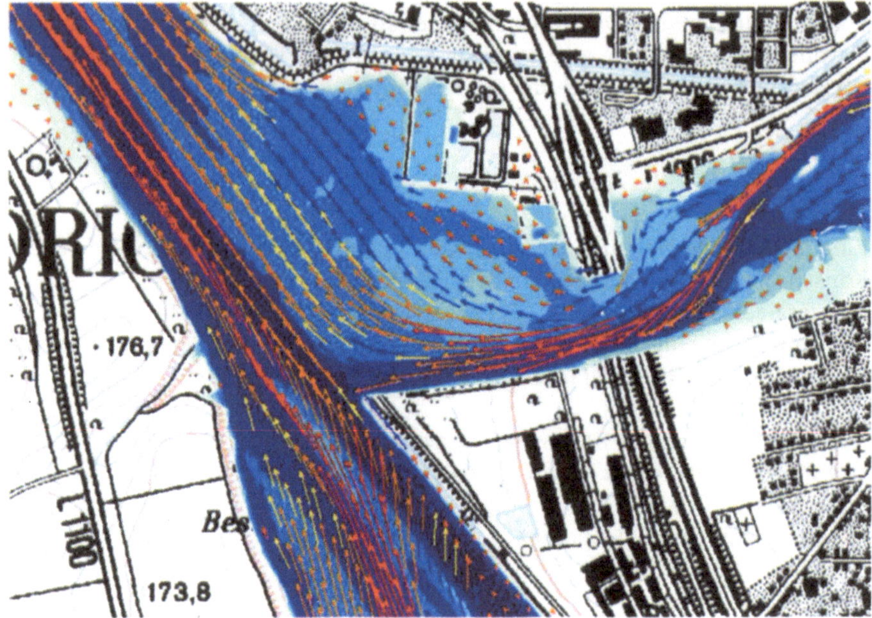

Abb. 3.1 Beispiel der Ergebnisdokumentation einer Hochwassersimulation. Die verschiedenen Farben stehen für unterschiedliche Wasserstände. Durch Computermodelle kann hier eine Speicherbewirtschaftung simuliert werden, aus deren Ergebnisse sich Maßnahmen für die Praxis ableiten lassen. (Quelle: IWK).

Technik und Wasserkraft

Sind wir mit unseren technischen Entwicklungen bereits am Ende? Bei den derzeit im Einsatz befindlichen Turbinenanlagen handelt es sich i.d.R. um Hightech-Produkte mit extrem hohen Wirkungsgraden und geringen Verlusten. Ziel der Forschung und Entwicklung ist es, die Wasserkraft möglichst effektiv zu nutzen.

Für den Einsatz in den hochentwickelten Industrienationen ist solche Technik bereits Standard. Ganz anders sieht es dagegen bei vielen Endabnehmern in den Entwicklungsländern aus.

Hier muss umgedacht werden: Oft sind die technologischen Ansprüche bei Betrieb und Wartung von Wasserkraftanlagen für Betreiber in den Entwicklungsländern zu hoch. Hier muss die Forschung beginnen, auf Kosten des Wirkungsgrades alternative Kleinwasserkraftmaschinen zu entwickeln, die von Betreibern ohne größere Spezialausbildung bedient und gewartet werden können.

Besonders bei der Entwicklung effizienter dezentraler Kleinwasserkraftanlagen mit gutem Wirkungsgrad ist noch Forschungsbedarf. In den Industrienationen wird der Trend zusätzlich in Richtung intelligenter Steuerungseinrichtungen zur Verbesserung der hydraulischen Leistung gehen. Auch hier muss eine sinnvolle Schnittmenge zwischen Hightech und Transparenz in der Anwendung gefunden werden.

Politik & Wasserkraft

Bevor man als Industrieland eine Technologie in den Entwicklungsländern installiert, sollte man sich fragen, ob wir diese Technologie im eigenen Land so auch einsetzen und ob wir über ausreichende Kenntnisse verfügen.

Überall in den Entwicklungsländern bauen wir derzeit große Wasserkraftanlagen, die durch riesige Stauhaltungen gespeist werden. Eines der größten Projekte ist z.B. das Drei-Schluchten-Projekt, bei dem ein 600 km langer Stauraum künstlich erschaffen wird. Hier sollten wir uns fragen, ob wir unter Berücksichtigung der eingangs in Kapitel 5 aufgezählten Kriterien ein wirklich gutes Konzept verwirklichen!

Die Gefahr besteht in der Gewährleistung, dass man einen derartig großen künstlichen Stauraum nachhaltig betreiben kann, ohne Gefahrensituationen zu unterschätzen: Einen derartigen Stauraum, dessen geotektonische Reaktionen nur mit langjährigem und konsequent hohem Aufwand prognostiziert werden können und an dessen Unterlauf dicht besiedelte Gebiete liegen, kann man im Gefahrenfall nicht in kurzer Zeit einfach entleeren, um eine Katastrophe abzuwenden.

Der Transfer unserer Technologie in andere Länder bedingt daher eine enge Zusammenarbeit zwischen Politik, Industrie und Universität:Die Politik ermöglicht den Transfer durch Einrichtung diplomatischer Rahmenbedingungen und Kontakte. Die Industrie stellt einfache, transparente Systeme zur Verfügung, die in Eigenarbeit von den Betreibern eingesetzt und gewartet werden können. Die Universität entwickelt in Zusammenarbeit mit den Abnehmerländern die Technologie und führt Weiterbildungen bzw. Schulungen durch.

Beim Einsatz der Wasserkraft im eigenen Land müssen wir diese Technologien ebenfalls anwenden und optimieren. Ferner müssen die Fachbehörden diese Zusammenarbeit unterstützen, indem neue Konzepte in der Wasserwirtschaft und Umwelt erarbeitet werden, die eine Optimierung des Zusammenspiels zwischen Natur und Technik ermöglichen.

Zusammenfassung

In meinen vorhergehenden Ausführungen habe ich deutlich gemacht, dass die Wasserkraft als regenerative Energie eine wichtige Stütze unseres Energiebedarfs darstellt. Der Anteil der Wasserkraftnutzung, der in den alpinen Regionen bereits sehr groß ist, wird sich infolge der Treibhausgasreduktionen und des

Abschaffens nuklearer Energieerzeugungen vergrößern.

Das bislang größte ungenutzte Wasserkraftpotenzial ist bei den Entwicklungsländern angesiedelt. Aus diesem Grund ist es notwendig, dass die folgenden Konzepte zur Wasserkraftnutzung auf einfachsten Technologien basieren und universell einsetzbar sind. Hier bieten sich vor allem dezentrale Kleinwasserkraftanlagen an.

Die technische Entwicklung hat bislang verstärkt das Ziel einer Minimierung der Verluste bei der Energieerzeugung verfolgt. Daraus resultierten hochentwickelte Turbinen und Steuereinrichtungen, welche einen hohen Wartungs- und Betreibungsaufwand benötigen. Hier muss man in Zukunft umdenken.

Das Umdenken beginnt in der Lehre: Wasserkraft darf nicht isoliert betrachtet werden – vielmehr müssen kommende Generationen Wasserkraft als einen Baustein der Energieerzeugungskette sehen. Nur ein ganzheitliches Konzept einer zentral/dezentral ausgewogenen Energiebewirtschaftung kann die Stärken der Wasserkraft voll einsetzen.

Den Universitäten und der industriellen Forschung fällt neben der Aus- und Weiterbildung noch die Aufgabe des Technologietransfers in die Entwicklungsländer zu. Hier ist jedoch die Gruppierung um die Politik, welche die diplomatischen Rahmenbedingungen schafft, notwendig.

Die Wasserkraftnutzung an sich wird ebenfalls zu einer interdisziplinären Betrachtungsweise geführt werden. Der ausgewogene überfachliche Konsens zwischen Technik, Natur und Wirtschaft bzw. Gesellschaft stellt den Wasserbau vor neue Aufgaben – wobei man Althergebrachtes niemals vergessen sollte.

Abschließend möchte ich festhalten, dass aus einer konstruktiv-fairen Zusammenarbeit zwischen der regenerativen und der nichtregenerativen Energiebetreiberwirtschaft vor dem Hintergrund einer neuen fachlich-wissenschaftlichen Orientierung und Ausbildung die Energieversorgung über mehrere Jahrzehnte hinweg gewährleistet werden kann.

Energie aus Biomasse – eine echte Chance

Hans Mohr

Ergebnis der Analyse

Die verstärkte Gewinnung von Nutzenergie aus Biomasse ist ökologisch und politisch unverzichtbar. Zwar ist das Potenzial regional und global (eng) begrenzt, aber es kann effektiv genutzt werden.

Die Neolithische Revolution – ein kurzer Rückblick

Von den natürlichen Ökosystemen – lautet meine erste These – kann der moderne Mensch nicht leben. Von selbst bietet uns die Natur nur kärgliche Existenzbedingungen. Nur wenige Menschen, etwa 5 Mio weltweit, konnten als Sammler und Jäger unter naturnahen Produktionsverhältnissen überleben. Die allermeisten der heuten 6 Mia Menschen hätten nicht die geringste Chance eines naturnahen Lebens, selbst wenn dieses Leben im Ernst erstrebenswert wäre. Der moderne Mensch lebt von seiner Umwelt, nicht von der Natur. Umwelt ist ein Kulturprodukt – vom Menschen geschaffen, nicht vorgefunden.

Vor etwa 10 000 Jahren setzte die „Neolithische Grüne Revolution", die Entwicklung der Landwirtschaft, ein. Ab 8 000 v.Chr. wurde in verschiedenen Gebieten der Erde unabhängig voneinander damit begonnen, Pflanzen und Tiere zu domestizieren, zuerst im Fruchtbaren Halbmond des Nahen Ostens. Die Einführung des Feldbaus geschah – gemessen an der menschlichen Vorgeschichte – in erstaunlich kurzer Zeit. Die damit verbundene Steigerung der Tragekapazität führte zu einer Art „Bevölkerungsexplosion": Vor 10 000 Jahren lebten etwa 5 Millionen Menschen, vor 4 000 Jahren bereits 100 Millionen, um Christi Geburt 200 Millionen. Die „Industrielle Revolution" im 19. Jahrhundert – flankiert von entsprechenden Entwicklungen auf dem Agrarsektor – löste eine ähnliche Entwicklung aus. Derzeit leben über 6 Milliarden Menschen.

Die Erfindung der Landwirtschaft im mittleren Neolithikum war die Voraussetzung für eine gesteigerte Tragekapazität. Eine gegenüber der Sammler-Jäger-Ökonomie massiv erhöhte Tragekapazität für Menschen war ihrerseits die Vorbedingung höherer (urbaner) Kultur und Zivilisation. Mit der Neolithischen Revolution hat die Menschheit seinerzeit den Grundstock für Sesshaftigkeit und urbane Kultur gelegt. Mit Recht gilt deshalb die Verwandlung natürlicher Ökosysteme in produktive Umwelt – in anthropogene Ökosysteme – als der

Kulturakt schlechthin (lat. cultura = Ackerbau). In Europa gibt es seit langem natürliche (oder naturnahe) Ökosysteme allenfalls noch im Hochgebirge oder nördlich des Polarkreises. Was uns als „Natur" normalerweise umgibt, sind anthropogene, von Menschen konstruierte oder zumindest gesteuerte Ökosysteme. Selbstverständlich fordert die von kultivierten Menschen angestrebte spezifische Produktivität der anthropogenen Ökosysteme ihren Preis, nämlich den Einsatz von Kulturpflanzen anstelle natürlicher Arten, und durchgreifende, agronomische Maßnahmen, mit einem entsprechend erhöhten Energie- und Stoffumsatz.

Aus dem gesteigerten Input an Wissen und Arbeit resultiert ein ökologischer (und häufig auch ästhetischer) Mehrwert. Der ökologische Mehrwert bildet die Existenzbasis der Menschen seit dem mittleren Neolithikum. Die anthropogenen Agrarökosysteme sind es, nicht die Natur, die das Ertragsgut liefern, das tägliche Brot für Millionen und neuerdings Milliarden von Menschen.

Kulturelle Folgen der agrarischen Transformation

Der moderne Mensch – um dies nochmals zu betonen – lebt seit dem mittleren Neolithikum nicht mehr von der Natur, sondern von den Erträgen anthropogener Ökosysteme. Die Tragekapazität der heutigen Welt für Menschen ist etwa 1000 mal höher als die globale Tragekapazität unter naturnahen Produktionsbedingungen gewesen ist.

Die Züchtung von Kulturpflanzen, die Erfindung von Pflanzenbau und Tierhaltung hatten massive soziale Konsequenzen. Weltweit führte die Etablierung anthropogener Ökosysteme zur Bildung von Strukturen, die weit über die bis dahin vorherrschenden Kleingruppen hinausgingen. Stämme und Völker formierten sich. Es bildeten sich Territorien und Ballungszentren. Es entstanden politische und administrative Hierarchien: Herrscher, Verwalter, Bürokraten, Priester. Es entwickelte sich das Konzept des Eigentums an Grund und Boden und damit einhergehend das Erbrecht.

Fallstudie Mitteleuropa

Auch evolutionsbiologisch war die Transformation der natürlichen in anthropogene Ökosysteme häufig ein schöpferischer Prozess, nicht ein Akt der Destruktion. Nehmen wir als Fallstudie Mitteleuropa.

Mitteleuropa ist von Natur aus ein Waldland gewesen. Vor dem Eingreifen des viehzüchtenden und ackerbauenden Menschen fehlte der Wald nur an extremen Standorten. Dort, wo es für Baumwuchs im Tiefland zu nass, im Hochgebirge zu kalt, an Küsten und lokal im Binnenland zu salzig war. Die Trockengrenze des Waldes wird in unserer Region nicht erreicht. Die heutige Verteilung von Wald und offener Landschaft war bereits im Mittelalter vor mehr als 500 Jahren etabliert und hat sich seitdem nicht mehr wesentlich geändert. Durch das Wirken des Menschen ist die Pflanzendecke Mitteleuropas insgesamt viel artenreicher geworden. Hunderte von Pflanzenarten in unserer Region müssen als „Kulturfolger" angesehen werden, denen erst die vom Menschen geschaffenen Standorte eine ökologische Nische boten. Für das Gebiet der Bundesrepublik werden heute rund 2660 Gefäßpflanzenarten gezählt. Nur knapp ein Viertel dieser Arten ist auf Waldstandorte angewiesen, die Hälfte wächst typischerweise auf den vom Menschen waldfrei gehaltenen Standorten, die restlichen Arten verteilen sich auf die von Natur aus waldfreien Gebiete. Auch die Tierwelt hat von der Umgestaltung der Landschaft profitiert. Mehr als ein Viertel der etwa 230 Brutvogelarten in unserem Land sind als Kulturfolger nach Mitteleuropa gekommen. Ein oft zitiertes Beispiel ist die Einwanderung des Storches in unsere Region mit dem Hochmittelalter. Die tiefgreifenden Umgestaltungen des Landschaftsbildes durch Rodung der Wälder und Anlegung von Wiesen und Feldern ermöglichten ihm jene Expansion seines Lebensraumes, die heute wieder bedroht ist.

Die Energieversorgung als Kardinalproblem

Im Zuge der agrarischen Transformation entstanden aber auch neue Probleme, an denen wir bis heute laborieren: Die Energieversorgung, die zunächst fast ausschließlich über die Verbrennung von Biomasse und über die Nutzung menschlicher und tierischer Muskelkraft erfolgte, wurde zum Kardinalproblem der kuturellen Evolution.

Die Entwicklung der menschlichen Gesellschaft vom Zustand der Sammler und Jäger bis zur modernen Industriegesellschaft ist nicht nur durch eine enorme Steigerung der Siedlungsdichte gekennzeichnet, sondern auch durch einen wachsenden Pro-Kopf-Energieverbrauch. Die Größenordnungen prägen sich leicht ein:

Kulturstufe	Siedlungsdichte (Menschen/km²)	Energieverbrauch (KW/Kopf)
Sammler und Jäger	0.25	0.1
Agrargesellschaften	25	1.0
Industriegesellschaften	250	10

Die Siedlungsdichte hat sich somit seit dem Neolithikum vertausendfacht, der Pro-Kopf-Energieverbrauch ist auf das hundertfache gestiegen. Insgesamt ergibt sich eine Steigerung des Energiebedarfs um den Faktor 105 seit dem mittleren Neolithikum.

Eine nachhaltige Energieversorgung ist inzwischen zum Kernproblem der ökologischen Ökonomik geworden. Wie lässt sich eine hohe Tragekapazität aufrechterhalten, wenn uns die fossilen Energieträger ausgehen oder wir ihre

Nutzung aus ökologischen Gründen einschränken müssen? Das ist die Kardinalfrage.

Die Hoffnung vieler richtet sich auf die Nutzung erneuerbarer(regenerativer) Energien. Dabei handelt es sich um ganz heterogene Bereiche und entsprechend unterschiedliche Technologien. Beim gegenwärtigen Stand der Entwicklung diskutiert man Maßnahmen zur Gewinnung von Nutzenergie (Endenergie) aus

- der direkten Verbrennung fester Biomasse,
- der Verwandlung fester Biomasse in leicht transportfähige, flüssige oder gasförmige Energieträger (Rapsölmethylester, Methanol, Pyrolyse-Öl, Holzgas),
- der Verwandlung organischer (Abfall-) Stoffe der Land-, Fleisch- und Fisch wirtschaft in Biogas,
- der Nutzung von Wasserkraft,
- der thermischen Nutzung von Solarenergie über Solarkollektoren,
- der elektrischen Transformation von Solarenergie über Photovoltaikanlagen,
- der Nutzung der Erdwärme (Tiefengeothermie).

Die Nettoprimärproduktion

Welchen Beitrag können die Ökosysteme der Welt für die künftige Energieversorgung tatsächlich leisten?

Hier kommt die Nettoprimärproduktion, eine der wichtigen Größen der quantitativen Ökologie, ins Spiel. Die jährliche Nettoprimärproduktion (NPP) wird definiert als jene solare Energie, die global biologisch fixiert wird, abzüglich der Atmung der pflanzlichen Primärproduzenten, die im Prozess der Photosynthese diese biologische Fixierung bewirken. NPP ist somit jene Biomasse, bzw. die in dieser Biomasse steckende Energie, die für alle Konsumenten einschließlich des Menschen übrigbleibt. Von dieser NPP (derzeit etwa 120 Pg Trockenmasse/a) lebt alles, was kreucht und fleucht. Es ist ein Leben von der Hand in den Mund. Reserven, die ins Gewicht fielen, gibt es nicht. Der heutige Mensch beansprucht – oder beeinflusst zu seinen Gunsten – bereits über 40 % der potentiellen NPP der Landflächen. Die vom Menschen unabhängigen Konsumenten – darunter 3 Mio Tierarten – müssen sich mit der restlichen Hälfte begnügen. Derzeit dürften bereits rund 43 % der terrestrischen Vegetationsflächen mehr oder minder geschädigt sein. Dies hat in der Bilanz eine Reduktion der NPP um etwa 10 % zur Folge. Eine völlige Erholung der betroffenen Flächen erscheint ausgeschlossen. Verfahren, die NPP über den heutigen Pegel hinaus zu steigern, sind nicht in Sicht. Im Gegenteil: Man muss damit rechnen, dass im Zusammenhang mit den drohenden weltweiten Klimaveränderungen die globale NPP in der Bilanz eher ab- als zunimmt.

Dies bedeutet, dass der globalen Tragekapazität für Menschen enge Grenzen gesetzt sind. Die ‚Strategie', den Pro-Kopf-Anspruch auf die Nettoprimärproduktion zurückzuschrauben, erscheint unrealistisch, zumal dann, wenn mangels Alternativen in weiten Teilen der Welt vermehrt Biomasse als Energieträger eingesetzt werden muss.

Von Autoren, die im Feld einer ‚Politischen Ökologie' ihren Standpunkt haben, wird die Bedeutung der NPP immer wieder grotesk überschätzt. Die häufig kolportierte Formel, „auf der Erde wachse in der Land- und Forstwirtschaft jährlich der zehnfache Energiewert des weltweiten Verbrauchs an fossilen Energieträgern heran ... die Nutzung von nur zehn Prozent dieser Pflanzen reiche aus, um sämtliche fossile Energieträger zu ersetzen" (Agro-Europe 11/95, 13. März 1995), ist irreführend. Richtig ist zwar, dass der weltweite Einsatz an fossilen Energieträgern pro Jahr etwa dem Energieäquivalent von 15 Pg Trockenmasse entspricht, aber nur ein kleiner Teil der NPP von 120 Pg Trockenmasse pro Jahr steht in einer auf Nachhaltigkeit zielenden globalen Ökonomie für den technischen Einsatz als Energieträger zur Verfügung (etwa 6 Pg). Der größere Teil der Nettoprimärproduktion dient als Nahrungs- und Rohstoffgrundlage des Menschen und als universelle Lebensgrundlage für Tiere, Pilze und Mikroorganismen. Außerdem schließt die geringe Energiedichte der genuinen Biomasse längere Transportwege aus. Biomasse als Energiequelle bleibt im wesentlichen (mit Ausnahme flüssiger Treibstoffe) eine lokale Ressource.

Die meisten Fachleute gehen davon aus, dass etwa 1 (bis maximal 4 %) der jährlichen NPP nachhaltig als Substitut für fossile Energieträger in Frage kommt. Dieser Wert entspricht größenordnungsmäßig den 6–8 Prozent Primärenergieanteil, den wir unter nachhaltigen Rahmenbedingungen für die energetisch nutzbare Biomasse (einschließlich landwirtschaftlich erzeugter Energiepflanzen) in Deutschland berechnet haben.

Biomasse als Energieträger

Obwohl Wälder nur noch knapp 27 % der eisfreien Landflächen der Erde bedecken, erbringen sie etwa die Hälfte der terrestrischen NPP (rund 60 Pg trockene Biomasse pro Jahr). Die Frage, wieviel davon bereits genutzt wird, ist wegen der unsicheren Datenlage nur näherungsweise zu beantworten. Die (m.E. zu optimistischen) Schätzungen liegen bei 50 %. Für Deutschland lassen sich genauere Angaben machen: Der jährliche Holzzuwachs wird auf rund 57 Mio m³ kalkuliert, der Rohholzeinschlag beträgt derzeit rund 40 Mio m³. Dies entspricht etwa 70 % des nachhaltig nutzbaren Rohholzaufkommens. Zusätzlich werden aber 20 Mio m³ Holz mehr importiert als exportiert, sodass bereits heute der inländische Gesamtholzverbrauch höher liegt als das nachhaltig nutzbare Rohholzaufkommen unseres waldreichen Landes. Keine glänzenden Aussichten für ‚Energie aus Biomasse'!

Derzeit deckt Holz in der Bundesrepublik etwa ein Prozent des Bedarfs an Primärenergie. Rechnet man das energetisch (aber nicht ökonomisch!) nutzbare Restholz der Forstwirtschaft dazu, so kommt man auf bescheidene 2 %.

Die Energiegewinnung aus Holz ist mittlerweile zu einer hochentwickelten
Technik ausgereift. Brennstoffaufbereitung (auch in Form von Presslingen, pellets), Zuführung, Verfeuerung, Verbrennungsführung, Rauchgasreinigung und
Ascheentsorgung sind in verschiedenen Varianten erprobt. Aus Holz kann
heute effizient und umweltverträglich Wärme und Strom gewonnen werden;
die Marktreife ist erreicht. Das Problem ist die begrenzte Ressource.

Realisierbarer Anteil der Biomasse an der Primärenergieversorgung Deutschlands (Schätzungen für das Jahr 2005)	
Primärenergieverbrauch Deutschlands 1992	14000 PJ/a (100 %)
Energie aus Biomasse	900 PJ/a (6.5 %)
Holz	140 PJ/a
Stroh	70 PJ/a
Raps	40 PJ/a
Energiegetreide	650 PJ/a

In diesem Zusammenhang muss daran erinnert werden, dass Anbau und
Bereitstellung von Biomasse einen erheblichen Energieinput erfordern, auch
wenn man von den äußerst variablen Transportkosten absieht. Dieser Energieaufwand (in Prozent des Energieertrags) beträgt zum Beispiel derzeit beim
Methanol aus Biomasse etwa 45%, beim Rapsöl (RME) rund 50%, beim Ethanol
aus Zuckerrüben fast 80%. Selbst bei der Direktverbrennung von Holzhack-
schnitzeln muss man mit etwa 10% Energieaufwand rechnen.

Unter den Energiegetreidearten schneidet die Neuzüchtung Triticale (ein
Hybrid aus Roggen und Weizen) weit besser ab ($r = 10$) als Mais ($r = 5$) oder
Weizen ($r = 6$), jeweils bezogen auf die oberirdische Gesamtbiomasse bei einem
Ertrag von 16 t Trockenmasse/ha.

$$\text{Definition:} \quad r = \frac{\text{Brennwert der Biomasse}}{\text{nicht-solarer Energieaufwand zur Bildung der Biomasse}}$$

Fallstudien

1. Die Potenziale einer energetischen Verwertung organischer Abfallstoffe sind
bescheiden:

Energiegewinnung	Potenzial (PJ/a)		Anteil Primärenergiebedarf (%)	
	Deutschland	Baden-Württemberg	Deutschland	Baden-Württemberg
Biogas aus der Landwirtschaft	80	6	0,6	0,4
Biogas aus anderen Quellen	50	9	0,4	0,6
Nicht-Biogas	40	5	0,2	0,4
Insgesamt	170	20	1,2	1,4

In der Hauptsache basiert die Gewinnung von Biogas auf Reststoffen der Tierhaltung (im wesentlichen Flüssigmist). Als zusätzliche Potenziale bieten sich
vergärbare organische Reststoffe aus industrieller Verarbeitung und dem kom-
munalen Entsorgungsbereich an. Die Technik der Biogasgewinnung ist im
Prinzip ausgereift, die vielen Einzellösungen erfordern aber eine Standardisie-
rung der Verfahrenstechnik. Neue Entwicklungen zielen auf die Verbesserung
der Energie- und Methanausbeute und auf die Aufbereitung des vergorenen
Substrats zu Mineraldünger. Zur Zeit muss man mit einer energetischen Vor-
leistung von mindestens 25 % des Jahres-Bruttoenergieertrags für die benötigte Prozessenergie rechnen. Die Gasgestehungskosten von Referenzanlagen
werden zu 0,10–0,15 DM/kWh kalkuliert. Werden die Investitionskosten eines
Block-Heiz-Kraftwerks mit hinzugerechnet, so verteuern sich die Gasverwer-
tungskosten entsprechend.

2. Biodiesel – in Form von Rapsölmethylester, RME – als Alternative zu Mine-
raldiesel.

Raps als Lieferant für Biodiesel ist derzeit populär. Bei Ausweitung des Rap-
sanbaus auf die aus pflanzenbaulicher Sicht maximal mögliche Fläche könnte
Rapsöl aus deutscher Erzeugung aber höchstens 4 % des Verbrauchs an Mine-
raldiesel in Deutschland ersetzen. Auch die Energiebilanz mahnt zur Vorsicht.
Während Getreideganzpflanzen beispielsweise in der Energie-Input-Output-
Bilanz mit ca. 1:10 recht gut abschneiden (s.o. Triticale), liegt die Energiebilanz
von Rapsölmethylester mit etwa 1:2 wesentlich ungünstiger. Für die CO_2-Bilanz
gilt ähnliches. Rapsöl oder RME sollten daher als Treibstoff dort zum Einsatz
kommen, wo ein ökologischer Nutzen erbracht wird: in umweltsensiblen Bereichen und Innenstädten. RME ist dabei sofort einsetzbar (Adaptationen an
Schläuchen, Ventilen und Dichtungen mancher Kfz-Modelle vorausgesetzt), die
Marktreife ist erreicht. Bei Rapsölmotoren hingegen lässt die Serienreife noch

auf sich warten. Rapsöl/RME ist als Heizölersatz zwar auch für Heizzwecke einsetzbar, dieser Pfad erscheint uns aus Gründen der Energiebilanz aber nicht weiter förderungswürdig.

Wir plädieren dafür, die verfügbaren Zuschüsse nicht auf die Biodiesel-Schiene zu konzentrieren, sondern die geringe Ökotoxizität von Rapsöl nutzbringend einzusetzen und zunächst Schmier- und Hydrauliköle auf Mineralölbasis, wo immer technisch möglich, durch entsprechende Pflanzenölprodukte zu ersetzen (also den chemisch-technischen Pfad zu forcieren).

Grenzen der Nettoprimärproduktion

Die Feststellung, dass mit einer Steigerung der NPP über den derzeitigen Stand hinaus nicht zu rechnen ist, hat die moderne Ökologie immer genauer begründet. In der Wissenschaft besteht zum Beispiel Konsens darüber, dass „the extraordinary agronomic improvements of recent decades have moved agriculture close to theoretical limits"... „plant's ability to capture and fix energy is inherently limited by the physics of intercepting photons and capture carbon dioxide, the biochemistry of photosynthesis, and the physiology of nutrient uptake and utilization" (Fedoroff and Cohen 1999). Im Zusammenhang mit unseren Studien zu einer verbesserten Stickstoffernährung der Pflanzen sind wir bereits vor Jahren zu dem Ergebnis gelangt, „dass die züchterische Maximierung des N-Aneignungsvermögens bei Kulturpflanzen in greifbare Nähe gerückt ist" (Mohr und Neininger 1994). Zusammengefasst: Wir nähern uns den theoretischen Grenzen der Ertragskraft der agrarischen und forstlichen Ökosysteme.

Die NPP ist nicht nur durch die Produktionsfaktoren Sonnenenergie und CO_2 bestimmt, sondern auch durch die Verfügbarkeit von Wasser und Bodennährstoffen, sowie durch die Temperatur. In terrestrischen Ökosystemen ist es häufig der Mangel an Wasser, der einem Anstieg der Produktivität entgegensteht.

Insgesamt nutzen terrestrische Ökosysteme die Sonnenenergie nur sehr ineffizient. Die Nettophotosyntheseeffizienz – der Prozentsatz der auftreffenden photosynthetisch nutzbaren Strahlung, der in die oberirdische NPP eingeht – wurde weltweit an unterschiedlichen Standorten gemessen. Nadelwälder zeigten die höchste Effizienz (die aber dennoch nur zwischen 1 und 3 % lag); Laubwälder erreichten lediglich 0.5–1.5 %; die Pflanzen der Halbwüsten- und Wüstengebiete erreichten lediglich 0.01–0.2 %. Diesen Werten aus naturnahen Ökosystemen stehen die kurzfristigen Spitzeneffizienzen von 3–10 % gegenüber, die Kulturpflanzen, vor allem C4-Pflanzen wie der Mais, unter (nahezu) idealen Input-Bedingungen erreichen.

Natürlich sind der Phantasie auf diesem weiten Feld keine Grenzen gesetzt: Neuerdings wird z.B. die Begrünung von Wüstenrandgebieten in Afrika und Australien mit Hilfe künstlicher Bewässerung diskutiert. Ziel ist die Bildung von Biomasse, aus der Methanol erzeugt werden könnte. Das Wasser soll über eine Meerwasserentsalzung mit preisgünstigen Solarwärmeanlagen gewonnen werden. Dem Fachmann hingegen erscheint die derzeitige Tragekapazität, verglichen mit einer nachhaltigen Tragekapazität, bereits weit überzogen. Man kann die Sachverhalte drehen und wenden, es bleibt bei dem ernüchternden Ergebnis, dass die Erde nur deshalb 6 Mia Menschen tragen kann, weil uns (noch) die fossilen Energieressourcen zu Gebote stehen.

Was kann politisch getan werden?

Wir sollten – auch in unserem Land – so rasch wie möglich das gesamte, nachhaltig verfügbare Potenzial der Biomasse energetisch nutzen. Dieses Potenzial ist zwar eng begrenzt (maximal 6–8 Prozent des derzeitigen Primärenergieeinsatzes), aber es ist unmittelbar verfügbar. Außerdem ist die Biomasse als Baustein einer CO_2-armen Energieversorgung unverzichtbar. Gegenüber den konkurrierenden alternativen Energien (Photothermie, Photovoltaik, Windenergie), für die ein stark schwankendes Dargebot das entscheidende Handikap darstellt, hat die Biomasse grundsätzliche Vorteile.

Argumente zugunsten der energetischen Nutzung von Biomasse

Als Standardargumente für eine energetische Nutzung von Biomasse werden genannt:
- Biomasse ist gespeicherte Sonnenenergie und damit ein erneuerbarer Energieträger, durch dessen Einsatz die fossilen Energievorräte geschont werden.
- Durch den weitgehend geschlossenen CO_2-Kreislauf zwischen Aufwuchs und Nutzung entlastet Biomasse als (fast) CO_2-neutraler Energieträger die globale CO_2-Bilanz. Deutschland wird seine Zusagen im Bezug auf eine CO_2-Reduktion nicht einhalten können, wenn die energetische Nutzung von Biomasse nicht so weit wie möglich getrieben wird.
- Biomasse schneidet bei den CO_2-Minderungskosten sehr günstig ab. Um eine Tonne CO_2 einzusparen, muss man derzeit – und für absehbare Zeit – mit folgenden Minderungskosten rechnen:
    Restholz: 70 DM/t CO_2
    Energiepflanzen 180 DM/t CO_2
    Photovoltaik: 2000–4000 DM/t CO_2.
- Biomasse kann vergast (Biogas-Methan, CO, H_2) oder verflüssigt werden (Methanol, Ethanol, Rapsmethylester (RME)). Biomasse kann aber auch in fester Form (Presslinge, pellets) direkt verbrannt werden. Die erforderlichen Technologien sind im Prinzip verfügbar.
- Durch den Anbau von Biomasse für energetische Zwecke (Energiepflanzen) können landwirtschaftliche Überschussflächen sinnvoll genutzt und neue

Perspektiven für die Landwirtschaft eröffnet werden. Die Osterweiterung der EU zum Beispiel könnte dadurch entscheidend erleichtert werden. Die energetische Nutzung von Biomasse stellt generell eine sehr flexible Korrektur der landwirtschaftlichen Überproduktion dar (ein Braunkohlekraftwerk kann ohne viel Umstände wechselnde Anteile an pellets verbrennen). Eine störungsfreie EU-Integration der osteuropäischen Länder wird nur dann möglich sein, wenn eine Korrektur der jeweiligen landwirtschaftlichen Überproduktion durch ein wohl überlegtes Programm zum zielgenauen Einsatz der überschüssigen Biomasse für die Erzeugung von Energie in Kohlekraftwerken erfolgt. Die hierfür notwendigen Subventionen – Anschubfinanzierungen – wären gut angelegt.

- Da Biomasse leicht gespeichert werden kann (in Form von Pellets, als Flüssigkeit, als Gas) besteht keine Abhängigkeit von den Schwankungen des Dargebots wie im Fall der Photothermie, der Photovoltaik oder der Windenergie.

- Der effiziente praxisreife Einsatz von Biomasse als Energieträger ist in den Industrieländern technologisch möglich, zum Beispiel als Biogas, als Biosprit oder in Form von Pellets als Hausbrand oder als Zufeuerung in Braunkohlekraftwerken. Besonders wichtig erscheint eine Optimierung der Verflüssigung. Methanol lässt sich, zum Beispiel, aus (Rest-) Biomasse (thermochemische Vergasung und Reformierung) leicht gewinnen. Generell bilden flüssigeTreibstoffe aus Biomasse (RME, Methanol, Ethanol) eine wichtige Option für „die Zeit nach dem Erdöl". Das Thema „Energie aus Biomasse" sollte also nicht auf die direkte thermische Nutzung eingeengt werden.

Anspruchsvolle Technologie

Angesichts der positiven Perspektiven muss aber betont werden, dass die technischen Schwierigkeiten bei der effizienten Nutzung von Biomasse erheblich sind. Selbst die direkte Verbrennung von Biomasse ist technisch aufwendiger und damit teurer als die von Kohle, Öl oder Erdgas. Und natürlich ist ein hoher technischer Standard die Voraussetzung für einen hohen energetischen Wirkungsgrad.

Die Verwandlung von Biomasse in transportfähige sekundäre Energieträger, z.B. Methanol, Holzgas oder Pyrolyse-Öl, impliziert anspruchsvolle technische Prozesse, die in der Dritten Welt nicht ohne weiteres vorausgesetzt werden können. Zum Beispiel gilt die Herstellung und Nutzung von Pyrolyse-Öl aus Biomasse als ein High-Tech-Problem par excellence.

Ich bezweifle nicht, dass die effiziente energetische Nutzung von Biomasse aus ökologischer Sicht gegenüber fossilen Brennstoffen in der Regel positiv zu beurteilen ist. Ich weise lediglich darauf hin, dass diese Nutzung technologisch höchst anspruchsvoll erscheint und dass das Potenzial an Biomasse auch in der Dritten Welt begrenzt ist. Auf jeden Fall muss man die (sozio-) ökonomischen und technologischen Rahmenbedingungen sorgfältig prüfen, bevor man ein

Urteil darüber abgeben kann, inwieweit der Rückgriff auf Biomasse uns und die Dritte Welt nachhaltig aus der Bredouille einer allmählich versiegenden Energieversorgung (Erdöl, Erdgas) helfen kann.

Kein Megatrend

Ich betone nochmals: Sowohl regional als auch global bedeutet „Energie aus Biomasse" keinen technologischen oder ökologischen Megatrend; die Nutzung der globalen Nettoprimärproduktion tendiert eher in Richtung verstärkter Nahrungs- und Futtermittelproduktion. Global nimmt die verfügbare landwirtschaftliche Fläche stetig ab; sie betrug
- in 1980: 0,30 ha/Kopf,
- in 2000: 0,22 ha/Kopf (geschätzt).

Nach den Zahlen der UN wird die Weltbevölkerung auch weiterhin um 70 bis 90 Millionen pro Jahr zunehmen. Der steigende Verbrauch an Nahrungs- und (vor allem) Futtermitteln kann im wesentlichen nur durch Ertragssteigerungen auf bereits existierenden Agrarflächen befriedigt werden, da die Flächenreserven der Welt weitgehend aufgebraucht sind. Was das Thema Energie aus Biomasse angeht, kann es deshalb – zumindest in Deutschland und im EU-Raum – nur darum gehen, während einer Übergangsphase mit agrarischen Überschüssen einen von Jahr zu Jahr wechselnden Anteil der agrarischen und forstlichen Biomasseproduktion geschickt auf den Energiemarkt zu lenken.

Schwachpunkte der Biomasse als Energieträger

- Wie gesagt, das Biomassepotenzials ist begrenzt. Regional und global berechnet man maximal 6–8 Prozent Primärenergieanteil.
- Der niedrige Preis für fossile Energieträger kann von der Biomasse derzeit kaum unterboten werden. Beispiel: Selbst die technisch ausgereifte Zufeuerung von 5–10 % Biomasse in Braunkohlekraftwerken ist finanziell defizitär. Für das Kraftwerk Schwandorf zum Beispiel kostet derzeit eine Tonne pelletierte Biomasse mindestens 150 DM, eine Tonne tschechische Braunkohle mit demselben Heizwert hingegen 60 DM.
- Die höheren Kosten der Biomasse im Vergleich zu fossilen Energieträgern lassen sich aus folgenden Gründen kaum senken: Die Nutzung pelletierter Biomasse stellt höhere Ansprüche an Brennstofflogistik und Verbrennungstechnik; die Bereitstellung von Biomasse als Nutzenergie (z.B. in Form von Methanol) erfordert einen höheren Arbeitsaufwand und neue kostspielige Investitionen.

Marktanreizprogramme

Wir plädieren vorrangig für eine Investitionsförderung (Anschubfinanzierung). Diese sollte sich an dem zu erwartenden Nutzen-Kosten-Verhältnis orientieren. Dieses wiederum errechnet sich nicht nur betriebswirtschaftlich, sondern auch nach Maßgabe von Ökopunkten.

Eine Dauersubvention (Stromerzeugungsbeihilfe, Wärmeerzeugungsbeihilfe) sollte sich ebenfalls an einem sachkundig aufgestellten Katalog von Ökopunkten orientieren, vor allem an den CO_2-Vermeidungskosten: Mit je weniger Geld eine Tonne CO_2 vermieden werden kann, um so eher lässt sich eine Anschub- oder Dauersubvention vor dem Bürger rechtfertigen. Auch in dieser Hinsicht schneidet die Biomasse gegenüber Photovoltaik oder Windenergie hervorragend ab (s.o).

Abschließende Fragen, statt einer Zusammenfassung

- Ist der Einsatz von Biomasse auf dem Energiemarkt wirtschaftlich?
  Der Einsatz von Biomasse zur Energiegewinnung ist derzeit noch nicht wirtschaftlich, aber eine Preiserhöhung von Heizöl auf mehr als 70 Pfennige pro Liter, z.B. über eine CO_2 Steuer auf fossile Brennstoffe in der Größenordnung von 100 DM/t CO_2, würde zum Beispiel die aus Ganzpflanzen gewonnene Biomasse (Pellets) konkurrenzfähig machen. Dann könnten dem Erzeuger statt bisher unzureichenden 100–120 DM/t die notwendigen 150–190 DM pro Tonne feldtrockener Biomasse (Pellets) bezahlt werden. Auf jeden Fall aber kommen wir der Wirtschaftlichkeit weit näher als die übrigen regenerativen Energien.
- Setzt der verstärkte Einsatz von Biomasse in Heizwerken und in den Anlagen der KWK eine Neuordnung des Wärme- und Strommarktes voraus? Nein! Es handelt sich lediglich darum, in einem gewissen Umfang fossile Energieträger (Kohle, Heizöl, Erdgas) durch regenerierbare Energieträger zu ersetzen. Allerdings werden in der Regel technische Anpassungen bei der Verbrennung notwendig sein, die unter Umständen eine Anschubfinanzierung erforderlich machen. Eine Förderung dezentraler Heiz(kraft)werke ist dabei durchaus erwünscht.
- Die thermische Nutzung der Biomasse läuft also doch auf neue Subventionen hinaus?
  Falsch! Unsere Studien zeigen, dass eine faire Internalisierung der negativen externen Effekte, die bei der Nutzung fossiler Energieträger anfallen, die thermische Nutzung der Biomasse sofort konkurrenzfähig machen würde. Positive externe Effekte der Landwirtschaft sind dabei ebenso wenig berücksichtigt wie entfallende bisherige Agrarsubventionen. Eine vernünftige Förderung der Biomassenutzung wäre somit auch für die Politik, nicht nur für die Ökologie, ein gutes Geschäft.

– Muß man nicht damit rechnen, dass der gezielte Anbau von Energiepflanzen
  auf (vielleicht) 15 % der Ackerflächen die thermische Nutzung von Reststoffen (Stroh, Restholz) behindert?
  Keineswegs! Wir gehen vielmehr davon aus, dass ein stark erhöhtes Angebot
  an Biomasse – vor allem in Form von leicht handhabbarem Schüttgut (Pellets) – entscheidend dazu beitragen wird, die logistischen und technischen
  Probleme zu lösen, die im Moment einer Nutzung besonders von Restholz in
  Heizwerken und in Anlagen der Kraft-Wärme-Koppelung (KWK) entgegen-
  stehen.
– Wird uns die Biomasse von der drohenden Energiekrise befreien?
  Die Nettoprimärproduktion wird uns nicht aus der Bredouille helfen. Dem
  Biologen erscheint die derzeitige Tragekapazität, verglichen mit einer nachhaltigen Tragekapazität, bereits weit überzogen. Man kann die Sachverhalte
  betrachten wie man will, es bleibt bei dem ernüchternden Ergebnis, dass
  die Erde nur deshalb 6 oder 8 Mia Menschen tragen kann, weil uns (noch)
  die fossilen Energieressourcen zu Gebote stehen.
  Natürlich ist dies für den Fachmann keine neue Einsicht, aber angesichts
  einer Energiepolitik, die von Illusionen bestimmt ist, muss auch an das ‚alte
  Wissen‘ erinnert werden.

Literatur

1. H. Flaig, H. Mohr(Hrsg.) „Energie aus Biomasse – Eine Chance für die Landwirtschaft“, Springer-
   Verlag, Heidelberg (1993);
2. H. Flaig, G. Linckh, H. Mohr „Die energetische Nutzung von Biomasse aus der Land- und Forstwirtschaft“, Gutachten der Akademie für Technikfolgenabschätzung, Stuttgart (1994);
3. K. Heinloth „Die Energiefrage – Bedarf und Potentiale, Nutzung, Risiken und Kosten“, Vieweg-Ver-
   lag, Wiesbaden (1997);
4. G. Linckh, H. Sprich, H. Flaig, H. Mohr „Nachhaltige Land- und Forstwirtschaft“, Springer-Verlag,
   Heidelberg (1997);
5. H. Mohr (Hrsg.) „Spannungsfeld Energie – Probleme und Perspektiven“, Rombach-Verlag, Freiburg
   (1995);
6. H. Mohr „Biomasse – Baustein einer CO_2-armen Energieversorgung“. In: Forschungsverbund Sonnenenergie, Jahrestagung 1998, 1–6, Bonn (1998);
7. H. Mohr „Ökosysteme und menschliche Kultur“. In: Informationsschrift ‚Energie und nachhaltige
   Entwicklung‘ des VDI, 160–167 (1999);
8. H. Mohr „Ökosysteme – Kultur – Energie“. In: Siemens Standpunkt 2/2000, 49–54 (2000).

Windenergie

Martin Hoppe-Kilpper

Mein Name ist Martin Hoppe-Kilpper. Ich vertrete das Institut für Solare Energieversorgungstechnik ISET in Kassel. ISET ist ein so genanntes An-Institut, das über eine enge Kooperation mit der Kasseler Universität verbunden ist. Herr Professor Kleinkauf kann heute leider nicht selbst teilnehmen. Er hat mich gebeten, ihn hier zu vertreten.

Erlauben Sie mir eingangs einige eher grundsätzliche Bemerkungen zur Energiedebatte. Warum ist die Gestaltung von wirkungsvoller Energiepolitik, zumal in Deutschland, eigentlich so schwierig? Weshalb ist dies eine Debatte, die auch sehr leidenschaftlich und häufig auch sehr ideologiebehaftet geführt wird? Vielleicht hat das auch damit zu tun, dass die Politik häufig an Maßnahmen interessiert ist, die eher kurzfristig wirken. Das heißt, wir finden häufig ein Denken in Legislaturperioden, und die betragen nun einmal vier Jahre, und das bedeutet, dass sich politische Maßnahmen oft an diesen Zeiträumen orientieren. Das kann dazu führen, dass auffällige, plakative Maßnahmen bevorzugt werden, auch im Bereich der erneuerbaren Energien. Wir finden auch dort Maßnahmen, bei denen man sich durchaus fragen kann, ob die gewünschte langfristige Wirkung tatsächlich erreicht wird.

Ein weiterer Aspekt ist sicherlich der, dass Energiepolitik und damit auch die Klima- und Ressourcenpolitik vorrangig international betrachtet und organisiert werden muss. Nationale oder gar bundeslandbezogene Maßnahmen können durchaus Beiträge leisten und beispielhaft wirken, haben jedoch häufig, bei nüchterner Betrachtung, bezogen auf die globale Wirkung, einen eingeschränkten Wert. Das heißt, internationale Absprachen auf ein gemeinsames Handeln sind sicher wirkungsvoller. Wie schwierig sich dieses jedoch gestaltet, zeigt die aktuelle Diskussion um die USA hinsichtlich des Aussteigens aus den Kyoto Beschlüssen.

Zur Wirtschaftlichkeit oder besser zu dem Aspekt der kostengünstigen und langfristig gesicherten Bereitstellung von Energie möchte ich noch einen weiteren Aspekt in die Diskussion werfen. Es wurde von meinen Vorrednern bereits darauf hingewiesen, dass sich rund 70% der Erdöl- und Erdgasreserven in politisch schwierigen Regionen befinden, um das einmal vorsichtig auszudrücken. Um diese Ressourcen weiterhin nutzen zu können, wird es einer intelligenten und auf Ausgewogenheit ausgerichteten Politik bedürfen, um die Wahrscheinlichkeit von Auseinandersetzungen, auch militärischer Art, zu reduzieren. Insgesamt bleibt hier jedoch festzustellen, dass die Verfügbarkeit dieser Ressourcen nicht nur von der Ergiebigkeit der Quellen abhängt, sondern ganz entscheidend von der politischen Stabilität in den betreffenden Regionen.

Der intensivste Konflikt, und jetzt komme ich zurück zur Energiedebatte in Deutschland, rankt sich jedoch um die weitere Nutzung der Kernenergie. Aus meiner Sicht hat sich gezeigt, dass in industriell hochentwickelten Industrienationen der reine Betrieb von Kernkraftwerken offensichtlich vertretbar ist. Ungelöst bleibt jedoch nach wie vor die Frage der sicheren und dauerhaften Endlagerung des radioaktiven Abfalls, wodurch sich eine langfristige Weiternutzung dieser Technik meines Erachtens verbietet. Noch wichtiger ist jedoch für mich die Frage, ob die Kernenergie entscheidende Beiträge leisten kann zur Befriedigung des weltweiten Energiewachstums, das ja bekannter Maßen nicht in den hochentwickelten Industrienationen stattfindet. Und da habe ich größte Zweifel, ob in Ländern ohne ausreichend entwickelte demokratische Kontrolle Kernkraftwerke betrieben werden sollten. Von den grundsätzlichen Möglichkeiten einer parallelen militärischen Nutzung ganz abgesehen.

Ganz entscheidend, und das ist auch bereits mehrfach angesprochen worden, wird sein, und ich komme jetzt wieder zurück auf die Debatte in Deutschland, dass wir die richtigen Instrumente finden, die die weitere Einführung der Erneuerbaren Energien nachhaltig unterstützen. Die Maßnahmen, die wir im Moment haben, wirken besonders gut hinsichtlich der Anwendung, das heißt, wir haben enorme Zubauraten. Durch die starke Fokussierung auf die Erfolge bei der Markteinführung – gemessen in Installationszahlen – wird jedoch die parallel notwendige Forschung und Entwicklung und die Notwendigkeit zu weiteren Kostensenkungen stark vernachlässigt. Ob das gegenwärtig praktizierte Instrument der Mindestpreise also auch langfristig so weitergeführt werden kann – wenn bereits deutlich höher Anteile Erneuerbarer Energien genutzt werden – wird noch einer intensiven Diskussion bedürfen.

Ich möchte jetzt noch etwas ergänzen zur weiteren Entwicklung des Weltenergieverbrauchs. Dieser Punkt ist heute bereits mehrfach angeklungen. Wenn der Weltenergieverbrauch sich weiter so entwickelt wie bisher, das heißt mit rund drei Prozent Wachstum pro Jahr, dann kommen wir nicht wie die Weltenergiekonferenz 1998 auf 530 bzw. 870 Exa-Joule, sondern auf 1650. Das heißt, auf das Doppelte bzw. annähern Dreifache, und ich denke, wir können auch eine solche Entwicklung nicht ausschließen. Und wenn sich dies tatsächlich so einstellt, werden wir vor sehr viel größere Probleme gestellt als bisher hier und heute diskutiert. Das Energiewachstum fräße, und das ist die Befürchtung, dann vor allem auch Effizienzmaßnahmen und auch den Hinzugewinn durch die Erschließung weiterer Reserven mehr als auf.

Nun zur weiteren Rolle der Windenergie. Es gibt eine Studie zum Offshore Potenzial in Europa, und danach liegt dieses etwa 20 Prozent über dem derzeitigen elektrischen Energieverbrauch der EU. Um diese 2.500 Terrawattstunden pro Jahr zu erzeugen, bedarf es, um einmal eine räumliche Vorstellung zu vermitteln, ungefähr einer Seefläche, die acht bis zehn mal so groß ist wie die Insel

Kreta. Im ersten Moment erscheint dies vielleicht sehr viel, aber das lässt sich in der europäischen See durchaus unterbringen. Niemand würde jedoch ernsthaft auf die Idee kommen, die elektrische Energieversorgung allein auf Windenergie zu stützen, aber wir reden ja jetzt zunächst über technische Potenziale.

Wenn wir über große Beiträge aus Windenergie sprechen, spielt natürlich auch die Frage der Integration in die Versorgungsstrukturen eine ganz wichtige Rolle. Wenn wir die Windparks in Bereiche unterschiedlicher Klimazonen platzieren, das heißt, nicht nur hier in Europa, einer Winterwindregion, sondern zum Beispiel auch in Nordafrika, einer Passatwindregion, dann haben wir durchaus enorme Ausgleichseffekte zu verzeichnen. Das heißt, durch antikorreliertes Wetterverhalten haben wir in Europa im Winter die höchsten Windgeschwindigkeiten und in der Passatwindregion entsprechend im Sommer. Sie finden dazu in unserer schriftlichen Stellungnahme noch weitere Ausführungen.

Zur technologischen Entwicklung im Bereich Windenergie ist festzustellen, dass in den letzten zehn Jahren mehr als eine Verzehnfachung der Anlagenleistung erreicht wurde, also von 150 Kilowatt pro Anlage auf jetzt 1,5 bis 2 Megawatt. Wir haben eine Preisreduktion, ausgedrückt über die Lernkurve, in den letzten zehn Jahren in Deutschland von rund sechs Prozent zu verzeichnen. Das bedeutet, pro Verdoppelungsschritt der kumulativ installierten Leistung hat sich eine Reduktion der Ab-Werk-Preise der Windenergieanlagen von sechs Prozent ergeben. Das ist auch im Vergleich mit anderen Technologien durchaus bemerkenswert.

Mein Vorredner hat bereits über die Integrierbarkeit von dargebotsabhängigen Energien in Versorgungsstrukturen gesprochen. Da sind natürlich wesentlich höhere Durchdringungsraten möglich und auch schon tatsächlich erreicht. In Schleswig-Holstein und in zunehmendem Maße jetzt auch in Niedersachsen haben wir Zeiten, wo 100 Prozent Windenergie im Mittelspannungsnetz ist, das heißt, wir speisen vom Verteilungsnetz zurück ins vorgelagerte Übertragungsnetz. Das sind Momente, wo die komplette regionale Energieversorgung aus Wind bereitgestellt wird. Das spricht selbstverständlich auch für die hohe Qualität der Netze. Um von diesen häufig genannten und aus meiner Sicht viel zu geringen maximalen Durchdringungsraten mal ein bisschen loszukommen, noch ein Beispiel aus dem Bereich der Übertragungsnetze. E-ON Netz Nord hat rund 3,5 Gigawatt Wind im Netz und zu Schwachlastzeiten kann es durchaus Situationen geben, wo bis zu 30 Prozent Wind im Netz gehandhabt werden muss. Und das funktioniert offensichtlich trotzdem. Ein Aspekt ist dabei auch sicherlich die verbesserte Prognostizierbarkeit der Windleistung. Wir sind heute in der Lage, morgens um neun für den darauffolgenden Tag mit einem mittleren Fehler von unter 10 Prozent, die eingespeiste Windleistung zu prognostizieren. Das ist Stand der Technik und wird auch dort angewandt.

Ich komme nunmehr zu meiner Schlussbemerkung. Ich möchte mich nachdrücklich dafür aussprechen, dass wir das, was wir jetzt um die Energiepolitik diskutieren, vorrangig als große Chance begreifen. Als große Chance für unsere Wirtschaft, besonders für den Export in Schwellen- und Entwicklungsländer.

Dort gibt es in Zukunft besonders viel zu tun, für eine angepasster Energietechnik. Nämlich beim Aufbau von Versorgungsstrukturen mit hohem Anteil
erneuerbarer Energie. Vielen Dank für Ihre Aufmerksamkeit.

Wasserstoff – Kraftstoff der Zukunft

Juliane Wolf und Christoph Huß

Es geht um einen alten Traum: Fahren mit einem Kraftstoff aus Wasser. Keine Abgase, keine Umweltverschmutzung, genügend Energie für immer und ewig. Dieser alte Traum gewann seit 1992 überraschend an Aktualität: Seit der Rio-Konferenz mit ihrer Verpflichtung zu nachhaltigem Handeln ist Wasserstoff als Kraftstoff der Zukunft intensiv ins Gespräch gekommen.

Kraftstoff für Autos muss nicht zwingend Benzin oder Diesel sein

Benzin und Diesel haben in den über 100 Jahren der energetischen Nutzung von Erdöl weltweit unangefochten die Führungsrolle im Verkehr erlangt. Nahezu überall auf der Welt kann sie der Autofahrer bekommen, und so hat sich die Vorstellung eingebürgert, dass Autos grundsätzlich diese Kraftstoffe benötigen.

Erst in jüngerer Zeit hat ein Umdenken begonnen. Die zunehmende wirtschaftliche Abhängigkeit vieler Staaten von der geologischen und politischen Verfügbarkeit der Ölvorkommen sowie die mit der Verbrennung fossiler Energieträger verbundene Umweltbelastung haben die Nachteile dieser Kraftstoffe ins Bewusstsein einer breiten Öffentlichkeit gehoben. Damit begann für den Straßenverkehr die Suche nach Alternativen, die unter Einbeziehung der Kriterien Ökonomie, Ökologie und Verfügbarkeit als Kraftstoffe geeignet sind.

Während früher die Luftqualitätsprobleme durch Abgasemissionen im Vordergrund standen, rückt seit der 1. Konferenz für Entwicklung und Umwelt in Rio de Janeiro 1992 das Thema „Klimawandel" in den Vordergrund. Gleichzeitig hat der plötzliche Anstieg der Kraftstoffpreise im Zeitraum von 1998 bis 2000 in vielen Industrienationen das Bewusstsein geschärft, wie hoch die Abhängigkeit des gesamten Verkehrssektors und damit der Gesamtwirtschaft vom Erdöl ist.

Vor diesem Hintergrund stellt sich nun die Frage, ob es eine bezahlbare, regenerative Energie-Alternative gibt. Eine Shell-Studie [1] hat in Szenarioform den stark wachsenden Energiebedarf und die zu erwartende Lücke zwischen den bisher verfügbaren Energiequellen und dem weiter steigenden Bedarf dargestellt. Sie zeigt, dass in nicht allzu ferner Zukunft bereits ein großer Anteil der Energieversorgung aus regenerativer Energie stammen sollte, um die Bedarfslücke zu schließen. Auch für den Einsatz im Straßenverkehr gilt es daher, die

Suche nach einem neuen Kraftstoff, der einmal Benzin und Diesel ersetzen kann, zu forcieren.

Anforderungen an einen Kraftstoff im Straßenverkehr

Alternativen für die Zukunft müssen sich an dem heute üblichen Kraftstoff messen lassen: Benzin und Diesel sind weltweit etabliert und damit praktisch überall verfügbar. In der nun rund 100-jährigen Nutzungszeit hat sich der Umgang mit Fahrzeugen und Kraftstoffen im Alltag eingespielt. Durch ständige Optimierung sind viele der aufgetretenen Probleme gelöst worden. Vor allen Dingen spricht aber die hohe Energiespeicherdichte der Kohlenwasserstoffe für Benzin und Diesel.

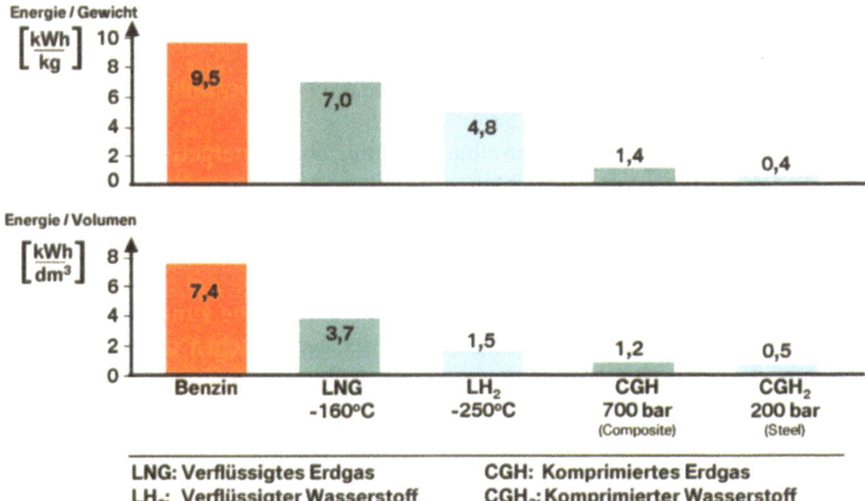

Abb. 1 Energiedichte von potenziellen Kraftstoffen in derzeitigen Tanksystemen: Oben die Energie pro Masse, unten die Energie pro Volumen. In beiden Fällen schneidet Benzin am besten ab

Diese Maßzahl ist für den Verbraucher von zentraler Bedeutung, da sie entscheidend ist für die Reichweite eines Fahrzeuges mit einer einzigen Tankfüllung. Je höher die Speicherdichte, desto größer ist die Reichweite.

Der Neuaufbau einer Infrastruktur für einen neuen Kraftstoff wird immense Kosten verursachen. Damit dieser Aufwand sich lohnt, muss ein Kraftstoff neben der Grundforderung nach möglichst hoher Energiespeicherdichte weitere wichtige Kriterien erfüllen:

Er muss

- in ausreichender Menge herstellbar sein,
- zu wirtschaftlich annehmbaren Kosten global zur Verfügung stehen,
- signifikante Vorteile bezüglich der Umweltverträglichkeit aufweisen.

Die Abgassituation

Der heute erreichte Standard der Abgasreinigung bei Ottomotoren ist sehr hoch. Durch Optimierung der Verbrennung im Motor und aufwändiger Abgasnachbehandlung sind die klassischen Abgasemissionen Kohlenmonoxid (CO), Kohlenwasserstoffe (HC) und Stickstoffoxide (NO_X) sowie Partikel in den letzten 20 Jahren deutlich abgesenkt worden [2]. Ein weiterer entscheidender Beitrag zur Verringerung der Emissionen war der Aufbau einer flächendeckenden Infrastruktur für bleifreies Benzin in ganz Europa im Zeitraum 1985 bis 1992 als Voraussetzung für den Betrieb von Katalysatorautos.

In den Industrienationen ist nach Abarbeitung dieser Probleme der „Treibhauseffekt" auf der Prioritätenskala an erste Stelle gerückt. Es ist anzunehmen, dass die Menschen auf das in den Verfassungen garantierte Grundrecht der „Freizügigkeit" auch in Zukunft nicht verzichten wollen. Daher stellt sich die Frage, wie bei steigender Fahrleistung, d.h. zunehmender Mobilitätsnachfrage, die dadurch erzeugten Kohlendioxyid-CO_2-Emission langfristig verringert werden können. In der Vergangenheit war in den Industrienationen eine Verknüpfung von Wirtschafts- und Verkehrsleistung zu beobachten. Radikale Ansätze der „Verkehrsdrosselung" sind deshalb problematisch [3].

Um die CO_2-Emissionen zu reduzieren, gibt es sinnvollerweise nur die folgenden beiden Möglichkeiten:
- eine weitere Effizienzsteigerung bei der Nutzung konventioneller, d. h. im wesentlichen fossiler Energieträger,
- den Umstieg auf kohlenstoffärmere Energieträger.

Weitere Verminderung der Emissionen

Hierbei muss man beachten, dass der Straßenverkehr nur einen Teil der vom Menschen verursachten (anthropogenen) CO_2-Emissionen verursacht, nämlich nur einen Anteil von 13 Prozent, in dem auch der öffentliche Pkw-Verkehr – wie etwa Busse und Taxis – berücksichtigt ist. Weit mehr Kohlendioxid als der Verkehr erzeugen in den Industriestaaten Haushalte, Industrie sowie fossile Kraftwerke. Aus diesem Grund würde sich selbst eine drastische Reduzierung des CO_2-Ausstoßes im Verkehr (egal, durch welche Maßnahmen) nur mit rund zwei Prozentpunkten auf die Gesamtemission auswirken. Trotzdem bleibt der Verkehrsbereich ein wichtiger Sektor, auf dem seit Jahren intensive Bemühungen im Gange sind, um die Emissionen zu senken.

So hatten sich als Reaktion auf die erste Ölpreiskrise die deutschen Pkw-Hersteller bereits in den siebziger Jahren zur Senkung des Kraftstoffverbrauchs verpflichtet. Maßstab war dabei der so genannte „Flottenverbrauch", der verkaufsgewichtete Durchschnittsverbrauch aller neu zugelassenen Fahrzeuge. Gemessen wurde der Verbrauch in dem zu dieser Zeit gültigen DIN 1/3-Mix.

In der ersten Zusage (1978 bis 1985) wurde eine Reduzierung von 15 % zugesichert, die mit etwa 18 % sogar übererfüllt wurde. Mitte der achtziger Jahre verlor das Thema Kraftstoffverbrauch an Bedeutung, da die Fortschritte in der Ölförderungstechnologie die Gewinnung des Nordseeöls ermöglichten und damit die Abhängigkeit von der OPEC deutlich reduzierten. Dafür rückte die Reduzierung der toxischen Komponenten im Abgas von Pkw an die erste Stelle.

Die Einführung des Katalysators bedeutete allerdings wieder einen Anstieg des durchschnittlichen Kraftstoffverbrauchs. Gründe dafür waren technische Umstellungen, die erst die Voraussetzung bilden, dass ein Katalysator sinnvoll arbeiten kann, sowie die Gewichtszunahme durch den Katalysator und weitere Komponenten für Sicherheit und Komfort. Einige Jahre intensiver Entwicklungsarbeit waren nötig, um durch eine Reihe verbrauchssenkender Maßnahmen diesen Einfluss wieder zu kompensieren.

Die zweite, aktuelle Zusage der deutschen Automobilindustrie umfasst den Zeitraum von 1990 bis 2005 und sichert die Senkung des Verbrauchs um 25 % zu. Auch hier ist mit einer Erfüllung der Zusage zu rechnen.

Über diesen Zeitraum hinaus reicht eine CO_2-Prognose, die vom Institut für Energie- und Umweltforschung (ifeu) für den Zeitraum bis 2020 erstellt wurde [2]. Dabei wurden die Auswirkungen der heute schon eingeführten bzw. absehbaren Entwicklungen in Neufahrzeugen zu Grunde gelegt. Auch hier zeigt sich, dass zwischen der Einführung verbrauchssenkender Maßnahmen und der Auswirkung auf die Gesamtemissionen stets eine gewisse Zeitspanne verstreicht. Der Grund hierfür sind die großen Zeitkonstanten, mit welcher die Veränderungsprozesse im Fahrzeugbestand ablaufen. Dieser wird etwa im Zeitraum von 10 bis 15 Jahren durch Neufahrzeuge ersetzt. Daher sind ebenso lange Zeitspannen für die flächendeckenden Auswirkungen der bereits eingeleiteten technischen Lösungen anzusetzen.

Alternativen zu Erdölprodukten

Betrachtet man die Kraftstoffalternativen für den Pkw, kommt man schnell zu der Erkenntnis, dass die „Entkarbonisierung" des Kraftstoffes der Schlüssel zur langfristigen und dauerhaften Senkung der CO_2-Emissionen ist. Je weniger Kohlenstoff ein Kraftstoff enthält, desto geringer sind die Anteile an CO_2-Emissionen bei der Verbrennung bezogen auf die gleiche Energiemenge. Eine weitere Reduzierung der anderen limitierten Abgaskomponenten fällt als angenehmer Nebeneffekt mit ab. Nach diesem Kriterium sind Wasserstoff oder Strom ideale Energieträger, da sie keinen Kohlenstoff enthalten. Da aber Strom entweder zentral oder im Fahrzeug aus anderen Energieträgern erst erzeugt werden muss, wird er hier nicht als eigenständiger „Kraftstoff" behandelt, sondern fällt je nach Erzeugung unter die folgenden Kraftstoff-Alternative.

Werden alternative Kraftstoffe aus fossilen Ausgangsprodukten hergestellt, fallen zwar nicht beim Fahrbetrieb, aber bei der Produktion der Kraftstoffe

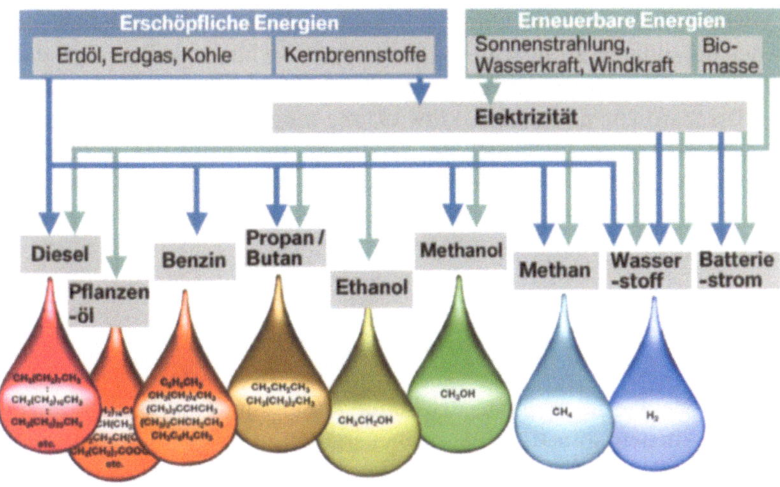

Abb. 2 Mögliche alternative Kraftstoffe für den Antrieb von Automobilen

CO2-Emissionen an. Damit also nicht nur eine Verschiebung der Emissionen aus der Kraftstoffnutzungs- in die Kraftstoffherstellungsphase stattfindet, muss man eine Betrachtung „well to wheel" („Quelle bis Rad") vornehmen, um die tatsächlichen CO_2-Minderungspotenziale zu bewerten. Abbildung 3 zeigt die kilometerbezogenen CO_2-Emissionen für ein von der Projektgruppe „Verkehrswirtschaftliche Energiestrategie" (VES) definiertes Referenzfahrzeug [4]. Der Wasserstoff weist in der Gesamtbetrachtung nur dann eine CO_2-Reduzierung im Vergleich zu Benzin auf, wenn er mit Hilfe regenerativer Energien erzeugt wird.

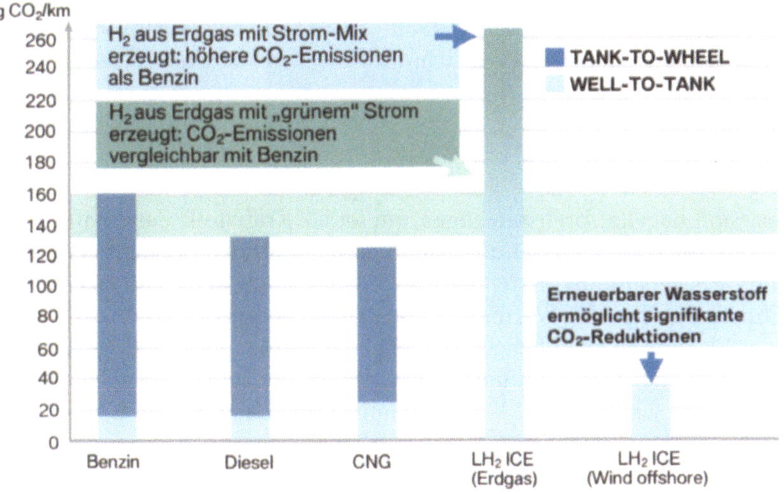

Abb. 3 CO2-Emissionen des VES-Referenzfahrzeugs

Für eine nachhaltige Entwicklung ist neben den Emissionen auch die Begrenztheit der Ressourcen zu beachten. Das Prinzip Nachhaltigkeit besagt, dass die Quellen und Ressourcen der Natur derart vom Menschen genutzt werden, dass eine wirtschaftliche und soziale Entwicklung möglich ist, ohne die Ressourcen auszubeuten und die Umwelt zu zerstören. Beispielsweise garantiert die Biomasse-Nutzung im Sinne der Nachhaltigkeit nur dann der nächsten Generation die gleiche Ressourcenverfügbarkeit, wenn der Verbrauch die nachwachsende Menge nicht übersteigt.

Die Sonne als nachhaltige Energiequelle

Da so gut wie alle Energie von der Sonne kommt, ist es sicherlich unter dem Aspekt der Effizienz günstig, die Sonnenenergie zumindest in den sonnenreichen Ländern direkt zu nutzen. Sie steht dort fast täglich in vollem Umfang zur Verfügung. Außerdem sind für solarthermische Kraftwerke die für andere Zwecke kaum nutzbaren Wüstengebiete aus energietechnischer Sicht der ideale Standort.

Auch in den sonnenreichsten Regionen der Erde scheint die Sonne nicht bei Nacht. Gerade nachts aber benötigen die Menschen Energie besonders dringend: als Wärme zum Heizen und als Strom für die Beleuchtung. Um diesen grundsätzlichen Nachteil der Sonnenenergie zu beseitigen, benutzt man Energiespeicher. Wärme und Elektrizität lassen sich aber nur unter großem Aufwand speichern. Das gilt auch für Fahrzeuge. Mobilität mit erneuerbaren Energien ist nur möglich, wenn man Energie speichern kann.

Wasserstoff bietet hier einen umweltfreundlichen Ausweg: Er kann als Zwischenspeicher die natürlichen Schwankungen bei der Erzeugung von Solarstrom ausgleichen, ebenso wie die regionalen Unterschiede in der Solareinstrahlung. Und er ist geeignet für mobile Anwendungen. So kann beispielsweise per Elektrolyse mit dem Stromüberschuss in Schwachlastzeiten Wasserstoff erzeugt werden.

Die Vorteile von Wasserstoff als Energiespeicher

Wasserstoff hat alle Voraussetzungen, um fossile Kraftstoffe dauerhaft und ökologisch sinnvoll zu ersetzen und könnte somit der ideale Energieträger für unser zukünftiges Versorgungssystem sein. Er hat eine ganze Reihe von Eigenschaften, die ihn als Speicher für Wärme und Elektrizität geeignet machen. Als Bestandteil des Wassers ist er in beliebiger Menge vorhanden, in vielfältiger Form Teil des biologischen Kreislaufs und damit umweltverträglich. Bei seiner Verbrennung entsteht wieder reines Wasser; damit trägt Wasserstoff – da er kein Kohlendioxid erzeugt – nicht zum Treibhauseffekt bei.

Da das Gas mittels regenerativer Energiequellen und über unterschiedliche Pfade, wie z.B. die Elektrolyse oder die chemische Herstellung aus Erdgas und

Wasserdampf, großtechnisch erzeugt werden kann, weist es unter den alternativen Kraftstoffen das höchste Potenzial auf. Abbildung 4 zeigt das technische Potenzial aller erneuerbarer Energiequellen in Europa und die damit theoretisch mögliche Kraftstoffproduktion für Wasserstoff und für synthetisches Benzin oder Diesel („synfuels") [4, 6]. Der aus den regenerativen technischen Potenzialen erzeugte Wasserstoff kann theoretisch den gesamten europäischen Energiebedarf im Verkehrssektor decken, das aus Biomasse produzierte Synfuel nur maximal 20%.

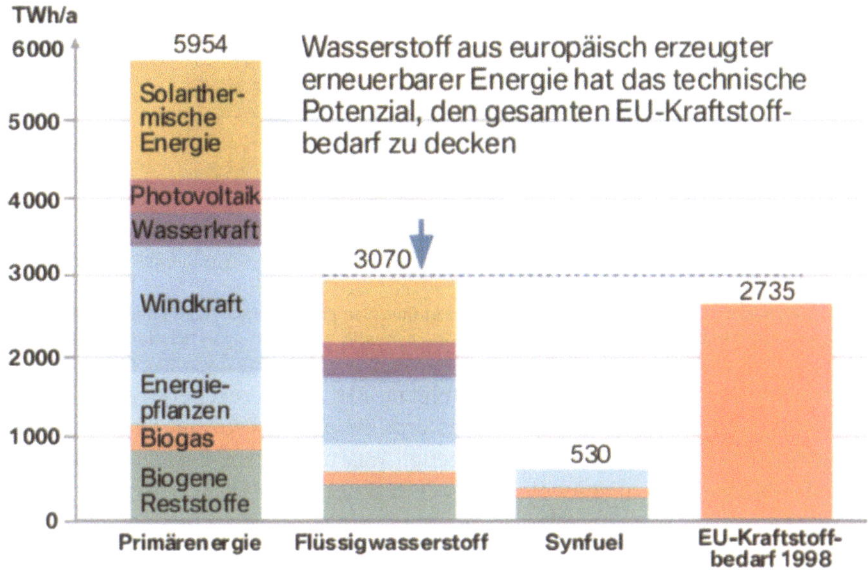

Abb. 4 Technisches Potenzial regenerativer Energiequellen in der EU

Mit Hilfe regenerativer Energie gewonnener Wasserstoff transformiert die bisherige Ressourcen-Verbrauchswirtschaft in eine Ressourcen-Gebrauchswirtschaft. Im Kreislauf Wasser zu Wasserstoff zu Wasser wird regenerative Energie in elektrischen Strom konvertiert, mit dem dann an beliebigen Orten Wasserstoff erzeugt werden kann. Bei der Nutzung im Fahrzeug wird der Wasserstoff wieder zu Wasser umgewandelt und in die Atmosphäre zurückgegeben, wie Abbildung 5 zeigt. Das sichert – ohne nachteilige Folgen für den Klimahaushalt – die arbeitsteilige, auf Mobilität angewiesene Wirtschaft ebenso wie die individuelle Mobilität. Regenerativ erzeugter Wasserstoff ist daher ein wichtiger Beitrag zur nachhaltigen Mobilität (sustainable mobility).

Für die mobile Nutzung im Pkw muss sowohl eine akzeptable Tankstelleninfrastruktur für Wasserstoff als auch ein differenziertes Angebot an Fahrzeugen am Markt geschaffen werden. Beides benötigt mehrere Jahrzehnte Zeit. Parallel dazu hat die Umstellung der Wasserstoffproduktion von fossilen auf

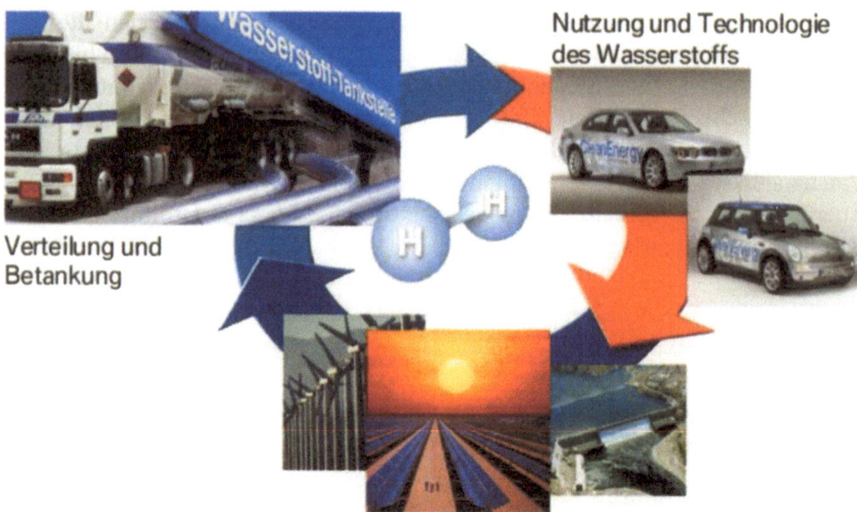

Abb. 5 Mobilität mit Wasserstoff: Mit erneuerbaren Energien gewinnt man Wasserstoff aus Wasser. Dieser wird bei der Nutzung im Fahrzeug wieder in Wasser umgesetzt – ein perfekter Kreislauf.

regenerative Produktionspfade zu erfolgen. Der Anteil regenerativ gewonnenen Wasserstoffs liegt heute allerdings erst bei einem Prozent. Überwiegend wird Wasserstoff noch aus Erdgas erzeugt, was unter dem Gesichtspunkt der CO_2-Problematik nicht sinnvoll ist [5].

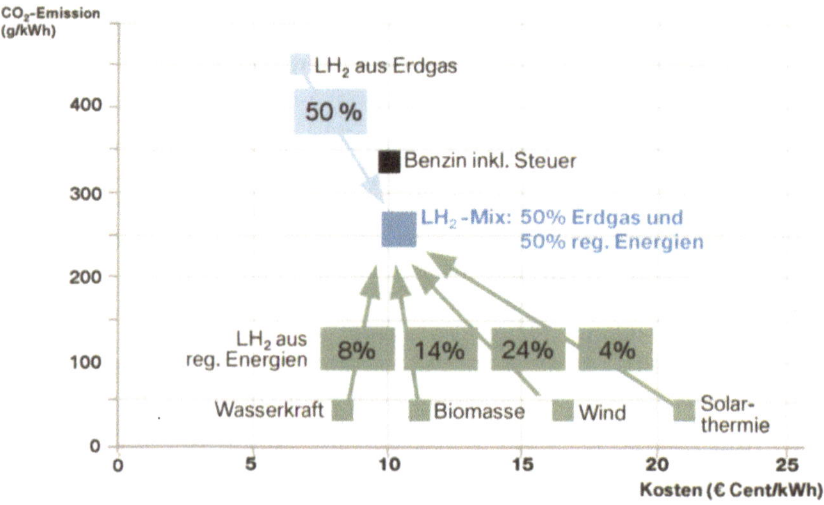

Abb. 6 Kosten und CO2-Emissionen für flüssigen Wasserstoff bei unterschiedlichen Erzeugungsarten [12]

Die langfristige Perspektive für Wasserstoff als künftigen Kraftstoff im Verkehr basiert auf dem Einsatz von regenerativen Energien. Ein Vergleich mit heutigen Kraftstoffen zeigt jedoch, dass nur aus Erdgas hergestellter Wasserstoff ohne Steuern günstiger als versteuertes Benzin an der Tankstelle bereitgestellt werden kann. Es ist offensichtlich, dass eine Stoffumwandlung (Elektrolyse) mit anschließender Änderung des Aggregatszustandes (Verflüssigung) mit höheren Verlusten und Kosten behaftet sein muss, als eine bloße Veredelung (Raffinierung von Benzin aus Rohöl).

Nutzt man Biomasse oder Windenergie als Primärenergie, wird der Benzin-Tankstellenpreis von rund 11 Euro cent/kWh (mit Steuern) um rund 30 – 50% überschritten, Solarwasserstoff beispielsweise aus dem Sonnengürtel der Erde würde (ohne Steuern) über 20 Euro cent/kWh an einer deutschen Tankstelle kosten [6].

Neben der teuren regenerativen Primärenergie ist der Aufbau einer flächendeckenden Infrastruktur mit Produktion und Verteilung des Wasserstoffes sowie Tankstelle ein weiteres Handicap von Wasserstoff im Vergleich zu Benzin und Diesel, für die in Deutschland zur Zeit rund 16.400 Tankstellen existieren. Selbst eine Basisinfrastruktur, die mit 2.000 Tankstellen rund 2,5 % des deutschen Kraftstoffabsatzes substituieren würde, kostet im günstigsten Szenario 10 Mrd. Euro. In diesem Szenario wird für die Wasserstoffherstellung 50 % Erdgas und 50 % Windenergie zugrunde gelegt. [4].

Wasserstoff aus erneuerbaren Energieträgern ist unter den derzeitigen Rahmenbedingungen noch nicht wettbewerbsfähig. Trotzdem kann das Thema „Wasserstoff als Kraftstoff" nicht bis 2030 verschoben werden, wie in einigen Pressemeldungen kürzlich dargestellt wurde. Es sind heute Forschung und Entwicklung notwendig, um Wirkungsgrade und Kostenstrukturen der Prozesse zu verbessern. Diese müssen Aufgabe weiterer gemeinsamer Anstrengungen sein.

Einsatz von Wasserstoff im Pkw

Jede Energie hat ihre Vorzüge. Feste Brennstoffe wie Kohle lassen sich vorzüglich lagern und stapeln (Briketts), flüssige wie Benzin schnell und einfach in Behälter füllen, gasförmige lassen sich am besten verbrennen. Allerdings stellen gasförmige Kraftstoffe zunächst ein Speicherproblem dar. Denn drucklos und bei Raumtemperatur ist die Energiespeicherdichte, d. h. die Energie pro Volumen, viel zu niedrig, um damit akzeptable Reichweiten zu erzielen. Grundsätzlich bieten sich deshalb zwei Wege an, um die Energiespeicherdichte zu erhöhen:
- Kompression des Gases, d. h. Erhöhung des Druckes
- Verflüssigung des Gases bei niedrigen Temperaturen
Aber selbst bei Verflüssigung bei minus 253 Grad Celsius erreicht die Energiespeicherdichte von Wasserstoff volumetrisch nur ein Viertel von Benzin. Um in

die Größenordnung herkömmlicher Reichweiten für Pkw zu gelangen, sind deshalb größere Tanks erforderlich.

Deshalb war gerade die Entwicklung von leistungsfähigen Tanksystemen eine Grundvoraussetzung für die Nutzung von Wasserstoff als Kraftstoff. Es galt zunächst, Betankungsverluste an der Tankstelle zu reduzieren und mit Superisolation die Standzeit der Kryo-Speicher zu erhöhen. Gleichzeitig musste man das benötigte Tankvolumen im Fahrzeug reduzieren [7].

Parallel dazu erfolgten aufwändige Sicherheitstests, um das Verhalten tiefkalten Wasserstoffs im Kryo-Behälter im Fehlerfall bzw. bei Unfällen zu untersuchen [8], [9], [10]. Dabei stellte sich heraus, dass konstruktionsbedingt die Kryo-Technologie Sicherheitsvorteile bietet, die in einigen Situationen das Gefahrenpotenzial im Vergleich zu Benzin sogar senkt. Dazu gehören:

- die Isolationswirkung des Behälters gegenüber Feuer von außen,
- die doppelwandigen Behälter mit zusätzlichem Schutz im Crash-Fall,
- die hohe Flüchtigkeit von Wasserstoff, die im Freien durch Verdünnung mit Umgebungsluft schnell eine zündfähige Gemischbildung unterbindet,
- die systembedingt notwendige Dichtigkeit von Gassystemen.

Mit umfangreichen Tests wurde nachgewiesen, dass die Tanks den Sicherheitsanforderungen genügen.

Die Abbildung 7 zeigt schematisch Aufbau und Funktionsprinzip eines Kryo-Tanks, wie er in aktuellen Wasserstofffahrzeugen verwendet wird. Um den Wasserstoff ohne zusätzliche Kraftstoffpumpe zum Motor zu fördern, wird mit einem leichten Überdruck im Behälter gearbeitet.

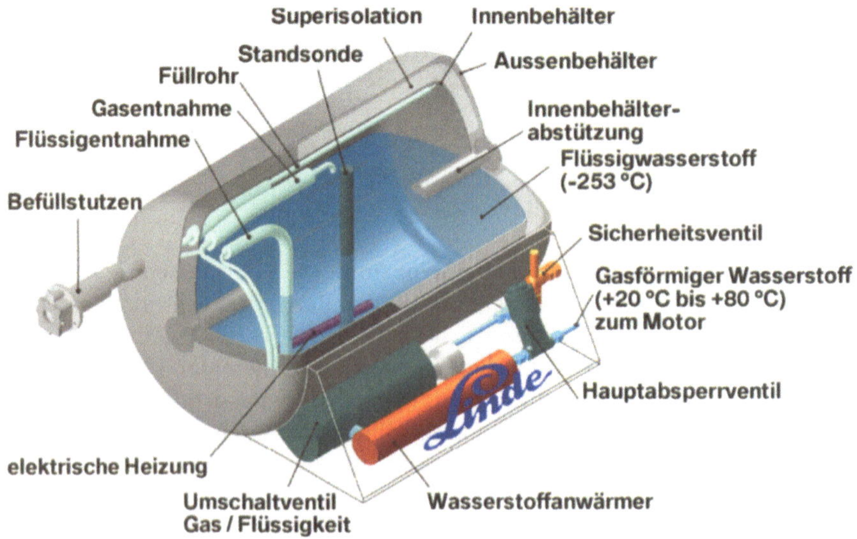

Abb. 7 Aufbau eines Kryo-Tanks für flüssigen Wasserstoff in einem Fahrzeug

Auch die beste Isolierung kann nicht verhindern, dass durch den „boil off"-Effekt Wasserstoff entweicht, wenn das Fahrzeug über längere Zeit nicht benutzt wird. Eine Weiterentwicklung der Firma Linde sorgt dafür, dass die Zeitspanne des Fahrzeugstillstands bis zum Beginn des „boil off" von derzeit drei Tagen auf künftig zwei Wochen verlängert wird [11]. Die wesentliche Neuerung besteht in der Kühlung der Isolationsschicht durch verflüssigte Luft. Im Fahrzeugbetrieb wird der dem Tank entnommene tiefkalte Wasserstoff über einen zusätzlichen Wärmetauscher geführt und damit getrocknete Luft verflüssigt, die in ein Röhrensystem zwischen Innen- und Außenbehälter gespeist wird. So wird der Temperaturgradient zwischen dem gespeicherten Wasserstoff und der Innenhülle abgesenkt und der Wärmeeintrag in den Tank verringert. Dieser Effekt kann in der Stillstandsphase so lange genutzt werden, bis sämtliche in der Isolierung gespeicherte Luft verdampft ist.

Um möglichst viel Wasserstoffmasse speichern zu können, empfiehlt es sich, den Arbeitsdruck im Tank so klein wie möglich zu halten. Wenn man anstelle von Flüssigwasserstoff (Liquid Hydrogen LH_2) Druckwasserstoff (Compressed Gaseous Hydrogen CGH_2) mit extrem hohen Drücken bis 700 bar verwendet, sinkt die Energiespeicherdichte gegenüber dem theoretisch maximalen Wert um fast 40 % ab, vergleiche Abbildung 8.

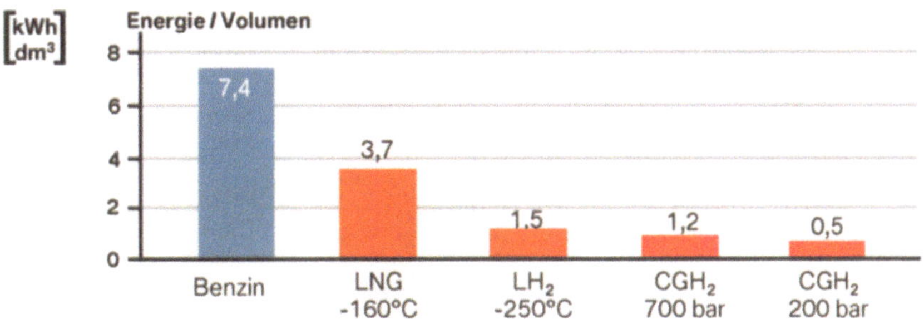

Abb. 8 Vergleich der Energiespeicherdichten von LH2 und CGH2 bei verschiedenen Druckstufen

Wasserstoffinfrastruktur: Herstellung, Verteilung und Betankung

Wasserstoff wird bereits heute in der enormen Menge von rund 500 Milliarden Kubikmeter weltweit jährlich erzeugt. Hauptnutzer sind die chemische Industrie, die den Wasserstoff zur Erzeugung von organischen Düngemitteln, Farbstoffen, Kunststoffen und Lösemitteln nutzt und die Mineralölindustrie, die den Wasserstoff zur Verbesserung der heutigen Kraftstoffe verwendet. Lediglich ein Drittel des erzeugten Wasserstoffs wird für die Prozesswärmeerzeugung genutzt. Die Wasserstoffwirtschaft steht mithin erst am Beginn ihrer globalen Entwicklung.

Wasserstoffspeicherung und Wasserstofftransport werden bereits großtechnisch beherrscht. Ins On-site-Geschäft fließen ca. 70 – 75% des erzeugten Wasserstoffs, der Rest wird über so genannte Trailer und Wasserstoff-Tank-Lkw verteilt. Pipelines – weltweit an die 1000 Kilometer – verlaufen heute schon zwischen Industrieanlagen.

Die Verteilung von Wasserstoff über Tankstellen erfordert eine neuartige manuelle oder automatisierte Betankungstechnik. Die weltweit erste öffentliche Tankstelle dieser Art am Flughafen München hat ihren Praxistest mittlerweile erfolgreich bestanden. Dort tanken Busse seit 1999 komprimierten gasförmigen und Pkw verflüssigten kryogenen Wasserstoff. Der Aufbau eines flächendeckenden Tankstellennetzes sowie der Produktionsanlagen für Wasserstoff aus erneuerbaren Energien braucht jedoch den öffentlichen Konsens sowie ein gesellschaftlich tragfähiges Finanzierungsmodell unter Beteiligung von Wirtschaft, Privatanlegern und Politik.

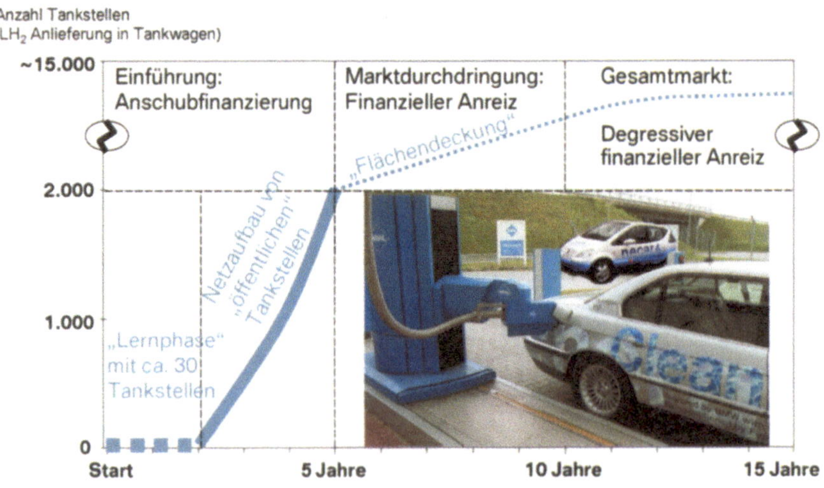

Abbi, 9 Aufbau eines flächendeckenden Wasserstoff-Tankstellennetzes. Hypothetische Anlaufkurve.
(Quelle: VES)

Entwicklungsschritte in der Fahrzeugtechnik

Es gibt mehrere Möglichkeiten, wie man mit Wasserstoff Fahrzeuge antreiben kann: Man kann ihn direkt als Kraftstoff im altbewährten Verbrennungsmotor einsetzen, oder man kann mit ihm in einer Brennstoffzelle Strom gewinnen und damit ein Elektroauto bewegen. Brennstoffzellen erzeugen Strom und Wärme direkt, indem sie Wasserstoff und Sauerstoff in Wasser umsetzen. Dabei sind sie umweltfreundlich und sehr effizient.

Jede Brennstoffzelle besteht im Prinzip aus zwei Elektroden, die durch eine Membran voneinander getrennt sind. Ein Katalysator trennt an der einen Elektrode Wasserstoffmoleküle in positiv geladene Protonen und negativ geladene Elektronen auf. Die Protonen durchqueren die Membran und wandern zum anderen Pol, wo sie mit Sauerstoff und Elektronen reagieren und Wasser erzeugen. Inzwischen laufen die Elektronen, die die Membran nicht durchdringen können, „außen herum" durch den Draht und erzeugen so elektrischen Strom. Meist fasst man mehrere Brennstoffzellen zu einem so genannten stack oder Stapel zusammen.

Eine ganze Reihe von Automobilherstellern beschäftigt sich seit einigen Jahren mit dem Einsatz von Brennstoffzellen als Antrieb für Fahrzeuge. Die bereits erzielten Fortschritte sind beachtlich, dennoch ist bis zum praktischen Einsatz und zur Serienreife immer noch erheblicher Entwicklungbedarf nötig.

Die BMW Group in München hat es sich zum Ziel gesetzt, den Anschub für eine Wasserstoffwirtschaft so schnell wie möglich in Gang zu bringen und setzt deshalb auf den bewährten Verbrennungsmotor als Antriebsaggregat. Gleichzeitig benutzt dieses Konzept die Brennstoffzelle parallel dazu als Stromlieferant im Automobil. Sie dient zur permanenten Bordstromversorgung, d.h. sie stellt unabhängig vom Motorbetrieb elektrische Energie bereit. Durch den großen Strombedarf im Bordnetz wird dem bisher üblichen Bleiakkumulator schon jetzt eine (zu) hohe Leistung abverlangt, zukünftige Leistungssteigerungen sind mit dieser Technologie kaum noch realisierbar.

Im Jahr 2000 wurde mit dem BMW 750hL eine seriennahe Flotte von 15 fahrbereiten Pkw weltweit vorgestellt. Alle Fahrzeuge sind mit einem Wasserstoff-Kryotank ausgerüstet und für bivalenten Betrieb ausgelegt, d.h. können sowohl mit Wasserstoff als auch mit Benzin betrieben werden. Sie verfügen über Zwölf-Zylinder-Motoren mit 5,4 Liter Hubraum, der Wasserstofftank fasst 140 Liter flüssigen Wasserstoff, was einer Reichweite von 300 bis 350 Kilometern entspricht.

Zusammenarbeit auf allen Ebenen

Der Vorbereitung einer Wasserstoff-Infrastruktur dient ein anderer Zusammenschluss, die „Verkehrswirtschaftliche Energiestrategie" (VES), die auf eine Initiative von BMW und DaimlerChrysler zurückgeht. Führende Unternehmen schlossen sich ihr an: die Energieversorger Aral, Shell, BP, Total, Fina, Elf und RWE sowie Fahrzeugproduzenten wie Volkswagen, Opel und MAN. In einer öffentlich-privaten Partnerschaft sitzen hier erstmals Fahrzeughersteller und Kraftstoffanbieter zusammen mit der Politik an einem Tisch. Die deutsche Bundesregierung unterstützt und moderiert die Arbeit dieser Gruppe, deren

Ziel ein flächendeckendes Versorgungsnetzwerk für die neue umweltfreundliche Energie ist [12]. Denn ohne zuverlässige und dichtmaschige Infrastruktur ist an eine flächendeckende Einführung von Wasserstoff-Fahrzeugen nicht zu denken.

In einem ersten Schritt hat sich die VES inzwischen auf Wasserstoff als den potentialträchtigsten unter allen denkbaren künftigen Kraftstoffen geeinigt. An einer gemeinsamen Einführungsstrategie für Wasserstoff und einem konkreten Zeitplan arbeiten die VES-Mitglieder derzeit. Man untersucht, wie innerhalb von zehn Jahren der Anteil an Wasserstoff am Kraftstoffmarkt von 2,5 auf 15 % erhöht werden könnte (siehe auch Abbildung 9). Die ersten Demonstrationsprojekte laufen bereits an. Mittlerweile sind weitere Unternehmen der Initiative als Partner beigetreten.

Aber der Durchbruch für die neue Energie muss auf europäischer Ebene kommen. Neun Partner finden sich deshalb seit 1998 regelmäßig im European Integrated Hydrogen Project (EIHP) zusammen und arbeiteten an einer Doppelstrategie: Top-down, um den gesetzlichen Rahmen schaffen zu helfen, und Bottom-up, um die nötige Technik bereitzustellen. Zudem erfordert der gesetzliche Rahmen zur Zulassung von Wasserstoff-Fahrzeugen erhebliche Anpassungen.

So gelten für die Nutzung von Wasserstoff-Fahrzeugen bis auf weiteres u. a. die vielfach überkommenen länderspezifischen Vorschriften für „Gas-Fahrzeuge“, die teilweise nicht einmal nach der sicherheitstechnisch wichtigsten Eigenschaft von Gasen, leichter oder schwerer als Luft, differenzieren. Wasserstoff ist 15-mal leichter als Luft und sammelt sich daher nicht am Boden, im Unterschied zu LPG (Propan-/Butangasgemisch, auch unter der irreführenden Bezeichnung „Autogas“ geführt).

An einer europaweiten Harmonisierung der Vorschriften haben die Automobil- und die Energiewirtschaft großes Interesse. BMW hat mit seinen Partnern das Projekt EIHP mit angestoßen; die Arbeit ist aber noch längst nicht abgeschlossen. Bis zu einem EU-weit passenden gesetzlichen Rahmen dürften noch Jahre vergehen.

Das erste Ziel: ein Kraftstoffkonsens

Der Umbau der Energieversorgung kann nur dann zielgerichtet erfolgen, wenn die Verantwortlichen aus Kraftstoffindustrie, Fahrzeugindustrie und Politik an einem Strang ziehen: Dazu ist ein Konsens über den zukünftigen Energieträger erforderlich. Zwar deuten die vielfältigen weltweiten Programme und Aktivitäten stark in Richtung Wasserstoff als Energieträger und Wind-, Wasser- und Solarenergie als die dafür notwendigen großtechnisch realisierbaren Energiequellen [13]. Aber den eigentlichen Durchbruch werden neue Energieträger nur in einer konzertierten Aktion schaffen können, wenn dem interessierten Kunden ein attraktives Angebot an Fahrzeugen und eine ausreichend flächendeckende Betankungsinfrastruktur unter verlässlichen politischen und wirtschaftlichen Rahmenbedingungen für die nächsten Jahrzehnte zur Verfügung steht. Darum muss die Frage nicht heißen, welche Energieträger können sich durchsetzen, sondern welche Energieträger wollen wir in unserer Gesellschaft durchsetzen. Dabei muss allen Beteiligten bewusst sein, dass die Zukunftslösungen für alternative Antriebe noch lange Zeit aus den erwirtschafteten Erträgen konventionell angetriebener Fahrzeuge finanziert werden müssen.

Öffentliche Akzeptanz

Langfristig wird unsere Welt nur überleben können, wenn wir in Energiefragen umsteuern. Damit dieser wichtige Prozess schon heute beginnen kann, ist es nötig, die Öffentlichkeit zu informieren und von den Vorteilen einer Wasserstoffwirtschaft zu überzeugen. Dies sollte bereits in der Schule damit beginnen, die Jugendlichen über die Problematik und möglichen Lösungswege zu informieren[1]. Besonderes Gewicht muss dabei auf die Grundlagen nachhaltigen Wirtschaftens gelegt werden. Erst die umfassende Informationen über Wasserstoff als Energieträger der Zukunft sorgt dafür, Wissensdefizite der zukünftigen Entscheidungsträger und Verbraucher abzubauen.

Veröffentlichungen

[1]   Jennings, J.: Sustainable development – the challenge for energy. Business and the Environment Programme, April 17, 1997;
[2]   ifeu – Institut für Energie- und Umweltforschung Heidelberg GmbH im Auftrag des Umweltbundesamtes: TREMOD Transport Emission Estimation Model Version 2.0 vom 31.08.2000;
[3]   Grünbuch: „Hin zu einer europäischen Strategie für Energieversorgungssicherheit". Amt für amtliche Veröffentlichungen der Europäischen Gemeinschaften, Luxemburg, 2001;
[4]   Verkehrswirtschaftliche Energiestrategie, Zweiter Statusbericht der Task Force an das Steering Committee, 13.06.01, unveröffentlicht;
[5]   Angloher J., Dreier Th., Langgaßner W., Saller A.: Erzeugung und Anwendung von Wasserstoff aus Solarenergie, Forschungsstelle für Energiewirtschaft, München 1999;
[6]   Dreier Th., Tzscheutschler P.: Studien zu Solarwasserstoff, Forschungsstelle für Energiewirtschaft im Auftrag der BMW AG, München 2001, unveröffentlicht;

---

1 Um Schulen das nötige Elementarwissen und Informationen über die technischen Optionen zugänglich zu machen, hat die BMW Group ein Unterrichtspaket für Realschulen und Gymnasien erstellt, das modernsten Lehrplänen gerecht wird und das Schulen kostenlos anfordern können.

[7] Strobl W., Heck E.: Wasserstoffantrieb und mögliche Zwischenschritte,o
     In: VDI Report No. 1201, 1995, 173-185;
[8] Pehr, K.: Sicherheitsaspekte einer Prüfstandsanlage für Wasserstoffmoto-
     ren. In: VDI Berichte Nr. 912, 1992, 67-86;
[9] Pehr, K.: Experimentelle Untersuchungen zum Worst-Case-Verhalten von
     LH$_2$-Tanks für Pkw. In: VDI Berichte Nr. 1201, 1995, 57-72;
[10] Pehr, K.: Aspects of Safety and Acceptance of LH$_2$ Tank Systems in Passen-
     ger Cars. In: Int. J. Hydrogen Energy, Vol. 21, No. 5 387-395, Pergamon Press
     Ltd. 1996;
[11] Linde verbessert Speicherung von LH$_2$, In: ATZ Automobiltechnische Zeit-
     schrift 103 (2001) 3, Vieweg, Wiesbaden;
[12] Wolf J. et al: TES – An Initiative for Tomorrow's Fuel, In: On Energies-of-
     Change – The Hydrogen Solution, edited by Carl-Jochen Winter, Gerling
     Akademie Verlag München, 2000;
[13] Wolf J. F., Nordheimer, R. K.: BMW´s Energy Strategy – Promoting the
     Technical and Political Implementation, SAE 2000 World Congress March
     6-9, 2000, Detroit;

Bildnachweise:
Abb. 3, 6, 9: VES
Abb. 7: Linde AG
Alle anderen: BMW AG

Geothermie

Friedrich Seifert

Die Erde ist ein dynamischer Planet und läßt sich als große Wärmekraftmaschine auffassen: Die durch die Kristallisation im Erdkern und durch radioaktiven Zerfall produzierte Wärme treibt die Konvektion an, die wiederum verantwortlich ist für Erdmagnetfeld, Erdbeben, Vulkane etc. Der Energiefluß ist im Mittel der Kontinente nur 65 mW/m², also zu niedrig für eine direkte Nutzung. Wir benötigen vielmehr geologische Prozesse, die diesen Wärmefluss erhöhen, oder wir nutzen die Wärmekapazität der Gesteine als Energie-Lagerstätten.

Gemeinsame Vorteile der geothermischen Energie in ihren verschiedenen Nutzungsformen sind die exzellente Umweltverträglichkeit ohne nennenswerte Emissionen, die Versorgungssicherheit, der geringe Flächenverbrauch und dementsprechend eine hohe Akzeptanz. Die gemeinsamen Nachteile sind hohe Investitionskosten, schwierige Prospektion, niedriger Wirkungsgrad und in vielen Fällen eine noch nicht erwiesene Wirtschaftlichkeit der Verfahren.

Die Art der Nutzung, der Entwicklungsstand der Technik und die Größe der Einheiten hängt vor allem von der Höhe der Temperatur im Reservoir ab. Wässer mit niedrigen Temperaturen (bis ca. 40 Grad, Tiefen bis ca. 400 m) werden in dezentralen Einheiten zur Gebäudeheizung verwendet, die Wärmepumpen-Technik ist etabliert. Höher temperierte geothermische Wässer werden in Anlagen von etwa 5 MW(thermisch) oft zur gleichzeitigen Gewinnung elektrischer und thermischer Energie eingesetzt. Süddeutschland ist durch die geologischen Gegebenheiten (Becken- und Grabenstrukturen, überdurchschnittlicher Wärmefluss) für die Nutzung prädestiniert. Die Technologie ist im wesentlichen bekannt aber noch zu optimieren, die Lebensdauer der Lagerstätten jedoch unsicher. Ein weiteres Konzept für die Nutzung der geothermischen Energie befindet sich in der Entwicklungsphase, das sog. HDR (Hot Dry Rock) Verfahren. In einem Vorexperiment in Sulz/Elsaß ist die technische Machbarkeit erwiesen worden, es soll ein Pilotkraftwerk mit 20–50 MW (thermisch) errichtet werden. Wirtschaftlichkeit und Lebensdauer des Verfahrens sind unbekannt, das Potenzial solcher Lagerstätten allerdings sehr hoch. Schließlich existieren – ausschließlich in aktiven vulkanischen Gebieten – Heißdampfquellen, die mit Kraftwerksgrößen bis zu 2500 MW (elektrisch) eine äußerst rasch wachsende Energiequelle darstellen.

Die genannten Formen geothermischer Energie bis auf die Heißdampfquellen sind in Zentraleuropa verfügbar. Sie werden einen weiterhin bescheidenen, aber langsam steigenden Beitrag zur Energieerzeugung leisten – wobei die

Ergebnisse der Shell-Studie, die von 10 % Energiebereitstellung durch geothermische Energie im Jahre 2050 ausgeht, zumindest für Zentraleuropa für zu optimistisch gehalten werden.

Als Maßnahme zur verstärkten Nutzung der umweltfreundlichen geothermischen Energie ist im Bereich der hydrothermalen Geothermie eine weitere Prozessoptimierung nötig. Für die höher-thermale hydrothermale Geothermie und das HDR-Verfahren sind außerdem Grundlagenforschung vonnöten, wie auf den Gebieten Fluid-Gesteins-Wechselwirkung und Gesteinsmechanik, sowie anwendungsnahe Forschung auf den Gebieten Korrosion und Bohrtechnik.

Nachhaltigkeit durch Vielfalt: Wärmepumpen – ideale Bausteine einer effizienten Energiewirtschaft

Felix Ziegler

Hintergrund

Die zentrale Herausforderung der Zukunft ist aus globaler Sicht mit Sicherheit der berechtigte Wunsch nach Angleichung des weltweiten Lebensstandards an den der Industrieländer bei gleichzeitig hoffentlich gebremsten, aber dennoch voraussichtlich nicht marginalem Bevölkerungswachstum. Auch wenn theoretisch die regenerativen Energien auch für wesentlich mehr Menschen reichen: ein Umbau der Energiewirtschaft in diese Richtung ist tatsächlich eine immense Herausforderung.

Aus europäischer Sicht (Sicht der Industrieländer) wird der treffende Vorwurf, dass die Industrieländer von Nachhaltigkeit in einigen Aspekten wesentlich weiter entfernt sind als die sich entwickelnden Länder, zunehmend zu politischem Druck führen. Dies wird immer gepaart sein mit Abhängigkeit von Energiequellen (fossil oder regenerativ!). Diesem Druck kann nur durch konsequente Entwicklung Richtung Sparsamkeit begegnet werden. Dies gilt, selbst wenn sich eine derartige Entwicklung durch Rohstoffknappheit oder klimatische Änderungen nicht begründen ließe! Eine punktuelle Änderung des Lebensstiles (Askese wäre zuviel gesagt) ist dabei durchaus zumutbar, da sie ja den erfahrenen (nicht normierten) Lebensstandard heben kann.

Aus nationaler (deutscher) Sicht besteht das Problem hauptsächlich in der verschiedenen Umsetzungsgeschwindigkeit von Maßnahmen in Richtung Nachhaltigkeit innerhalb von Europa und dem daraus resultierenden Ungleichgewicht in Belastungen und Kosten durch die Energieversorgung.

Im Energieverbrauch selbst sind in Deutschland und Europa eher nur geringe Steigerungen zu erwarten; allerdings beobachten wir eine Verschiebungen hin zu mehr elektrischer Energie und hin zu mehr Verkehr. Weltweit wird der Energieumsatz weiterhin deutlich ansteigen.

Hier kommt der Anspruch der Nachhaltigkeit ins Spiel: die Energieversorgung muß nach Nachhaltigkeitskriterien grundsätzlich so strukturiert werden, dass sie für alle Menschen (örtlich und zeitlich gesehen!) anwendbar ist und keine Störungen oder Probleme (auch sozialer Art) innerhalb, aber auch außerhalb ihres eigenen Bereiches schafft. Nachhaltige Energieversorgung muß letztlich also auf unerschöpflichen (regenerativen) oder quasi unerschöpflichen (Fusion?) Quellen erfolgen. Die rein thermodynamische Komponente der nachhaltigen Energienutzung kann so verstanden werden, dass jeder nur soviel

Energie nutzt wie er selber regenerativ gewinnen kann. Dies ist allerdings nur im Rahmen einer Solidargemeinschaft durchführbar. Das Leitbild „Nachhaltigkeit" ist überdies zu verstehen als konkrete Utopie: echte, umfassende Nachhaltigkeit ist wohl nicht erreichbar. Wie bei jeder Utopie werden wir aber die Früchte der Nachhaltigkeit schon auf dem Weg hin zur Nachhaltigkeit.

Es gibt sehr viele Kriterien für die Definition von Nachhaltigkeit allein schon der „thermodynamischen" Art, wie beispielsweise Schadstoffausstoß, CO_2-Bilanz, Flächenbedarf, Unfallrisiko, Entsorgung; dazu kommen soziale Indices etc. Dies sind lauter zu bewertende Elemente auf vollkommen unvereinbaren Skalen. Für die Wichtung gibt es keinen internationalen Standard und es wird ihn auch nicht geben, da die Wichtung politisch entschieden wird. Ein wichtiges Element zur Wichtung sind aber die spezifischen Kosten: auf dem Weg zur Nachhaltigkeit ist es unumgänglich, mit den zur Verfügung stehenden Mitteln optimal zu wirtschaften. Besonders wichtig ist, dass auch eine nachhaltige und regenerative Energiewirtschaft nicht auf maximale Effizienz aller Wandler verzichten kann, sondern dass dies sogar entscheidend für Erfolg oder Mißerfolg ist: Nachhaltigkeit und Ineffizienz sind vereinbar.

Thesen zur zukünftigen Energieversorgung

Ich möchte vier Thesen vertreten:

1. Die Energiewirtschaft der Zukunft benötigt möglichst viele verschiedenen Techniken.
2. Die nächsten 50 Jahre müssen von Effizienzsteigerung und Systemintegration bestimmt sein.
3. Wärmepumpen sind ideale Bausteine einer effizienten (und damit möglichst nachhaltigen) Energiewirtschaft.
4. Die Politik muss:
   - den Zielkonflikt zwischen Nachhaltigkeit und Wirtschaftswachstum lösen,
   - die Anreize für nachhaltiges Wirtschaften schaffen,
   - die Rahmenbedingungen im Ausland entsprechend anpassen.

Ich möchte diese vier Thesen im Folgenden begründen.

1. Die Energiewirtschaft benötigt möglichst viele verfügbare Techniken.
Diese erste These ist nur auf den ersten Blick ohne weiteres konsensfähig; im Einzelfall wird der Konsens nicht leicht herzustellen sein, beispielsweise bei Kohle- oder Kernenergie. Jedenfalls können wir es uns nicht leisten, nur auf eine Technik zu setzen. Allein die Tatsache, dass der Energiebedarf weiter steigt, hat zur Folge, dass man möglichst wenige Energietechniken tatsächlich ausschließen darf. Zudem sind ja zukünftige Randbedingungen der Energie-

wirtschaft vollkommen unbekannt, und Monokulturen sind sowieso immer anfällig für Störungen. In diesem Zusammenhang bedeutet Nachhaltigkeit unter anderem, Optionen offen halten und nicht verbauen. Dennoch können natürlich einzelne Techniken ausgeschlossen werden, wenn sie aktuellen Maßstäben nicht genügen. Wir werden aber auch auf längere Sicht mit den heutigen Techniken weiter leben, obwohl diese nicht typischerweise strengen Nachhaltigkeitskriterien gehorchen. Alle Energieträger, die verantwortlich eingesetzt werden können, müssen eingesetzt werden. Dies beinhaltet insbesondere die fossilen (Kohle!), bis eine regenerative Energiewirtschaft etabliert ist. Möglicherweise muß auf diesem Weg auch auf nukleare Energie zurückgegriffen werden. Es wird in diesem Zusammenhang viel zu wenig diskutiert, dass in einem etwas längeren Zeitraum die Mechanismen des Klimas wesentlich besser verstanden sein sollten als heute, so dass die Gewichtung der verschiedenen Gefahren sicher Schwankungen unterworfen sein wird.

Aus dieser Einschätzung folgt auch die nächste These:

2. Die nächsten 50 Jahre müssen von Effizienzsteigerung und Systemintegration bestimmt sein.

Die nächsten Dekaden sollen und werden bestimmt werden von denjenigen Techniken, die heute „fast wirtschaftlich" sind. Es gibt ja viele Energie sparende Techniken, die wir heute deswegen nicht verwenden, weil sie eine Kapital-Rückflusszeit von beispielsweise zweieinhalb Jahren statt zwei Jahren haben: Einsparinvestitionen, Prozeßintegration, Wärmerückgewinnung und Wärmepumpen, Kraft-Wärme-Kälte-Kopplung, hocheffiziente Wandler. Mit diesen Techniken wird vorerst Öl oder Gas nicht substituiert, aber gestreckt. Sie können mit nur geringen Änderungen im Preisgefüge von unwirtschaftlich zu wirtschaftlich werden und versprechen einen relativ großen Effekt bei geringem Einsatz an Geld. Das ist deswegen so wichtig, weil ja auch das verfügbare Geld eine Ressource ist, die man nachhaltig bewirtschaften muss. Es hat demnach erst dann einen Sinn, spezifisch (per Energieeinsparung, Emissionsminderung oder dergleichen) teurere Techniken einzusetzen, wenn man alle preiswerteren Potenziale ausgeschöpft hat. Ein wichtiges, derartiges Potenzial ist die Effizienzsteigerung.

Auch für die Nutzung regeneraiver Energieträger ist Effizienzsteigerung wichtig: die regenerativen Energien sind eben nicht von vorneherein nachhaltig zu bewirtschaften, wenn man berücksichtigt, dass zum Beispiel Land „verbraucht" wird, was wiederum von der Effizienz abhängt.

Eine wichtige Erfahrung ist, dass die Einführungszeiten für neue Energien Dekaden sind: damit eine bestimmte Technik einen Marktanteil von 1 % auf 10 % steigert, waren in der Geschichte bisher stets etwa 50 Jahre nötig. Wir brauchen selbstverständlich neue Techniken, und Forschungsförderung, speziell für energietechnische Grundlagenforschung ist sehr notwendig, aber in den nächsten Dekaden können keine Revolutionen erwartet werden.

Viel eher sind Effizienzsprünge möglich. Diese Einschätzung kann mit einem Beispiel aus der Kältetechnik untermauert werden: bis in die 60er Jahre stiegen die Leistungszahlen (entspricht einem thermischen Wirkungsgrad) von beispielsweise Kaltwassersätzen aus der Klimatechnik an. Dieser Trend kam in den 70er Jahren zum Erliegen. Es schien, dass das wirtschaftlich vertretbare Optimum erreicht war. Dann kam die Erkenntnis, dass die verwendeten Kältemittel die Ozonschicht der Erde schädigen. In der Folge wurden viele Anlagen gänzlich erneuert und im Zuge dessen auch energetisch optimiert. Als Folge war ein erneuter sprunghafter Anstieg in der Leistungszahl zu verzeichnen. Er wurde nicht eigentlich durch den Wunsch nach Effizienzsteigerung hervorgerufen, sondern durch einen aus anderen Gründen entstandenen Erneuerungsschub. Solche Schübe werden immer wieder auftreten. Moderne Meß- und Regeltechnik wird besonders das Lastverhalten deutlich verbessern. Ein großer Fortschritt ist auch durch optimierte Systemeinbindung zu erzielen.

In der Gebäudeenergieversorgung ist das Einsparpotenzial sehr groß. Durch Niedrigenergiehausstandard in Wohngebäuden und Bürogebäuden verschiebt sich die Energienachfrage in Richtung Brauchwasser, Kühlung und elektrische Energie. Dies betrifft sowohl Neubauten als auch Altbausanierung. Eine zentrale Aufgabe wird es sein, den Klimatisierungsbedarf möglichst wenig wachsen zu lassen und gegebenenfalls möglichst effizient zu decken.

Anders ist die Situation bei den Haushaltsenergieanwendungen: Leider werden die Einsparungen von der Tendenz zu mehr Geräten und mehr Nutzung (z.B. Dauerlicht) kompensiert. Einsparungen werden hier mittelfristig synonym mit Verzicht sein (was aber kein Verlust an Lebensqualität ist). Im Bereich der Kleinanwendungen hat die Photovoltaik eine sehr gute Chance.

Bei der industrielle Energieanwendung hat die Priorität natürlich die Produktion. Möglichkeiten zur Energieeinsparung sind aber groß und werden genutzt, wenn die Produktion selbst sicher bleibt. Erhöhung der Energiepreise wirkt in diesem Bereich am stärksten.

3. Wärmepumpen sind ideale Bausteine einer effizienten (und damit möglichst nachhaltigen) Energiewirtschaft

Die Wärmepumpen sind meiner Meinung nach ideale Bausteine für eine effiziente und damit auch nachhaltigen Wirtschaft. Sie gewinnen Abwärme, sozusagen als Recyclinganlagen aus der Umgebung zurück. Darüber hinaus gibt es den Effekt, dass die Effizienz, die Umweltverträglichkeit einer Wärmepumpe, mit der Effizienz der Energieversorgung in einer positiven Rückkoppelung steigt. Das bedeutet, dass eine Wärmepumpe sowohl in einer regenerativen als auch in einer fossilen Energiewirtschaft sehr gut einzupassen ist. Auch läßt sie sich sowohl in einer zentralen wie auch in einer dezentralen Energiewirtschaft einsetzen. Und: Wärmepumpen sind eben „fast wirtschaftlich", das heißt, sie gehören zu den Techniken der nächsten Dekaden.

Die Wärmepumpe gehört zu den „alten" Techniken und ihr Image ist nicht besonders gut. Dies hat immer noch mit den Erfahrungen der 70er Jahre zu tun, als sehr viele Wärmepumpen installiert wurden. Als dann die Ölpreise nicht wie erwartet stiegen und somit die prognostizierte Wirtschaftlichkeit ausblieb, und obendrein viele Anlagen und Installationen von minderer Qualität waren, war der Ruf der Wärmepumpe ruiniert. Heute ist den Herstellern und Installateuren sehr wohl bewusst, dass eine Wärmepumpe nur in ein passendes System eingebunden werden sollte (Wärmequelle mit möglichst hoher Temperatur, Niedertemperaturheizung), wenn nicht wieder enttäuschende Erfahrungen gemacht werden sollen.

Wärmepumpen sind nicht nur in der Hausheizung einsetzbar. Insbesondere in der Industrie liegt für Wärmepumpen zur Wärmerückgewinnung ein großes noch nicht erschlossenes Potential. Die Vielseitigkeit der Wärmepumpe in diesem Bereich beruht nicht nur auf ihrer Anpassbarkeit an unterschiedlichste Temperaturbedingungen, sondern auch auf der Vielfalt der möglichen Prinzipien, die sich ja nicht auf Verdichteranlagen beschränkt. Insbesondere bei den Sorptionswärmepumpen steht die breite Anwendung erst am Anfang.

4. Die Politik muss:
- den Zielkonflikt zwischen Nachhaltigkeit und Wirtschaftswachstum lösen,
- die Anreize für nachhaltiges Wirtschaften schaffen,
- die Rahmenbedingungen im Ausland entsprechend anpassen.

Die Politik hat drei wichtige Aufgaben: sie muß den bestehenden Zielkonflikt zwischen Nachhaltigkeit und Wirtschaftswachstum lösen. Sie muss die Anreize für die Nachhaltigkeit schaffen, und sie muss versuchen, das, was wir in Deutschland machen, mit den Nachbarländern zu harmonisieren. Das sind anspruchsvolle Aufgaben.

Zum Ersten:
Nachhaltigkeitsregeln stehen nicht im Widerspruch zum Ziel einer sicheren, preisgünstigen und umweltfreundlichen Energieversorgung. Eine Versorgung mit billiger Energie ist allerdings nicht ein Nachhaltigkeitsziel. Wenn die Liberalisierung das Ziel hat, Energie billiger zu machen, ist sie zumindest zeitweise kontraproduktiv. Aber: Sparsamkeit, auch in energetischer Hinsicht, schafft nicht ohne weiteres Arbeitsplätze. Und da Arbeitsplätze in der Politik die Priorität haben, werden doch immer auch Techniken gefördert, die letztlich den Energieverbrauch erhöhen. Die Politik hat hier die vielleicht schwierigste Aufgabe, da dieser Zielkonflikt gelöst werden muß.

Zum Zweiten:
Der vollständige freie Markt hat nicht Nachhaltigkeit als Ziel. Langfristige, wohldefinierte Ziele widersprechen einem freien Markt. Der Markt kann und soll aber innerhalb vorgegebener Rahmenbedingungen frei sein. Diese Rahmenbedingungen müssen den Zielen einer nachhaltigen Versorgung angepaßt

sein. Die Umsetzung soll im Wettbewerb passieren. Deswegen müssen von der Politik Anreize geschaffen werden, nachhaltig zu wirtschaften. Es sollen aber Anreize sein im positiven Sinne: sie sollen interessant sein, sie sollen eben reizen. Handelbare Zertifikate sind vorzuziehen: sie sind wettbewerbskonform; der Handel ist leicht nachzuvollziehen und transparent; Nachhaltigkeitsziele sind politisch leicht und öffentlichkeitswirksam zu steuern durch Verknappung; Umweltverbände und Privatpersonen können eingreifen, indem sie Zertifikate ankaufen und verknappen (das kann natürlich eine Gefahr sein, wenn nicht weltweit organisiert!); und schließlich: der Handel kommt dem Spieltrieb entgegen (Börse!) und verbessert damit das Image der Nachhaltigkeit.

Zum Dritten:
Schließlich müssen diese Anreize harmonisiert werden mit den umgebenden Ländern. Alleingänge schaffen Vorteile, wenn es Alleingänge als Vorreiter sind. Dazu muss die Politik das Nachkommen der anderen Länder provozieren oder fordern.

Diese Rahmenbedingungen betreffen natürlich auch die Sicherheit. Grundsätzlich werden ähnliche Handelsströme und Abhängigkeiten bestehen bleiben wie bisher, da die Öllieferländer auch potenzielle Sonnenenergielieferländer sind. Zeitweise ist durchaus mit einer stärkeren Monopolisierung bei fossilen Energieträgern zu rechnen. Bei gleichzeitiger Zunahme der Nutzung regenerativer Energieträger werden die Auswirkungen aber nicht dramatisch sein. Letztlich ist eine enge weltweite Vernetzung der Energieversorgung effizienter, setzt aber die politischen Möglichkeiten voraus.

Schluss

Der Schwerpunkt der obigen Argumentation liegt eindeutig auf „konventionellen" Techniken. Dies bedeutet nicht, dass die Einführung der regenerativen Techniken vernachlässigt werden darf. Eine Prognose der Reichweite der fossilen Energieträger ist bekanntermaßen schwierig. Dies liegt unter anderem daran, dass die Prospektion immer nur einen Vorlauf von ein bis zwei Generationen vor der Förderung hat. Es ist aber meiner Meinung nach gerechtfertigt und sachdienlich, von folgender Einschätzung auszugehen:

- Reichweite des Erdöls bis zu 50 Jahre;
- Reichweite des Erdgases länger;
- Reichweite der Kohle einige 100 Jahre (bei Stabilisierung der Weltbevölkerung im Laufe der nächsten Jahrzehnte).

Das Preisniveau wird steigen; dies wird aber voraussichtlich nur schleichende Auswirkungen auf den Verbrauch haben. Allerdings wird die Verbrauchsstruktur sich natürlich in Richtung nachhaltiger bzw. teurer Techniken verschieben.

Fortschritte bei den Gewinnungstechniken können diesen Prozess bremsen, aber nicht aufhalten. Daraus folgt eben, dass jede Möglichkeit zum wirtschaftlichen oder „fast" wirtschaftlichen Einsatz regenerativer Techniken genutzt werden muss, um die fossilen Vorräte zu strecken. Der größere Effekt wird aber derzeit durch Verbesserung der Energieeffizienz erzielt werden. Um einer nachhaltigen Energiewirtschaft näher zu kommen, ist die größtmögliche Vielfalt energietechnischer Anlagen und Konzepte notwendig. Die Wärmepumpe wird hierbei eine zunehmend wichtigere Rolle spielen.

Brennstoffzelle

Ulrich Stimming

Da ich auch mit dem ZAE Bayern zu tun habe und eng mit Herrn Ziegler zusammenarbeite, wollen wir das ein bisschen komplementär machen. Ich möchte mich auf die Frage der technischen Wandlersituation bei der Brennstoffzelle konzentrieren und die Rahmenbedingungen, die in den Papieren ausgearbeitet sind, jetzt zunächst zurückstellen. Ich möchte auch den Beitrag meines Mitarbeiters, Herrn Kleine, an dieser Stelle erwähnen.

Es ist allgemein bekannt, aber dennoch gelegentlich vergessen, dass Brennstoffzellen keine Energie erzeugen, sondern reine Energiewandler sind. In unserer Gesamtdiskussion ist das nur ein Abschnitt. Wir wandeln die chemische Energie eines Energieträgers wie Wasserstoff, Erdgas, Methanol, Biogas, Benzin oder Diesel in Elektrizität um. Gleichzeitig haben wir auch immer noch Wärme als Nebenprodukt dabei. Die chemische Energie, die in den Wandler hineingeht, kann ein Primärenergieträger sein, ist aber in vielen Fällen ein verarbeiteter Energieträger, der auf andere Energieträger zurückgreift. Brennstoffzellen sind sehr effiziente Wandler mit elektrischen Wirkungsgraden, die heute für Wasserstoff bereits 65% erreicht haben, aber auch auf über 70%, ja sogar 75% gesteigert werden könnten. Dieser Wandlungsprozess erfolgt bei minimalen Emissionen: Wenn Sie Wasserstoff nehmen, entsteht einfach nur Wasser, wenn Sie kohlenstoffhaltige Energieträger nehmen, haben Sie natürlich in den peripheren Prozessen Emissionen. Aber in den Gesamtsystemen sind die sekundären Schadstoffemissionen vernachlässigbar, und die CO_2-Emission hängt eben ganz stark an der Frage des Wirkungsgrades des Systems: In dem Maße, wie dieser ansteigt, reduzieren sich die CO_2-Emissionen.

Da die Bedeutung der Endenergie Strom im Steigen begriffen ist, sowohl absolut als auch in der Relation zum Primärenergieeinsatz, kann die Brennstoffzelle dieser Veränderung in sehr guter Art und Weise Rechnung tragen. Die Brennstoffzelle hat außerdem den Vorteil, dass sie im Grunde auf ein heutiges Energieszenarium, welches wesentlich auf der fossilen Energie beruht, einfach aufgesetzt werden kann, aber auch für ein regeneratives Energiezeitalter sehr gut geeignet ist. Das heißt, sie kann eine Technologie sein, die gerade diesen Übergang auf gute Art und Weise begleiten kann.

Es gibt allerdings auch Einschränkungen, die gesehen werden müssen: Brennstoffzellen funktionieren auf der Basis von Grenzflächenprozessen, die im Gegensatz zu Wärmekraftmaschinen, wo ein Volumenprozess der Verbrennung eines Energieträgers vorliegt, dadurch gekennzeichnet sind, dass man eine geringere Leistung des Wandlers, Leistung pro Volumen, und in der Regel auch eine geringere Leistung pro Masse erhält. Dies ist ein Problem, das der Brennstoffzelle oft angekreidet wird. Als Konsequenz gilt es aufzupassen, dass konventionelle Lösungen im Bereich der Systemtechnik, die man bisher gerade im Bereich des Ingenieurwesens gefunden hat, nun unbedingt auf die Brennstoffzelle übertragen werden. Es gilt, neue Lösungen zu finden, um der Charakteristik der Brennstoffzelle Rechnung zu tragen. Um das Potenzial der Brennstoffzelle auszuschöpfen, ist an dieser Stelle also ein gewisses Umdenken notwendig. Neue Konzepte müssen entwickelt werden, die aber nicht nur in die Technik selbst eingreifen, sondern auch in die Frage der Anwendung, wie zum Beispiel die Frage eher dezentraler Elektrizitätserzeugung statt großer, zentraler Kraftwerke im Gigawattbereich.

Wenn man die im Augenblick viel diskutierte Anwendung von Brennstoffzellen sowohl im stationären als auch im mobilen Bereich betrachtet, wird man feststellen, dass viel über die Frage der Brenngasaufbereitung diskutiert wird und dies oft zur Konsequenz führt, dass oft mehr Brenngasaufbereitung als Brennstoffzelle ist. Das heißt, umfangreiche Brenngasaufbereitung führt für die Gesamtsysteme tendenziell zu niedrigen Wirkungsgraden und damit noch schlechteren Leistungsdichten, sowohl volumen- als auch massenbezogen.

Man muss deshalb an das Problem gedanklich neu herangehen und fragen: Wie kann ich möglichst einfache Systeme erzeugen? Das heißt, wie kann ich möglichst direkt umsetzende Brennstoffzellen machen, wo der Brennstoff an die Brennstoffzelle angepasst ist? Wir haben ja eine Vielzahl von Brennstoffzellentypen, Brennstoffzelle ist nicht gleich Brennstoffzelle. Um nur ein Beispiel zu geben: Für eine Niedertemperaturbrennstoffzelle, zum Beispiel die PEM ist Wasserstoff oder Methanol besonders gut geeignet, da es sich um einen einfachen und direkten Umwandlungsprozess handelt. Wenn Sie aber zum Beispiel als Energieträger Erdgas oder auch flüssige Kohlenwasserstoffe nehmen, dann ist eine Hochtemperaturbrennstoffzelle, wie zum Beispiel die MCFC oder die SOFC, viel besser geeignet, weil so der Aufwand in der peripheren Gasaufbereitung deutlich erniedrigt werden kann. Und dies drückt sich dann in entsprechend günstigeren Wirkungsgraden und volumen- und massenbezogenen Leistungsdichten aus.

Ich möchte jetzt noch zwei Bereiche kurz beleuchten, nämlich einmal den Bereich der stationären Anwendung und dann den Bereich der mobilen Anwendung. Für die stationäre Anwendung besteht im Prinzip die Möglichkeit, dass man in kleinen und mittleren Anlagen bzw. in großen Systemen Brennstoffzellen einsetzt. Kleine und mittlere Anlagen bedeutet im Bereich von Kilowatt bis Megawatt; kleine Anlagen heißt dann also Kilowattbereich, so dass man bis ins Einfamilienhaus hineingeht. Sie kennen ja sicherlich auch die Diskussionen, die es dort gibt, und auch Entwicklungsvorhaben in der Industrie. Warum das geht oder warum das sinnvoll sein kann, liegt daran, dass bei der Brennstoffzelle die Wirkungsgrade nicht notwendigerweise mit der Systemgröße skalieren, das ist ein ganz, ganz wichtiger Punkt. Bei allen konventionellen Systemen haben Sie ein relativ starkes Skalieren des Wirkungsgrades mit der Systemgröße, bei der Brennstoffzelle ist das nicht der Fall. Das heißt, wenn Sie einen Stack nehmen von einem Kilowatt desselben Typs und Sie machen ein Megawatt, dann haben die im Prinzip denselben Wirkungsgrad. Bei der Peripherie kann es dann noch mal ein bisschen anders sein, aber das sind eigentlich kleinere Änderungen.

Dezentrale Anlagen lassen sich in Kraft-Wärme-Kopplung bzw. in Kraft-Wärme-Kälte-Kopplung betreiben. Kleine Anlagen haben damit das Potential, eine wirtschaftliche Wärmeverteilung vorzunehmen. Das Problem der Kraft-Wärme-Kopplung liegt ja oft daran, dass Wärmeverteilung teuer ist und man deshalb eigentlich die Systemgröße auf den Wärmebedarf anpassen muss. In diesem Falle ist das mit der Brennstoffzelle möglich, und man ist somit in der Lage, gleichzeitig hohe elektrische Wirkungsgrade mit hohen Gesamtwirkungsgraden zu verknüpfen. Man kann alternativ aber auch die Brennstoffzelle im Großkraftwerksbereich, also für Netzproduktion einsetzen, zum Beispiel im Bereich der Kombikraftwerke. Im Augenblick gibt es noch keine Anlagen, die die entsprechende Größe haben, aber rein rechnerisch erlauben zum Beispiel Hochtemperaturanlagen wie die SOFC in der Kombination mit Gas- und Dampfturbine inzwischen elektrische Wirkungsgrade weit über 70%, was ziemlich attraktiv ist.

Dieses knüpft dann letztlich, ich möchte das noch mal ganz explizit betonen, an dem Punkt an, den Herr Voss heute in seinem Einführungsvortrag gemacht hat. Wenn wir davon ausgehen, dass der Primärenergieeinsatz konstant bleibt, wir aber unsere Wirtschaftskraft weiterhin erhöhen, müssen wir rechnerisch eigentlich zu einem fünfzig Prozent höheren Wirkungsgrad unserer Anlagen kommen. Ich denke, dass die Brennstoffzelle hier einen wesentlichen Beitrag leisten kann.

Der letzte Punkt, den ich eigentlich nur streifen möchte, um etwas Wichtiges noch mal herauszustellen, ist die Frage des mobilen Einsatzes; vielleicht kommen wir nachher in der Diskussion noch mal dahin. Das Wichtige ist, dass die Brennstoffzelle in typischen Fahrzyklen einen höheren Wirkungsgrad hat als der Verbrennungsmotor, wie das folgende Diagramm schematisch zeigt:

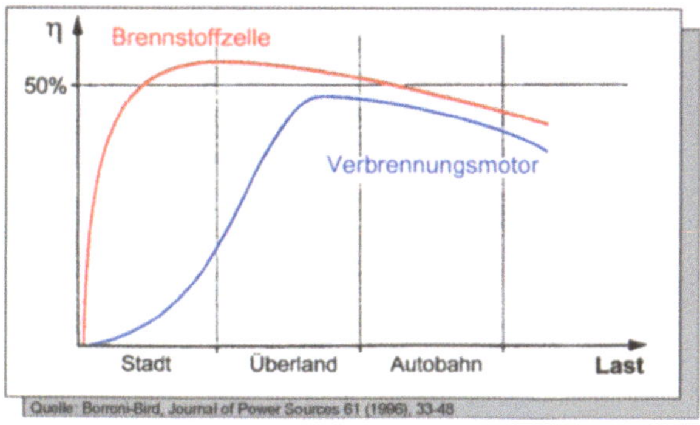

Wenn Sie heute ein Brennstoffzellensystem, das z.B. auf der Basis Benzin sehr aufwendig Wasserstoff produziert und mit einer PEM-Brennstoffzelle arbeitet, im Nennleistungspunkt (weit rechts im Diagramm) mit einem Dieselmotor vergleichen, werden Sie keinen sehr großen Unterschied sehen. Aber die Wirkungsgradleistungscharakteristik, also Wirkungsgrad gegen Leistung, die hier für Stadtverkehr, Überlandverkehr und Autobahn angegeben ist, unterscheidet sich dramatisch. Die Brennstoffzelle hat auch bei kleinen Leistungen hohe Wirkungsgrade, der maximale Wirkungsgrad liegt in der Regel bei halber Nennleistung, während der Verbrennungsmotor seinen maximalen Wirkungsgrad erst bei höherer Leistung erreicht. Dies führt dazu, dass in typischen Fahrzyklen der gemittelte Wirkungsgrad des Brennstoffzellensystems schon heute, experimentell über Demonstrationsfahrzeuge von DaimlerChrylser nachgewiesen, fast um den Faktor zwei höher liegen kann als der von Verbrennungsmotoren. Damit gibt es eine Chance für die Brennstoffzelle selbst in den für sie nicht optimalen, mobilen Anwendungen, in denen oft ein hoher Aufwand in der Peripherie notwendig ist. Durch das Fahrverhalten, das wir heutzutage haben – wir fahren fast immer in Teillast aufgrund der leistungsstarken Motoren, die nur sehr selten ausgenutzt werden – kommen gerade hier die Vorteile der Brennstoffzelle zum Tragen. Auch hier das Plädoyer dafür, wenn man einfache Systeme wählt, wie beispielsweise die PEM mit Wasserstoff oder eine Direktmethanolzelle oder die SOFC mit Erdgas oder Benzin, dann kann man diese Vorteile noch deutlicher umsetzen.

Energiebedarf und Energiebereitstellung – Forderungen und Beiträge aus der Wissenschaft, insbesondere zur Altbausanierung

Jochen Fricke

Einleitung

Im Zusammenhang mit der Rentendiskussion wird zurecht mit der Einhaltung des Generationenvertrages argumentiert. Dieser ungeschriebene Vertrag muss natürlich auch im Energiebereich Gültigkeit besitzen.

Der Wissenschaftsrat hat hierzu in seiner Stellungnahme von 1999 zur Energieforschung 10 Thesen verabschiedet, die ich in zwei Punkten in Erinnerung rufen möchte:

„Vorsorge im Bereich der Energieversorgung ist eine Aufgabe von herausragender Bedeutung für die Zukunftsfähigkeit jeder Gesellschaft."

Für einen Wissenschaftler ist wohl einsichtig, dass die fossilen Ressourcen begrenzt sind und dennoch glauben viele, einen Anspruch auf jedwede Menge billiger Energie zu haben. Und Kohle, Öl und Gas sind heute viel billiger als vor einigen Jahrzehnten, wenn man die Kaufkraft unserer Währung berücksichtigt. Die Vorsorge für unsere Kinder und Kindeskinder gebietet den sparsamen Umgang mit unseren fossilen Ressourcen, also auch den rationellen Energieeinsatz. Vorsorge bedeutet aber auch die Weiterentwicklung und Nutzung von neuen Energiequellen, wie Windenergie und Solarenergie.

„Die derzeitige Energieversorgung ist eine der wesentlichen Quellen von Umweltbelastungen und die Verbrennung fossiler Energieträger Hauptursache der anthropogenen Freisetzung von Treibhausgasen".

Auch die Begrenzung von Schadstoffströmen gebietet einen sparsamen Umgang mit Kohle, Öl und Gas. Die derzeitige CO_2-Konzentration in der Atmosphäre liegt bereits bei 370 ppm (gegenüber 280 ppm vor der Industrialisierung) und steigt absehbar schnell weiter. Im Kyoto-Protokoll haben 1997 38 Industrienationen zugesagt, ihre CO_2-Emissionen zu reduzieren; Deutschland hatte sich bis 2012 eine Senkung der CO_2-Emssionen um 21 % gegenüber 1990 vorgenommen. Bis 1999 sind die energiebedingten CO_2-Emissionen um ca. 15 % zurückgegangen (s. Abb. 1), wobei allerdings auf den Zusammenbruch der Wirtschaft in den Neuen Bundesländern nach der Wiedervereinigung rund 10 % entfallen (zu erkennen insbesondere am Rückgang des Braunkohle-Einsatzes).

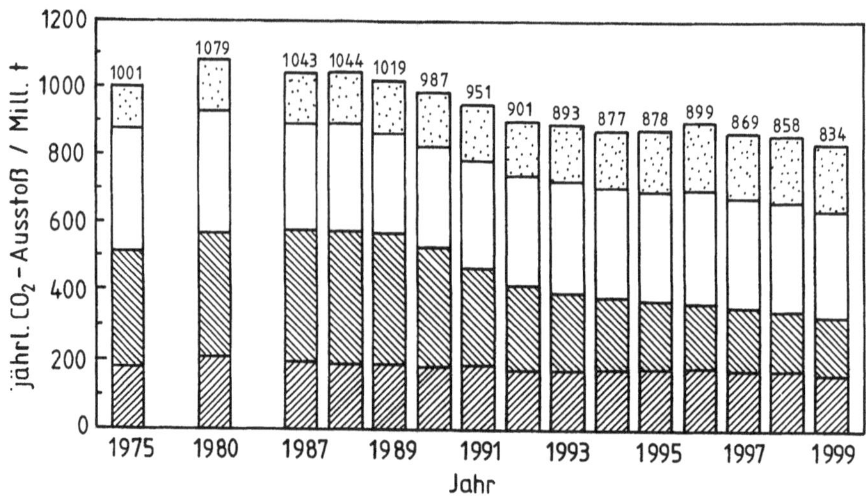

Abb. 1 Jährliche energiebedingte CO2-Emissionen in Deutschland
(nach BWK 52, 34 (2000))

Um das 21%-Ziel zu erreichen, müssen noch gut 50 Mio. Tonnen CO_2 an jährlichen energierelevanten Emissionen eingespart werden, was durchaus schwierig sein wird, zumal die deutsche Wirtschaft ja weiter wächst.

Auch wenn der Weltklimagipfel in Den Haag kein Resultat gebracht hat, denke ich, es besteht weitgehender Konsens, an dem 1997 gemachten Commitment für Deutschland keine Abstriche zu machen. Dann aber bleibt die Frage, wie denn unsere CO_2-Emissionen weiter reduziert werden sollen.

CO₂-Einsparungen bei der Stromversorgung

Wenden wir uns zunächst dem Bereich Strom zu. In Tab. 1 ist die Stromerzeugung aus Kohle, Öl und Gas, Kernbrennstoff, Laufwasser, Wind, Müll und Biomasse sowie Sonne im Jahr 1999 aufgelistet.

Rund zwei Drittel unserer Stromversorgung resultierten 1999 aus der Verbrennung von Kohle, Öl und Gas, 31% stammt aus Kernreaktoren und ca. 5% entfielen auf Laufwasser, Wind und Müll plus Biomasse. Für das Jahr 2012 wollen wir von einem ähnlichen Gesamtstromverbrauch ausgehen, was im Hinblick auf die wachsende Wirtschaft eine eher optimistische Annahme ist.

Ebenso soll der absolute Beitrag der Kernenergie konstant gehalten werden (der im übrigen einer vermiedenen Menge von ca. 170 Mio. Tonnen CO_2 entspricht). Hier wird dafür plädiert, dass abgebrannte Kernbrennstäbe ohne Wiederaufarbeitung rückholbar Untertag eingelagert werden, um zukünftigen

	elektrische Energieversorgung 1999	elektrische Energieversorgung 2012	
Kohle Öl Gas	64 %	57 %	Reduktion CO_2-Ausstoß 40 Mio. t
Kernenergie	31 %	31 %	erzeugte Strommenge konstant entspricht 170 Mio. t CO_2
Laufwasser	4 %	4 %	kaum Steigerung möglich
Wind	1 %	5.1 %	10.000 Offshore-Windanlagen à 1.5 MW
Müll Biomasse	0.5 %	2.9 %	gesamten Müll verbrennen; Biomasse von 4.000 km^2
Solar	0.007 %	0.02 %	Zuwachs install. Fläche + (15 - 18) % pro Jahr
Gesamt	100 %	100 %	Stromverbrauch konstant

Tab. 1 Elektrische Energieerzeugung 1999 und Prognose für 2012 unter der Prämisse, dass die Gesamterzeugung und der absolute Kernenergiebeitrag konstant bleiben und Windenergienutzung und Müll/Biomasseeinsatz deutlich erhöht werden.

Generationen eine Rückgriffsmöglichkeit auf die riesigen, in den Brennstäben enthaltenen Energiemengen zu geben, wenn die Energieversorgung anders nicht mehr gedeckt werden kann. Wir sollten uns dem Faktum nicht verschließen, dass „abgebrannte" Kernbrennstäbe kein Müll, sondern Wertstoffe sind.

Der Beitrag von Laufwasserenergien wird sich nur unwesentlich steigern lassen, d. h. bei etwa 4 % bleiben.
Die Nutzung der Windenergie – in Deutschland durchaus eine Erfolgsstory – brachte Ende 2000 bereits 2 % und könnte im Jahr 2012 einen Beitrag von 5 % oder mehr liefern, vorausgesetzt, die technisch nicht einfache Offshore-Technik entwickelt sich wie erwartet. Allerdings müssten zu den bereits installierten ca. 9000 Windenergieanlagen auf dem Festland noch rund 10000 am Meeresboden verankerte Windmühlen à 1,5 MW hinzukommen. Die Attraktivität ist hier die hohe Windgeschwindigkeit, welche bekanntlich mit der dritten Potenz in die Leistung eingeht. Doppelte Windgeschwindigkeit bedeutet demnach achtfache Leistung. Aus diesem Grund ist es auch volkswirtschaftlich nicht optimal, Windmühlen in Würzburg oder München zu installieren, auch wenn sich dies betriebswirtschaftlich aufgrund der staatlichen Förderung rechnen mag.
Müll und Biomasse könnten 2012 knapp 3 % des Strombedarfs decken; allerdings muss der Müll dann auch verbrannt und nicht deponiert oder kompostiert werden. Die angedachte Änderung der TASI 2005 ist diesbezüglich kontraproduktiv. Ebenso ist die energetische Nutzung der Biomasse von 400.000 ha erforderlich.
Der Photovoltaikbeitrag wird zwar relativ gesehen drastisch weiter anwachsen, absolut gesehen spielt die Photovoltaik aber auch 2012 noch eine unterge-

ordnete Rolle. Ins Netz eingespeister Strom aus photovoltaischen Systemen ist im übrigen heute rund sechsmal teurer als Strom aus Windkraftwerken im deutschen Binnenland. Ich denke diese Relation sollte man sich stets vor Augen halten, um sich klar zu machen, wie weit die Photovoltaik noch von der Wirtschaftlichkeit entfernt ist. Zum 100.000 Dächerprogramm in Deutschland ist u. a. zu bemerken, dass eine grenzüberschreitende, EU-weite Betrachtungsweise, d. h. zum Beispiel eine Installation in Italien oder Spanien anstatt in Deutschland, deutlich höhere flächenbezogene Stromerträge brächte. Auch wäre eine Aufteilung etwa in zehn 10.000 Dächerprogramme mit zeitlicher Staffelung im Hinblick auf die Innovation deutlich zu bevorzugen. Dennoch ist festzuhalten, dass die Photovoltaik eine Technik mit großem Potenzial in der Zukunft ist, vorausgesetzt Forschung und Entwicklung in diesem Bereich werden verstärkt staatlich weitergeführt. Dass die Photovoltaik sich im Inselbetrieb schon heute betriebswirtschaftlich rechnet, brauche ich hier nur anmerken.

Die Quintessenz aus dem obigen Stromversorgungsszenario ist, dass der Einsatz der fossilen Energieträger zur Stromerzeugung deutlich verringert und damit der CO_2-Ausstoß um ca. 40 Mio. Tonnen reduziert werden könnte.

CO_2-Einsparungen bei der Wärmeversorgung in Gebäuden

Wenden wir uns nun dem Bereich Wärmeversorgung zu. Ca. ein Drittel unseres Endenergiebedarfs fällt für die Gebäudeheizung an. Entsprechend wurden hier 1998 laut Forschungsstelle für Energiewirtschaft (F&E) rund 270 Mio. Tonnen CO_2 freigesetzt. Hier existiert bei einem derzeitigen spezifischen Verbrauch von fast 200 kWh/Jahr und m² Wohnfläche in Deutschland ein besonders großes Potenzial zur Einsparung (Abb. 2).

Nebenbei bemerkt sei, dass Einsparungen im Verkehrsbereich nur sehr schwierig zu erreichen sind. Etwa 60% des PKW-Verkehrs sind „Fun-Driving" (Urlaub, Freizeit, Einkaufen) und die Besetzung der PKWs ist mittlerweile auf 1,2 Personen im Mittel zurückgegangen. Entwicklungen wie „Off-Roader" bremsen den Rückgang des Flottenverbrauchs.
Zurück zur Wärmeversorgung:

So sollte eine Verbesserung des derzeitigen Dämmstandards von 23 Mio. Altbauwohneinheiten auf die Vorgaben der Wärmeschutzverordnung von 1995 den Heizenergieverbrauch auf ein Drittel und die CO_2-Emissionen um 140 Mio. Tonnen reduzieren können. Allerdings ist diese energetische Renovierung des Gebäudebestands nicht in einem Sprung möglich. Die Kosten liegen immerhin bei etwa 30.000 DM/Wohneinheit. Würden 500.000 WE pro Jahr saniert, fielen Kosten von 15 Mrd. DM/a an. Der CO_2-Ausstoß ließe sich dann bis 2012 um 40 Mio. t/a verringern. Ein weiteres Plus wäre die Schaffung von etwa 150.000 Dauerarbeitsplätzen.

Es gibt eine ganze Reihe von Möglichkeiten, eine solche Innovationswelle anzuschieben (Abb. 3).

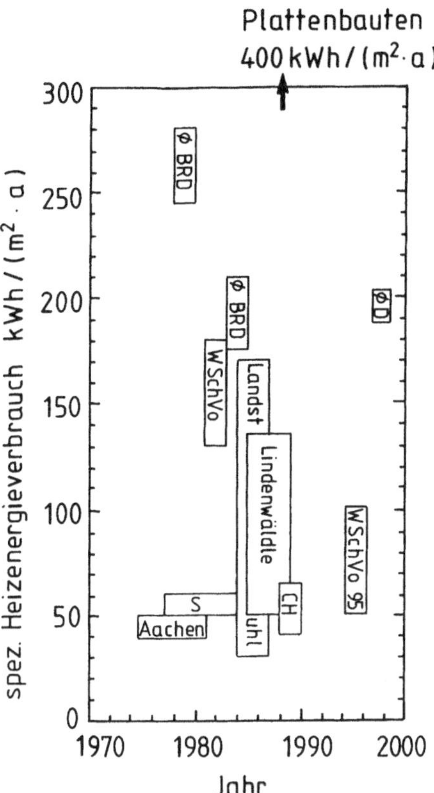

Tabb. 2 Entwicklung des Heizenergieverbrauchs in Deutschland

Maßnahmen zur Reduktion des Heizenergieverbrauchs:

staatliche Förderung,
steuerliche Anreize,
Renovierungsleitfaden (Internet)
Energiepaß
Energieverbrauchs-Monitoring mit Visualisierung,
stringente Dämmvorschriften auch für Altbau,
Erhöhung des Energiepreises
F&E neu Dämmsysteme (Beispiel ZAE Bayern)

Abb. 3 Mögliche Maßnahmen zur Reduktion des Heizenergieverbrauchs

Besonders effizient wäre ein direkter staatlicher Zuschuss - wie man von der
äußerst erfolgreichen Förderung der solaren Warmwasserkollektoren mit 1500
DM pro Anlage (bei Kosten von ca. 10.000 DM) weiß. Hier werden mit 1 DM
staatlichen Zuschusses von privater Seite Zukunftsinvestitionen von etwa 6DM
realisiert.

Leitfäden zur energetischen Renovierung von Altbauten sind unerlässlich,
wenn die Energieeinsparung im Hausheizungsbereich erfolgreich ablaufen
soll. Hierzu hat das ZAE Bayern im Rahmen seines 14 Mio DM-Verbundpro-
jekts ISOTEG ein Programm ins Internet gestellt.

Ein Energiepass für Wohnungen und Häuser gäbe sowohl Mietern als auch
Käufern verlässliche Daten über die zu erwartenden Heizkosten an die Hand.

Verbrauchsvisualiserung ist ein äußerst wirksames Mittel, Sparmaßnahmen
im Energiebereich zu realisieren. Am wirksamsten wären hier in DM oder Euro
geeichte Energieverbrauchszähler, die direkt momentane Kosten ausweisen
und so die Vergeudung von Energie vermeiden helfen.

Die Techniken zur Altbausanierung reichen von der Verbesserung der Wärmedämmung bis hin zur Nutzung der Solarenergie. Das ZAE Bayern hat hierzu
mehrere Verbundprojekte initiiert, in denen in enger Kooperation mit der
Industrie diesbezügliche Entwicklungsarbeiten bis hin zum Demoobjekt
geführt werden.

Vakuumdämmungen

Eine attraktive Neuentwicklung ist die thermische Vakuumisolation für den
Einsatz in Gebäuden. Derartige Vakuumisolationspaneele (VIP) mit langer
Lebensdauer enthalten einen nanostrukturierten, hochporösen Stützkörper
aus Kieselglaspulver und sind mit einer weitgehend diffusionsdichten Mehr-
schichtfolie umhüllt. Der Stützkörper nimmt den Atmosphärendruck von
$10^5 \, N/m^2$ auf. Die Wärmeleitfähigkeit des auf technisches Vakuum evakuier-
ten Pulverkörpers liegt bei ca. $4 \cdot 10^{-3} \, Wm^{-1}K^{-1}$ und ist damit fast zehnmal
geringer als in Styropor (Abb. 4). Sie wird von der Festkörperwärmeleitung
dominiert (Beitrag ca. $1 \cdot 10^{-3} \, Wm^{-1}K^{-1}$). Der Infrarot-Strahlungswärme-trans-
port ist rein diffusiv und hat einen Anteil von nur etwa $3 \cdot 10^{-3} \, Wm^{-1}K^{-1}$. Dies
wird durch Zusatz von IR-Trübungsmitteln wie Eisenoxid, Siliziumcarbid
oder Kohlenstoff zum SiO_2-Pulver erreicht, welche IR-Strahlung streuen und
absorbieren.

Gaswärmeleitung in den Poren setzt erst ein, wenn der Druck 20 mbar
wesentlich übersteigt (Abb. 5). Für Drücke unter diesem Wert ist die Knudsen-
Zahl groß gegen 1, d.h. es erfolgen praktisch keine Teilchen-Teilchen-Stöße
sondern fast nur Stöße der Restgasteilchen mit dem nanostrukturierten Pul-
verskelett. Bei Anstieg des Restgasdruckes auf 1 bar – etwa bei Perforation der
Hülle – steigt die Wärmeleitfähigkeit auf ca. $20 \cdot 10^{-3} \, Wm^{-1}K^{-1}$ an, ist somit also
immer noch deutlich geringer als jene von konventionellen Dämmmaterialien.

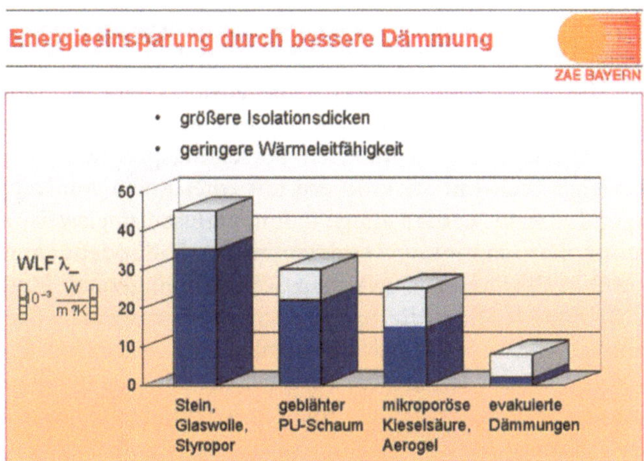

Abb. 4 Evakuierte Dämmungen mit etwa zehnfach größerer Dämmwirkung als Styropor bei vergleichbarer Dicke

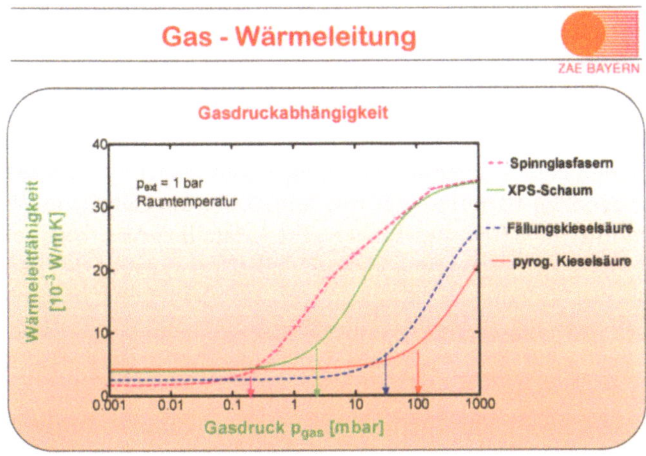

Abb. 5 Wärmeleitfähigkeit verschiedener Füllmaterialien für VIPs als Funktion des Luftdruckes

Als Füllmaterialien kommen besonders feinteilige Pulver infrage mit völlig amorphen ungeordneten Strukturen und meist großen massenspezifischen Oberflächen:

– pyrogene Kieselsäure wird in einem Flammprozess hergestellt und findet bislang Einsatz u. a. als Füllstoff in Autoreifen oder als Verdickungsmittel in Farben;

– SiO_2-Aerogele werden in einem nasschemischen Sol-Gel-Prozess mit anschließender schonender Trocknung hergestellt.

Rund 50 m² Vakuumisolationspaneele sind seit 1999 in die Fassade des neuen ZAE-Experimentiergebäudes in Würzburg installiert. Mit Dicken von etwa

2 cm lassen sich U-Werte von ca. 0.2 $Wm^{-2}K^{-1}$ realisieren, wie man sie für Niedrigenergiehäuser benötigt. Für Passivhäuser ergeben VIPs von 4 cm Dicke platzsparend die gewünschten U-Werte von etwa 0.1 $Wm^{-2}K^{-1}$, während mit konventionellen Dämmmaterialien Dicken von 40cm erforderlich sind. In einem vom ZAE Bayern koordinierten Forschungsprogramm, welches im Rahmen der High-Tech-Initiative Bayern mit einer Reihe von Industriepartnern durchgeführt wird, werden einige 1000m² VIPs beispielsweise als Außenwanddämmung, Kerndämmung, Innendämmung, Fußbodendämmung, Türdämmung und in Glasfassaden zwischen Scheiben eingesetzt. Ein besonders attraktives Demoprojekt ist die energetische Sanierung der Giebelfassade eines denkmalgeschützten Hauses in Nürnberg/Schoppershof. Die erlaubte maximale Dämmdicke war mit 6cm vorgegeben. Daher wurden 1,5cm dicke VIPs verwendet, welche zum Schutz mit 3,5cm Styrodur abgedeckt wurden. Der realisierte U-Wert nach der Sanierung liegt bei 0.2 $Wm^{-2}K^{-1}$.

Schaltbare Wärmedämmung

Man bringt in ein Vakuumpaneel mit einer Wärmeleitfähigkeit von ca. $3 \cdot 10^{-3} Wm^{-1}K^{-1}$ eine geringe Menge Wasserstoffgas gezielt ein. Die Gaswärmeleitfähigkeit von H_2 beträgt in der verwendeten Glasfaserfüllung bei 50 mbar ca. $150 \cdot 10^{-3} Wm^{-1}K^{-1}$. Damit liegt die Wärmeleitfähigkeit im gefluteten Zustand um den Faktor 50 höher als bei einem Gasdruck unter 0.01 mbar.

Die zum Schalten benötigte geringe und völlig ungefährliche Wasserstoffmenge wird durch elektrisches Heizen eines Metallhydrids freigesetzt. Dieses Material befindet sich in einem kleinen Behälter im Paneel. Die spezielle Wärmeisolation des Behälters ermöglicht es, die elektrische Heizleistung auf wenige Watt pro Quadratmeter Paneelfläche zu begrenzen. Kühlt sich das Hydrid ab, so wird das Wasserstoffgas readsorbiert, und der dämmende Zustand des Paneels ist wiederhergestellt.

Für die solarthermische Nutzung wird das schaltbare Wärmedämmpaneel (SWD) als Absorber mit Glasabdeckung in eine Südfassade integriert (Abb. 6). Bei ausreichender Einstrahlung während der Heizperiode ist der SWD auf Durchlass geschaltet. Nachts, bei fehlender Einstrahlung und im Sommer, wenn keine Wärme gebraucht wird, schaltet sich das Paneel selbsttätig zurück in den rein passiven, hoch dämmenden Zustand. Die Netto-Energieeinträge belaufen sich auf etwa 150 kWh pro Jahr und Quadratmeter Paneelfläche.

Streuung und Lenkung von Sonnenlicht

SiO_2-Aerogele besitzen nicht nur exzellente Dämmeigenschaften sondern sind auch lichtdurchlässig. Zusammen mit einem Industriepartner hat das ZAE Bayern ein translucentes Fassadenelement (Abb. 7) entwickelt, das einen

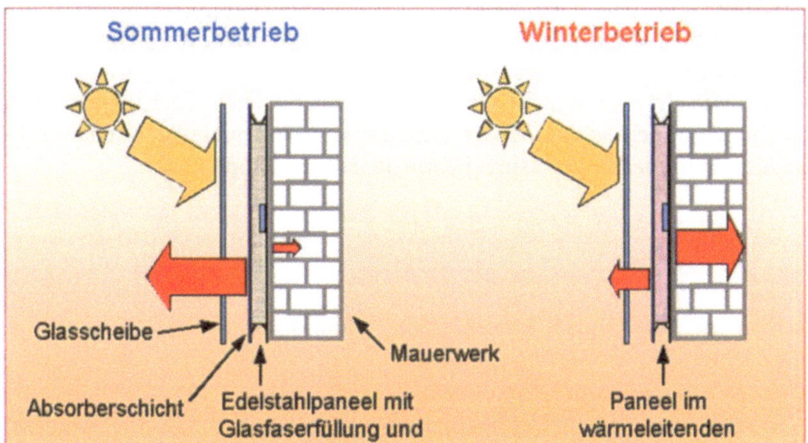

Abb. 6 Funktionsweise der schaltbaren Wärmedämmung

Abb. 7 Hoch dämmendes lichtstreuendes Fassadenelement mit SiO_2-Aerogel-schicht

U-Wert von ca. 0.5 $Wm^{-2}K^{-1}$ aufweist und die Raumausleuchtung über Lichtstreuung wesentlich verbessert (der Lichttransmissionsgrad liegt bei 54 %).

Lichtlenkung ist über Brechung und Totalreflexion in entsprechenden Fassadenkomponenten möglich. Gerade in Büro- und Verwaltungsgebäuden ist die blendfreie Nutzung von Tageslicht hoch erwünscht. Hier liegt ein erhebliches Einsparpotenzial bei Beleuchtungs- und Klimatisierungsbedarf, welches bei Entwicklung vor allem von miniaturisierten Lichtlenkstrukturen ausgeschöpft werden kann.

Gehen wir ein paar Schritte weiter, so gelangen wir zu einer in thermischer Hinsicht aber auch bezüglich der Lichttransmission variablen Gebäude Fassade, die dann über eine entsprechende Sensorik gesteuert wird.

Ausblick

Abschließend sei bemerkt, dass es in Deutschland durchaus realistische Chancen gibt, die CO_2-Reduktionsziele nach dem Kyoto-Protokoll bis 2012 zu erreichen, ja sogar zu übertreffen. Eine zentrale Voraussetzung ist allerdings, dass die Kernenergienutzung (CO_2-Vermeidung 170 Mio. t/a) nicht zurückgefahren wird. Weiter müssen bis dahin ca. 6 Mio. Altbauwohneinheiten energetisch renoviert sein, die Windenergienutzung an Standorten mit hoher mittlerer Windgeschwindigkeit, d.h. vor allem im On- und Offshore-Bereich ausgebaut sowie Müll und Biomasse verstärkt für die Stromerzeugung eingesetzt sein.

Im Übrigen sollten wir nicht vergessen, dass der vorjährige Preisanstieg für Rohöl sicher nicht der letzte gewesen sein dürfte, dass Öl noch immer 40 % des Primärenergiekonsums in Deutschland deckt und rund 60 % der Weltölreserven in den OPEC-Ländern liegen.

Die künftige Entwicklung des Energieverbrauchs im Luftverkehr

Johann Schäffler

In den letzten 50 Jahren hat sich das Flugzeug zum alleinigen Verkehrsmittel für Entfernungen >1000 km entwickelt. Eine Alternative zum Luftverkehr gibt es für die absehbare Zukunft nicht.

Der zukünftige Energieverbrauch der Verkehrsluftfahrt wird durch die Entwicklung der Transportleistung und die Zusammensetzung der Flotten bestimmt, die diese Leistung erbringen. In der Flottenzusammensetzung finden Flugzeuggröße, Streckenlängen und technologischer Fortschritt Eingang (Abb. 1).

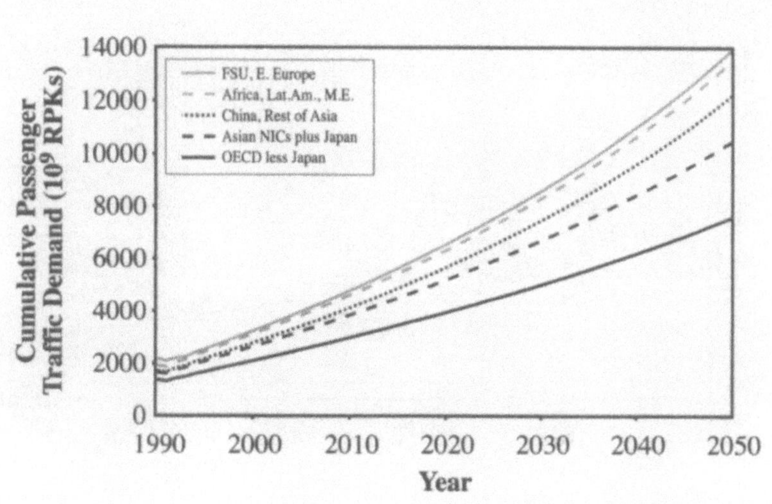

Abb.1 Cumulative Passenger Traffic Demand [Ref. 1; S.329]

Die Verfahren zur Vorhersage der zukünftig erforderlichen Transportleistung und Flottenzusammensetzung sind – insbesondere von den Flugzeug-Herstellern – sehr verfeinert worden. Sie stellen eine Prognose für die nächsten 20 Jahre dar, die jährlich überarbeitet wird [Ref. 2, 3]. Wesentliche Eingangsgröße ist dabei die erwartete Entwicklung des Brutto-Inlands-Produkts aller Regionen weltweit. Im Vergleich mit den Prognosen anderer Einrichtungen, liegen die Hersteller-Vorhersagen dabei eher an der Obergrenze anderer Vorhersagemodelle.

Verbesserungen des Energieverbrauchs im Luftverkehr resultieren aus verschiedenen Quellen technischer und operativer Art, durch
- Verbesserung des Geräts (bessere Aerodynamik; geringerer Verbrauch der Triebwerke; leichtere Werkstoffe und Bauweisen), siehe Abb. 2
- eine bessere Gestaltung des Verkehrsmanagements und der Verkehrsführung (höherer Sitzladefaktor durch verbesserte Reservierungs-Syteme; Verbesserung des Air-Traffic-Managements)
- effizientere Verkehrsstrukturen (Konzentrationsprozesse in der Lufttransportindustrie)
sind in den Prognose-Szenarien bereits berücksichtigt.

Aus Abb. 2 wird die enorme technische Verbesserung des Transportmittels Flugzeug im Verlauf der letzten 50 Jahre ersichtlich. Sie hat zu einer Reduzierung des spez. Verbrauchs um den Faktor 6 geführt.

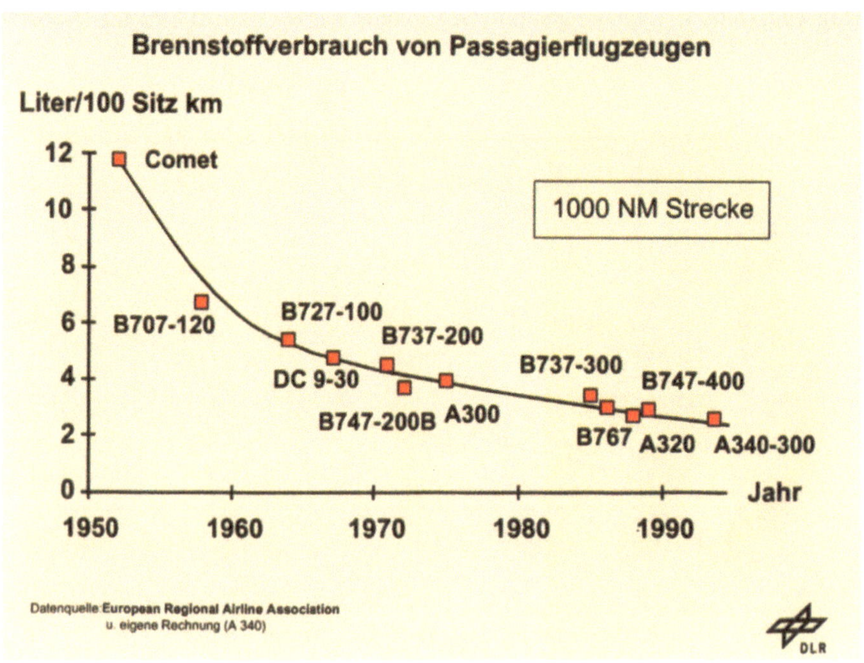

Abb.2 Brennstoffverbrauch von Passagierflugzeugen

Abb. 3 stellt die insgesamt erzielten bzw. erwarteten Verbesserungen dar. Sie zeigen einen Verlauf wie er für den Reifeprozess technischer Systeme typisch ist.

Schätzungen des US-Department of Energy gehen für den Zeitraum bis 2020 im US-Lufttransport-System von einer Verbesserung des Kraftstoffverbrauchs um 0,8 %/<Jahr aus.

Year	Annual Improvement in Fuel Efficiency (%)
1991–2000	1.3 (Greene, 1992)
2001–2010	1.3 (Greene, 1992)
2011–2020	1.0 (DTI extrapolation)
2021–2030	0.5 (DTI extrapolation)
2031–2040	0.5 (DTI extrapolation)
2041 on	0.5 (DTI extrapolation)

Abb.3 Annual Improvement in Fuel Efficiency (%) [Ref. 1; S.315]

Aus der Zusammenführung von erwarteter Entwicklung des Verkehrsaufkommens, der Verbrauchsdaten der Flotten und der erwarteten Verbesserungen ergibt sich die Prognose des Energieverbrauchs (Abb. 4).

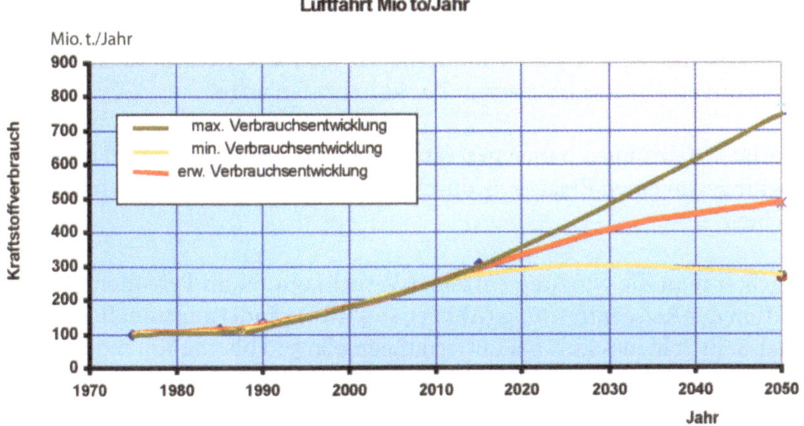

Abb.4 Entwicklung des Kraftstoffverbrauchs Luftfahrt Mio. t./Jahr [nach Ref. 1; Kap.9]

Danach ist – wenn man Krieg und eine bruchhaft-negative Entwicklung der Wirtschaft ausschließt – für die nächsten 20 Jahre von weiter wachsendem Energiebedarf im Luftverkehr auszugehen, da der Zuwachs in der nachgefragten Transportleistung mit ~5%/Jahr deutlich über dem Gesamt-Einsparpotential von 1,1%/Jahr liegen wird. Der geringere Kraftstoffverbrauch in der militärischen Luftfahrt, der aus dem Ende des „kalten Krieges" resultiert, ist dabei in der obigen Darstellung bereits berücksichtigt.

Für den Langfrist-Zeitraum (2020–2050) liegen Abschätzungen verschiedener Institute vor. Dabei wurden verschiedene Szenarien, sowohl der Entwicklung des Verkehrs, wie auch der Technik untersucht und ihre Auswirkung auf den Energieverbrauch ermittelt. In der Abbildung 3 sind eine maximale und minimale Entwicklung des Kraftstoffverbrauchs, sowie ein erwarteter Kraftstoffverbrauch dargestellt.

Im Zeitraum 2020–2050 würde sich für den erwarteten Verlauf mit 1,6 % p.a. ein deutlich schwächerer Zuwachs einstellen.

Bei solchen langfristigen Prognosen spielt natürlich die Frage der Verkehrsvermeidung und die damit erzielbare Einsparung eine wichtige Rolle. Heute besteht bei Reiseentfernungen von > 1000 km praktisch kein alternatives Verkehrsmittel. Verkehrsvermeidung beim Luftverkehr wäre nur durch erhebliche dirigistische Eingriffe oder durch Substitution der individuellen Mobilität durch völlig neue Technologien vorstellbar. Beispielsweise ist ein massiver regulatorischer Eingriff in die rasch wachsende Freizeit-Mobilität (Privatreisen und Fern-Urlaub) zwar denkbar, aber sehr unwahrscheinlich, weil dies tief in das Selbstverständnis unserer Gesellschaft eingreifen würde. Im Bereich der beruflich bedingten Mobilität gibt es grundsätzlich Möglichkeiten der

Substitution durch Entfall
- der täglichen Fahrt zur Arbeit durch häusliche Bildschirmarbeit
- von Geschäftsreisen durch moderne Formen der Kommunikation, wobei der Luftverkehr nur im zweiten Punkt betroffen wäre.

Bisherige Erfahrungen haben gezeigt, dass menschliche Natur und industrielle Struktur gegen einen Ersatz z. B. durch Videokonferenzen in größerem Umfang sprechen.

Betrachtet man die Nutzung einzelner Verkehrsmittel im Personenverkehr als Funktion der Reiseentfernung (Abb. 5), so sind Veränderungsmöglichkeiten im Modal-Split Schiene- Luft bei Entfernungen von 500 bis 700 km möglich, wenn es gelingt die Geschwindigkeit der Bahn so zu erhöhen, dass dabei die Gesamtreisezeit <4 Stunden bleibt.

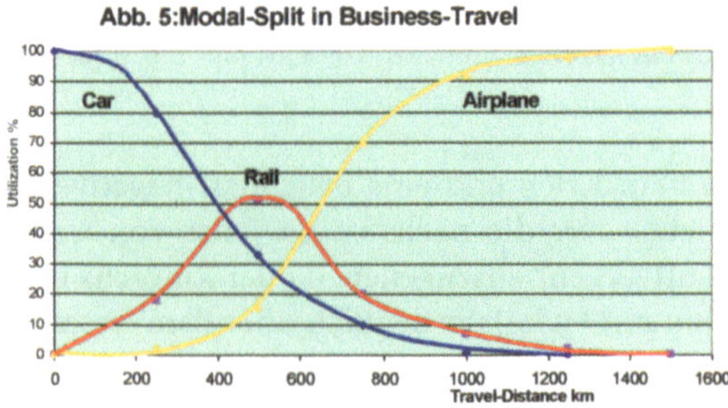

Abb.5 Modal-Split in Business-Travel

Legt man für einen realistischen Vergleich den Kraftstoffverbrauch/100 Passagierkilometer bei typischen Sitzladefaktoren für die einzelnen Verkehrsmittel zu Grunde (Abb. 6), so entspricht heute der Verbrauch/ Passagier eines modernen Verkehrsflugzeugs demjenigen eines Hochgeschwindigkeitszuges und ist geringer als derjenige eines modernen PKW.

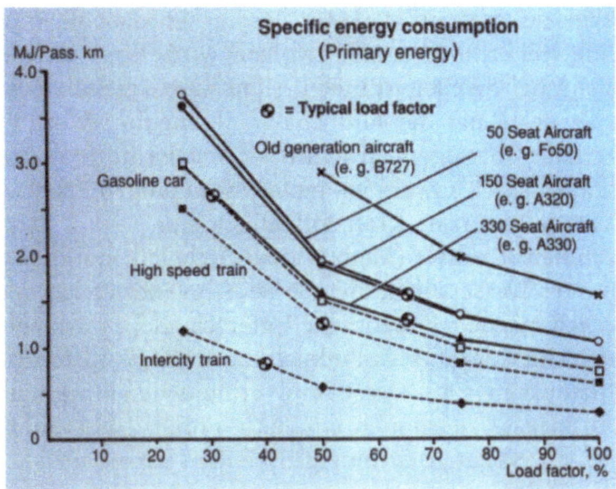

Abb.6 Specific energy consumption

Dies bedeutet, dass Veränderungen des Modal-Split bei gleicher Transportleistung ohne merkliche Auswirkung auf den Energieverbrauch blieben.

Auch beim Gütertransport sind auf langen Strecken im Verhältnis Luft – zu Schiffstransport wenig Veränderungsmöglichkeiten zu erkennen.

Welche technischen Verbesserungs- und Weiterentwicklungspotentiale hat das Verkehrsflugzeug? Die nachfolgende Abb. 7 aus Ref. 1 (Seite 224) zeigt, dass Flugzeug und Antrieb je hälftig zu den Verbesserungen beitragen.

Die Zahlen zeigen aber auch, dass in der Vergangenheit bereits erhebliche Verbesserungen realisiert worden sind, so dass die Ausschöpfung zukünftiger Potenziale mit stark anwachsenden Kosten verbunden sein wird.

Time Period	Airframe	Propulsion	Total Aircraft
1950–1997	30	40	70
1997–2015	10	10	20
1997–2050	25	20	45 (40–50)

Abb.7 Weiterentwicklungspotenziale

Weiterhin zeichnet sich ab, dass bei zunehmender Ausschöpfung der Verbesserungspotenziale Verbrauchsminimierung und Umweltverträglichkeit nicht mehr überein stimmen, so dass sich die Frage stellt, welches Minimum (Beitrag zum Treibhauseffekt, zur Ozonbelastung, zur Lärmemission oder zum Kraftstoffverbrauch) angestrebt werden soll.

Da derzeit keine Vorstellungen bestehen, in überschaubarer Zukunft den Reaktionsvortrieb zu ersetzen, ist davon auszugehen, dass die Entwicklung der Antriebssysteme weiterhin graduell erfolgen wird. Eine zusammenfassende Betrachtung der Möglichkeiten ist in Ref. 1 Kap. 7.4–7.6 (Seite 228 ff.) enthalten.

Im Gegensatz dazu, hat die Endlichkeit der heute verwendeten fossilen Kraftstoffe durchaus Überlegungen veranlasst, welche Stoffe als Ersatz geeignet wären. Dabei kann es sich sowohl um einen vollständigen Ersatz, wie auch um Gemische mit heute benutzten Kraftstoffen handeln.

In Frage kommen Alkohole (Methyl- oder Aethylalkohol) oder verflüssigte Gase (Methan oder Wasserstoff), die alle keine grundsätzlich anderen Triebwerke erforderlich machen. Wesentliche Unterschiede ergeben sich beim Aufwand (Mehrgewicht, vergrößertes Tankvolumen) für die Mitführung der erforderlichen Kraftstoffmenge und den damit verbundenen Fragen der Sicherheit, die bei den Flüssiggas-Treibstoffen eindeutig größer sind. Die nachfolgende Tabelle (Abb. 8) zeigt wichtige Grundeigenschaften der möglichen Kandidaten.

	Density (kg m^{-3})	Specific Energy (MJ kg^{-1})	Energy Density (10^3 MJ m^{-3})
Kerosene (typical)	783	43.2	33.8
Ethanol	785	21.8	17.1
Methanol	786	19.6	15.4
Methane (liquid)	421	50.0	21.0
Hydrogene (liquid)	70	119.7	8.4

Abb.8 Alternativen für Flugtreibstoffe [Ref. 1; S.257]

Dabei fällt auf, dass bei allen Alternativen deutlich größere Tankvolumina notwendig werden.

Neben der Beherrschbarkeit neuer Technologien spielen wirtschaftliche, operationelle und infrastrukturelle Fragen bei der Einführung neuer Technologien und Gerätekonfigurationen eine mindestens genau so entscheidende Rolle. Dies wird vor allem durch die lange Nutzungsdauer der Geräte und die darauf abgestimmte Finanzierung bedingt.

Literatur

1 Aviation and the Global AtmosphereIntergovernmental Panel on Climate Change Cambridge University Press 1999.
2 Global Market Forecast 2000-2019 Airbus Industrie, July 2000.
3 Current Market Outlook 2000Boeing Commercial Airplanes Group.
4 Aircraft and the Environment European Association of Aerospace Manufacturers (AECMA) 1993.

Verkehr

Dirk Zumkeller

Der Verkehrsbereich, einschließlich des Luftverkehrs, gehört zu den eher irrationalen Bereichen dieser Gesellschaft hinsichtlich des Einsparungspotentials. Innerhalb dieses Verkehrsbereichs ist der Luftverkehr noch etwas irrationaler oder verschwenderischer als andere Bereiche. Die Aussage, dass die Energieeffizienz des Luftverkehrs vergleichbar ist mit dem Hochgeschwindigkeitsverkehr, PKW o. ä., ist richtig. Richtig ist aber auch, dass mit dem Luftverkehr in derselben Zeit ein Vielfaches an Entfernung zurückgelegt werden kann als etwa mit einem Hochgeschwindigkeitszug oder einem Pkw. Daraus folgt, dass die Verkehrsleistungen, die ein durchschnittlicher Verkehrsteilnehmer im Jahre 1960 erbracht hat, bis heute mehr als verdoppelt wurden. Personen, die im Luftverkehr oder in anderen schnellen Infrastrukturen unterwegs sind, schaffen 100 000 oder 200 000 Kilometer im Jahr. So werden wir an verschiedenen Beispielen sehr deutlich darauf hingewiesen, dass immer dann, wenn es nicht nur um die Technik, sondern auch um den Menschen geht, nicht mehr von Nullsummenspielen die Rede sein kann. Sobald die Nachfrage ins Spiel kommt, werden Verbesserungsmöglichkeiten leicht aufgezehrt; so werden etwa steigende CW-Werte mit höheren Leistungen der Pkws kompensiert. Zieht man Vergangenheitszeiträume heran, erkennt man, dass diese schnellen Infrastrukturen (Luft, HGV, BAB usw.), die höchsten Zuwachsraten hatten und vieles kompensieren, was auf der technischen Seite realisiert wird.

Das heißt, man muss sich – auch als Ingenieur – mit Menschen und der subjektiven Rationalität oder auch Irrationalität dieser Menschen befassen, die teilweise schwer zu ergründen ist. Das fängt bei sehr einfachen Beispielen an. Wenn man sich den Straßenverkehr ansieht, dann ist es Fakt, dass Reisegeschwindigkeiten ohne weiteres erhöht werden könnten, indem Störungen abgebaut und nicht etwa die Höchstgeschwindigkeiten erhöht werden. De facto ist dies aber nicht der Fall – im Gegenteil. Man arbeitet an den Höchstgeschwindigkeiten und bringt im Sekundenbereich Vorteile zustande, die beim nächsten Stau natürlich aufgezehrt werden, aber in anderen Zehnerpotenzen. Zur Zeit wird daran gearbeitet gesamte Verkehrssysteme robust arbeiten zu lassen, d. h., möglichst störungsfrei. Jede Störung, z.B. Stau – dies gilt auch für Flughäfen oder andere Infrastrukturen – ist sozusagen nachteilig sowohl für den Fahrer, der im Auto sitzt, als auch für den Betreiber, der Energie verbraucht, die zu keinerlei Fortbewegung führt, und auch für die Allgemeinheit, weil das zu Emissionen führt, die auch für die Allgemeinheit unerfreulich sind. Die Tatsache, dass wir unsere Verkehrssysteme so betreiben, dass die Störungen die Regulative für die gesamte Verkehrsnachfrage darstellen, ist ein Luxus, den wir uns an und für sich nicht leisten können. Deshalb wird daran gearbeitet, über die Erhöhung der Selbstorganisationsfähigkeit eines Straßenverkehrssystems durch den Einsatz von I- und K-Technologien einen störungsfreieren Betrieb zu erreichen. Dabei würde man sich sicherlich mit verschiedenen Mitteln an der subjektiven Rationalität der Menschen vorbei bewegen müssen. Gleichwohl ist das scheinbar der einzig vielversprechende Weg. Allerdings widerspricht es Menschen offenbar, mit gleichförmiger Geschwindigkeit zu fahren und sich darüber zu freuen, dass es keine Staus gibt. Menschen machen es lieber anders: sie geben gerne kräftig Gas und sie bremsen auch gerne kräftig. Es ist schwer, vieles zu verstehen, aber eines sollte schon einsichtig sein: Wenn die technischen Verbesserungen wirksam werden sollen, dann müssen sie auf der Nachfrageseite zumindest neutral wirken. Und das tun sie bis dato überhaupt nicht. Wir haben es nie mit Nullsummenspielen zu tun. Damit werden Formulierungen, die lauten, "die Energiebedürfnisse der Zukunft befriedigen zu müssen" fragwürdig, insbesondere, wenn man sich klar macht, dass diese Bedürfnisse möglicherweise nicht zeitinvariant, sondern progressiv sind. Daraus folgt: wir müssen auch mit den Menschen reden.

Deshalb muss die Reihenfolge der Argumentation mit Sicherheit lauten: zunächst Einsparung, dann Energieeffizienz und dann die Frage nach dem Energieträger. Im Verkehrsbereich müsste es sicherlich heißen, erst regional und dann national, dann europäisch und schließlich global. Das letztere steht diametral im Widerspruch zu allen Entwicklungen, die im Moment existieren. Austauschprozesse werden eher globaler, und da ist natürlich der Wunsch sehr gerne der Vater des Gedanken. Der Hauptbereich oder ein wesentlicher Bereich, in dem man das zur Zeit zeigen kann, ist die Verbreitung von I- und K-Technologien. Es wurden bereits einige Untersuchungen empirischer Art durchgeführt, die diesen Wunsch der Substitution von physischem Verkehr durch Kommunikation überprüfen. Das Ergebnis ist sehr ernüchternd: es gibt wahrscheinlich Substitutionspotentiale, die in der Größenordnung von sechs bis acht Prozent der Verkehrsleistung liegen, aber es gibt Induktionswirkungen durch Telekommunikation, die wesentlich höher liegen werden, insbesondere im Fernbereich; Fernmobilität wird sicherlich sehr stark durch diese neuen Kommunikationstechnologien stimuliert. Insofern ist also hier mit einer Halbwertszeit von vielleicht 10 oder 15 Jahren zu rechnen, bis die Gesellschaft noch erheblich mehr Verkehrsleistung nachfragt als heute vorstellbar ist. Diese Aussagen können noch nicht quantifiziert werden, aber man hat Anlass, dieses zu befürchten.

Was ist das Fazit? Anscheinend gibt es eine große Abhängigkeit des Pkws von fossilen Brennträgern. Fossile Brennträger, insbesondere Mineralöl, haben nach allen Einsichten die kürzeste Reichweite, das heißt, wir haben hier einen Konflikt, der droht, nicht in zwanzig Jahren, aber vielleicht danach, über die Menschheit zu kommen. Die große Alternative, zumindest in Deutschland oder in Europa, sind öffentliche Verkehrsmittel. Öffentliche Verkehrsmittel haben eher eine Affinität zum Strom. Alternativen sind durchaus zu überlegen, die lauten: im Nahbereich eher ein Miteinander von ÖPNV und Pkw und im Fernbereich vielleicht doch eher öffentliche Verkehrsmittel, alles über den Tag hinaus gedacht. Daraus könnte für den Verkehrsbereich folgen: wenn es zutrifft, dass Energiepreise steigen – bezogen auf sehr langfristige Entwicklungen – wenn es zutrifft, dass die Kapazität des Straßennetzes aus ökologischen Gründen nicht wesentlich gesteigert werden kann und wenn es gelingen sollte, Verkehrsflüsse im Straßennetz zu homogenisieren und nicht heterogene Verkehrsflüsse zu produzieren, dann könnte man sich vorstellen, dass man im Straßenbereich vielleicht eine Halbierung des Flottenverbrauchs über das Fahrzeug zustande bringt. Das wären kleine Entwicklungsvisionen, allerdings immer unter der Voraussetzung, dass es gelingt, die Menschen zu überzeugen, dass dieses richtige oder langfristig tragfähige Entwicklungslinien sind. Dies ist eine Aufgabe für sich.

Konventionelle und alternative Energieträger in der regionalen Forschungspolitik

Diethard Schade

Vielen Dank Herr Dr. Franz für die freundliche Einführung. Ich bin Mitglied des Vorstandes der Akademie für Technikfolgenabschätzung. Wir befassen uns in meinem Bereich mit Infrastruktursystemen, darunter auch mit spezifischen Aspekten der Energieversorgung. Genereller Auftrag der Akademie ist Kommunikation mit der Öffentlichkeit, im Kern das Vermitteln zwischen Wissenschaft und Öffentlichkeit.

Ich möchte im folgenden im wesentlichen auf zwei Punkte eingehen: die Behandlungkonventioneller und alternativer Energieträger und die Einflussmöglichkeit der Regionen auf die Energieversorgung. Die Entwicklung der alternativen Energieträger hängt sehr viel stärker von politischen Einschätzungen und Rahmenbedingungen ab als die der konventionellen. Für eine erfolgreiche Finanzierung und Förderung von F&E sollten beide daher unterschiedlich behandelt werden. Die Einflussmöglichkeit von Regionen oder Bundesländern auf die Energiepolitik wird in der Tendenz schwächer werden. Vor diesem Hintergrund muß speziell gefragt werden, was Länder wie Bayern und Baden-Württemberg tun können, um ihren Forschungs- und Wirtschaftsstandort mit Bezug auf das Thema Energie zu stärken.

Ich möchte mit einer allgemeinen Beobachtung beginnen. Wenn man die Aussagen der Experten hier betrachtet, dann besteht, wie auch mit Aussagen außerhalb dieses Kreises, weitgehend Übereinstimmung darüber, dass die Energieversorgung in den nächsten Dekaden von den konventionellen Energieträgern, also Kohle, Öl, Gas, Kernenergie, bestimmt sein wird, und dass die regenerativen zwar wachsen aber in diesem Zeitraum keinen großen Anteil an der Energieversorgung erreichen werden. Diese Erwartungen sind dann auch konsistent mit der ebenfalls überwiegend wiedergegebenen Einschätzung, dass die konventionellen Energieträger in den nächsten Jahrzehnten ausreichend, wenn nicht gar im Überfluss vorhanden sein werden. Das heißt, zur Sicherung der Energieversorgung braucht man heute eigentlich nichts tun, zumindest muss man nichts besonderes tun. Wie in der Vergangenheit wird die Energieversorgung in Deutschland in den nächsten Jahrenzehnten nicht von der Frage einer möglichen weltweiten Verknappung von Ressourcen bestimmt sein, sondern von der Frage der tatsächlichen Verfügbarkeit. Tatsächliche Verfügbarkeit, Wirtschaftlichkeit und Versorgungssicherheit sind die Kriterien, die bezogen auf die konventionellen Energieträger im Vordergrund stehen sollten. Energie ist ein wesentlicher Produktionsfaktor der Industriegesellschaft und Deutschland ver-

fügt nur über wenig Energieressourcen. Wir brauchen also für eine nachhaltige
Sicherung von Wirtschaft und Lebensbedingung in Deutschland preiswerte
Energie und die versorgungssicher. Wenn die konventionellen Energieträger in
absehbarer Zeit ausreichend vorhanden sind, dann ist die Orientierung von
Energiewirtschaft und Energiepolitik an den Kriterien Wirtschaftlichkeit und
Versorgungssicherheit auch nachhaltig.

Nachhaltigkeit ist ein normatives Konzept und nicht wissenschaftlich
begründbar. Es fordert die heute Lebenden dazu auf, Verantwortung für künftige Generationen zu übernehmen, und besagt bezogen auf die Energie, dass
künftig Lebende zumindest die gleichen Chancen für die Nutzung von Energie
haben sollen wie die heute Lebenden. Wenn die heute genutzten Energieträger
langfristig wirklich knapp werden, dann lässt sich diese Forderung nur
dadurch erfüllen, dass neue und nach Möglichkeit unerschöpfliche Energiequellen erschlossen werden: Schnelle Brüter, erneuerbare Energieformen, vielleicht auch die Fusion. Das Nachhaltigkeitskonzept ist ein sehr eingängiges
Konzept, weil es in unserer kulturellen Tradition verankert ist. Schon immer
wurden Ackerflächen so behandelt, dass auch Kinder und Kindeskinder daraus
Nutzen ziehen konnten. Schon immer wurden Bäume gepflanzt, auch wenn der
Nutzen dem Pflanzer selbst nicht zugute kam. Und schon immer wurden auch
Investitionen, zum Beispiel in die Infrastruktur, getätigt, deren Nutzung weit in
die jeweilige Zukunft hinein reichte. Was bei der heutigen Diskussion um
Nachhaltigkeit in den Hintergrund tritt, vielleicht auch bewusst vergessen
wird, ist die Frage des Zeithorizontes, der mit diesem Konzept verknüpft ist
oder verknüpft sein sollte. Wieviel Generationen umfaßt der Begriff ‚künftige
Generationen‘? Traditionell reicht die Verantwortung für die Zukunft bis zu
den Enkeln, sie umfaßt die Personen, die man noch kennt oder kennen kann.
Heute – bei längerer Lebenserwartung – wären es vielleicht die Urenkel, d.h.
drei Generationen oder rd. 100 Jahre. Wenn also über Nachhaltigkeit gesprochen
wird, dann meint man die Verantwortung für einen begrenzten Zeitraum von
100 Jahren. Was danach kommt, ist offen und entzieht sich realistischerweise
unseren heutigen Gestaltungsmöglichkeiten. Wir können die künftige Entwicklung nicht voraussagen, und wir dürfen uns auch nicht anmaßen, heute wissen
zu wollen, was künftige Generationen wissen, wollen und können werden.

Wenn man den Zeitraum von größenordnungsmäßig 100 Jahren als einen
realistischen Zeithorizont für nachhaltiges Handeln akzeptiert, dann ist heute
– vor dem Hintergrund der vorhandenen Ressourcen – die Konzentration auf
die konventionellen Energieträger und die primäre Orientierung an Wirtschaftlichkeit und Versorgungssicherheit nachhaltig.

Hier käme es darauf an, Forschung und Entwicklung darauf zu konzentrieren, dass diese Ressourcen gesichert sind, dass sie preiswert zur Verfügung stehen, dass sie effizient genutzt und dass die mit ihrer Nutzung verknüpften
Umweltwirkung minimiert werden.

Im Gegensatz zur Erwartung der meisten Experten, dass nämlich die Energieversorgung noch lange von den heute dominierenden Energieträgern

bestimmt sein wird, wird die öffentliche Diskussion weitgehend von den alternativen Energieträgern bzw. Energieformen bestimmt. Wie bei allen Themen von öffentlichem Interesse wird auch die Energiediskussion sowohl von Fakten als auch von Wertungen bestimmt. Im Bereich von Energie und Energienutzung haben sich im Laufe der etwa 30 letzten Jahre wissenschaftlich begründete Fakten, Veränderungen der Ansprüche in der Wohlstandsgesellschaft, Ängste potentiell Betroffener und unterschiedliche normative Vorstellungen zu Argumentationssträngen verdichtet, die den Charakter gesicherten Erkenntnissen gewonnen und die sich in die politische Programmatik umgesetzt haben.

Die verschiedenen politisch bedingten Ölverknappungen haben sich zu der Überzeugung verdichtet, Energie wäre knapp. Heute lässt sich kaum eine öffentliche Äußerung zu Energiefragen finden, in der nicht die Notwendigkeit des Energiesparens betont würde. Energiesparen im Sinne des Vermeidens von Ressourcenverbrauch muß aber heute nicht im Vordergrund stehen; wichtig ist die effiziente Energienutzung mit dem Ziel höherer Wirtschaftlichkeit. Die Kernenergiediskussion ist weithin von Ängsten geprägt, die durch Unfälle wie in Tschernobyl genährt wurden. Sie hat Kernenergie in Deutschland zu einer weithin nicht akzeptablen Energie werden lassen und mit der derzeitigen Regierung zum Ausstiegsbeschluss geführt. Die öffentliche Diskussion um den Umweltschutz hat allen natürlichen Prozessen eine Vorrangstellung eingeräumt und die regenerativen Energieträger besonders attraktiv werden lassen. Großen Raum nimmt die „Klimakatastrophe" in der öffentlichen Wahrnehmung ein; sie liefert heute das zentrale Argument für die CO_2-freien Energieträger, d.h. sowohl für die Nutzung der Kernenergie als auch für die der regenerativen Energieformen. Und schließlich ist es das Prinzip der Nachhaltigkeit, das ohne einen definierten Zeithorizont suggeriert, wir müßten heute und sofort alternative Energiequellen aktivieren, weil in ferner Zukunft die prinziell begenzten Ressourcen der endlichen Erde zu Ende gehen.

Die Notwendigkeit für die Nutzung alternativer Energieträger bzw. Energieformen leitet sich so aus den Überzeugungen ab, die sich in der Bevölkerung in der Wahrnehmung der öffentliche Debatte über Energie und Energieversorgung mehrheitlich gebildet haben; sie ist durch gesellschaftliche Wertungen und damit politisch begründet. Die Energieversorgung unterscheidet sich hier überhaupt nicht von anderen gesellschaftlichen Vorsorge-Systemen. Auch den Entscheidungen über Inhalt und Umfang von Solidarität im Gesundheitssystem oder die Zumutbarkeit von Lasten der Jungen für die Alten im Rentensystem liegen in ähnlichen Meinungsbildungsprozesse zugrunde.

Nicht jeder Einzelne wird mit den mehrheitlich geäußerten Überzeugungen einverstanden sein. Wie richtig oder falsch die Argumentationen und darauf aufbauende Begründungen für den Einsatz alternativer Energien aus individueller Sicht sind, ist aber letztlich unerheblich. Sie sind gesellschaftspolitsch reale Kräfte und sie bestimmen maßgeblich das politische Handeln, d.h. sie müssen bei allen Entscheidungen im Bereich Energie berücksichtigt werden.

Das Problem dieser Meinungsbildungsprozesse ist nur, dass sie nicht notwendig eine über längere Zeit kohärente Energiepolitik garantieren. Die in diesen Argumentationssträngen enthaltenen Wertungen und daraus abgeleitete Priorisierungen können sich im Laufe der Zeit durchaus verändern.

Beispiele für unterschiedliche oder sich verändernde Bewertungen der künftigen Entwicklung sind die kürzlich von vom amerikanischen Präsidenten formulierte Skepsis zur Notwendigkeit umfangreicher Maßnahmen zur Abwendung der ‚Klimakatastrophe‘ oder die Einschätzung der Kernenergienutzung, die sich in Deutschland von ursprünglich breiter Zustimmung zu einer weitgehenden Ablehnung gewandelt hat. Uninteressant ist in diesem Zusammen auch nicht die Beobachtung, dass altruistische Argumente und starke Präferenzen für Regenerative vor allem in den protestantisch geprägten Ländern : Holland, Dänemark, Norwegen, Schweden und (Nord-)Deutschland eine große Rolle spielen, d.h. sehr stark von kulturellen Traditionen geprägt zu sein scheinen. Welche Bedeutung dies für das stärkere Zusammenwachsen der EU haben kann, ist derzeit noch unklar.

Vor diesem Hintergrund erscheint mir die Frage nach der Sicherung der Energieversorgung an sich in den nächsten Jahrzehnten weniger wichtig, als die Frage, welche Rolle Länder – wie Bayern oder Baden-Württemberg – in der Energieversorgung in Zukunft spielen können: sowohl als Forschungsstandort als auch als Wirtschaftsstandort. Die zentrale Frage ist: Welche wirtschaftlichen Aktivitäten und welche Forschungsschwerpunkte sollten im Vordergrund stehen, um Wissen zu erzeugen, das in der Energiewirtschaft umsetzbar ist, und Produkte zu liefern, die in der Energiewirtschaft absetzbar sind?

Chancen für die Umsetzung von Forschungsergebnissen und für wirtschaftliche Tätigkeiten im Energiebereich und damit die längerfristige Sicherung der Forschungs- und Wirtschaftsstandorte ergeben sich nach dem Gesagten am ehesten bei einer Konzentration auf die konventionellen Energieträger. Das betrifft bei den fossilen Energieträgern alle Technologien für die gesamte Umwandlungskette und schließt – in der Forschung – auch Fragen wie Kohleumwandlung und CO_2-Abtrennung ein. Bei der Kernenergie hat sich Deutschland bereits weitgehend aus wirtschaftlichen Tätigkeiten verabschiedet. Allerdings ist aber schon im europäischen Kontext und noch mehr im Weltmaßstab davon auszugehen, daß die Kernenergie weiterhin Bedeutung haben wird. In Deutschland gewonnene Forschungsergebnisse haben so bei zunehmender internationaler Verflechtung der Energiemärkte durchaus das Potenzial für Umsetzungen. Forschungen zur Reaktorsicherheit und zur Entschärfung des Endlagerungsproblems – z.B. durch Transmutation der Aktiniden – könnten beispielsweise Schwerpunkte sein.

Unabhängig von der Frage der Energieträger hat natürlich die Frage der effizienten Energienutzung hohe wirtschaftliche Bedeutung und dementsprechend haben F&E in diesem Bereich ebenfalls ein hohes Potenzial für Umsetzungen.

Der Charme einer Konzentration von Maßnahmen auf die konventionellen Energieträger liegt darin, dass die Nachfrage nach technologischen Lösungen in diesem Bereich in den nächsten Jahrzehnten weithin vom Markt angetrieben und damit nur wenig von der Politik beeinflußt sein wird. Forschungsziele und Prioritäten können sich damit einigermaßen verläßlich an einer Fortschreibung von Vergangenheitsentwicklungen orientieren.

Das sieht im Bereich der alternativen Energieträger grundsätzlich anders aus. Hier wäre es natürlich wünschenswert, im Sinne von Erkenntnisgewinn und breiter Vorsorge alle denkbaren Möglichkeiten intensiv zu untersuchen und zu erproben. Da die verfügbaren Mittel begrenzt sind, müssen Prioritäten gesetzt werden, was in diesem Bereich wegen der großen Abhängigkeit von politischen Rahmenbedingungen besonders schwierig ist. Diese Prioritäten lassen sich für die nächsten Jahrzehnte überwiegend nicht aus der zu erwartenden Marktentwicklung ableiten, sie müssen sich vielmehr an „politischen Märkten" orientieren, d.h. dem Angebot von Fördermitteln und Subventionen folgen. Die Umsetzung von Forschungsergebnissen und die Realisierungen von Pilot- oder Nischenanwendungen in diesem Bereich wird damit im wesentlichen von der Weiterentwicklung der Energiepolitik und den dort vorherrschenden Präferenzen bestimmt sein. Der Prioritätensetzung im Bereich alternativer Energien müßte daher eine Einschätzung der künftigen Entwicklung der politischen Rahmenbedingungen in diesem Bereich vorangehen: Inwieweit werden nationale Sonderwege bei der Unterstützung alternativer Energien auch künftig eine entscheidende Rolle spielen? In welchem Verhältnis werden europäische und nationale Förderung künftig stehen? Werden sich die heute national – z.B. in Deutschland – vorherrschenden Präferenzen auch in Europa durchsetzen? etc.

Mein Vorschlag wäre daher, in einem systematischen Schritt unter Beteiligung dieses Expertenkreises abzuschätzen, wie sich diese ‚politischen Märkte' voraussichtlich entwickeln werden, und daraus abzuleiten, in welche Richtung sich die Forschungs- und Entwicklungspolitik in Baden-Württemberg und Bayern für alternative Energien orientieren sollten.

Experten können derartige Einschätzungen durchaus verläßlich vornehmen, weil sie vor ihrem beruflichen Erfahrungshintergrund, unter Berücksichtigung der öffentlichen und fachlichen Diskussion und mit ihren persönlichen Präferenzen ein Bild von der künftigen Entwicklung entwickelt haben, an dem sie ihr Handeln und ihre Empfehlungen – wie in den Antworten zum vorher versandten Fragenkatalog niedergelegt – orientieren. Da diese Antworten auf der individuellen Bewertungen von Fakten beruhen, fallen sie bei unterschiedlichen Experten mit unterschiedlichen Erfahrungen, Präferenzen und normativen Vorstellungen natürlich sehr oft auch unterschiedlich aus. Da ‚richtige' Antworten hier nicht existieren, ist es für eine Priorisierung von Unterstützungsmaßnahmen der beste Weg zu versuchen, die unterschiedlichen Einschätzungen der Experten und das bei ihnen vorhandene Wissen zu möglichst konsistenten Bildern bzw. Szenarien zusammenzuführen, die dann hinsichtlich ihres wahrscheinlichen Eintretens beurteilt werden müssen.

In diesem Zusammenhang könnten auch Überlegungen einbezogen werden, den Subventionsbedarf für bestimmte Energieformen gar nicht aus der Ener-

gieversorgung heraus, sondern mit anderen oder zusätzlichen gesellschaftspo-
litischen Zielen zu begründen. Die Nutzung von Biomasse – darauf hat Herr
Mohr bereits in seinen Arbeiten bei der Akademie hingewiesen – könnte z.B.
ein Mittel sein, landwirtschaftliche Strukturen zu sichern und Landschaftsbil-
der zu erhalten, die in bestimmten Regionen die wichtige Grundlage der Tou-
rismusindustrie bilden.

Diskussion

H. Franz: Herr Schade, das war wirklich hoch interessant. Nur um diesen politischen Markt erfassen zu können, brauchten Sie Frau Noelle-Neumann, denn das hängt natürlich von politischen Konstellationen ab.

D. Schade: Nein, keiner weiß, wie sich die Zukunft entwickelt. Aber jeder der hier Anwesenden hat ein Bild im Kopf, wie sie sich entwickeln könnte. Das Problem ist nur, dass diese Bilder auf individuellen Wertungen beruhen. Sie sind nicht deckungsgleich und lassen sich also nicht addieren. Man braucht also ein Verfahren, wie man die einzelnen Bilder zu ein oder zwei, vielleicht auch drei Szenarien zusammenführen kann. Zur Zeit macht die Akademie so etwas, um mit einem Kreis von Experten die möglichen Folgen der Strommarktliberalisierung abzuschätzen. Das ist allerdings ein zeitaufwendiges Verfahren. Methodisch geht es dabei nicht um Befragungen, sondern um die gemeinsame Einschätzung einer relativ komplizierten Entwicklung durch Experten. Die Aufgabe besteht dabei darin, das Expertenwissen so zusammenzuführen und Szenarien so zu bilden, dass man mögliche und in sich schlüssige Bilder der Zukunft erhält, die von den Beteiligten mitgetragen werden können.

H. Franz: Damit sind wir in dem letzten Teil der Veranstaltung, nämlich der offenen Diskussion dessen, was heute in immerhin fünf Stunden vorgetragen worden ist. Darf ich mal, einfach zur Klärung die Frage stellen, gibt es zu den Einzelthemen, die vorgetragen worden sind, Gegenpositionen? Also, im Sinne These und Antithese. Herr Voß, bitte schön.

A. Voß: Ich weiß nicht, ob es eine Antithese ist, ich hoffe, es ist eine richtige These. Nämlich, wir haben es ja heute auch erlebt, das Postulat, dass erneuerbare Energien per se umweltfreundlich und risikoarm sind. Ich glaube, in den Anhörungsunterlagen habe ich das gelesen. Die ganzen Analysen, die wir und andere dazu machen und eine Lebenszyklusbetrachtung anstellen, zeigen, dass dies wohl nicht richtig ist. Deswegen würde ich die These so formulieren: Solare Energien oder erneuerbare Energien sind nur dann umweltfreundlich und risikoarm, wenn sie auch wirtschaftlich sind. Ich denke, man kann nachweisen, dass wenn die Kosten in die Nähe der Konkurrenzfähigkeit zu anderen System kommen, dann alle diese Überlegungen über den Energieaufwand, den man vorher reinstecken muss, oder auch über die Emissionen, über den Lebenszyklus oder auch über die Risiken, die damit in allen vorgelagerten Bereichen verbunden sind, keine Rolle mehr spielen. Ich denke, das wäre eine These, über die man sich ja verständigen könnte.

H. Franz: Das heißt also, der Preis oder die Kosten als Regulativ?

A. Voß: Dies ist richtig. Und ich würde sogar noch einen Schritt weiter gehen als das, was Herr Schade gesagt hat. Herr Schade hat ja, wenn ich das richtig verstanden habe, gesagt, eine Energieversorgung, die preiswert und versorgungssicher ist, ist auch nachhaltig. Ich sage, eine Energieversorgung, die preiswert im Sinne der Vollkosten, also des Einbezugs der externen Kosten, der Umweltkosten, ist, ist nachhaltig. Das heißt, möglichst geringe Kosten sind das beste Maß für eine nachhaltige Energieversorgung, wenn man die Umweltinanspruchnahme in das Kostenkalkül mit einbezieht. Und ich glaube, die Ökonomen, es sind ja einige hier, werden bestätigen, Kosten sind ja nichts anderes als ein Maß für den Verbrauch von knappen Ressourcen. Wenn etwas den gleichen Nutzen stiftet, aber doppelt so viel kostet, dann heißt das, dass auch doppelt so viel knappe Ressourcen, Rohstoffe, Arbeit, in unserem Fall, wenn wir es richtig machen, auch die Umwelt, verbraucht werden oder in Anspruch genommen werden. Und ich denke, ein solcher Indikator, der Vollkosten als Maß für Nachhaltigkeit benutzt, man sagt, möglichst geringe Vollkosten sind ein Hinweis auf Nachhaltigkeit, ist auch aus vielen anderen Gründen viel handhabbarer, als wenn ich mir eine Fülle von Indikatoren überlege, die ich dann alle untereinander gewichten muss. Vielleicht wäre das auch eine Idee, die man mal in die Diskussion bringen könnte.

H. Franz: Sie sprechen von Kosten einschließlich Folgekosten?

A. Voß: Einschließlich, ich sage mal das, was die Ökonomen heute als externe Kosten definieren, also im Wesentlichen die Umweltkosten.

H. Mohr: Ich hatte mich zu einer kritischen Anmerkung gemeldet, bevor Herr Voß die externen Kosten ins Spiel gebracht hat. So, wie er jetzt sein Statement formuliert hat, kann ich ihm zustimmen, aber ich möchte doch betonen, dass es bezüglich der externen Kosten auf dem Gebiet, das ich hier zu vertreten habe, erheblich anders aussieht. Bei der energetischen Nutzung der Biomasse dominieren die positiven externen Effekte eindeutig. In unserer Studie haben wir zu zeigen versucht, dass das Prinzip der Externalitäten, der negativen und der positiven, in der öffentlichen, gerade in der politischen Diskussion in der Regel nicht verstanden oder verdrängt wird. Dieser Umstand hat der Sache enorm geschadet. Ich glaube, Herr Voß, wir könnten uns nach dem, wie Sie es im zweiten Teil Ihrer Ausführung formuliert haben, leicht einigen. Aber ich würde vorschlagen, und deshalb habe ich mir jetzt die Freiheit genommen, das doch noch mal hier festzuhalten, dass wir uns auch in diesem Kreis darauf einigen, dass wir von den politischen Instanzen, aber auch von denen, die sich sonst zu Umweltfragen äußern, verlangen, die externen Kosten zumindest in Betracht zu ziehen. Und dass man die Experten fragt, wie es mit den Externalitäten steht, denn dann sieht vieles von dem, was heute diskutiert wird, Kernenergie eingeschlossen, ganz anders aus, als es sich im Moment in der politischen Diskussion darstellt.

W. Kröger: Ich möchte Herrn Voß im Wesentlichen zustimmen. Ich komme von einer ganz anderen Richtung zu einem ähnlichen Ergebnis. Vielleicht ist es hilfreich, wenn ich das noch mal darlege. Wir haben einen anderen Ausgangspunkt gewählt, indem wir uns überlegt haben, welche Indikatoren, welche Bewertungsgrößen betrachtet werden müssen, wenn man so etwas wie „Nachhaltigkeit" konkreter fassen will. Dieser Satz von Bewertungsgrößen ist natürlich für den politischen Alltag viel zu kompliziert. Es ist völlig klar, dass man sie aggregieren muss, wie man das so schön nennt, also verschiedene Größen möglichst auf eine zusammenführen muss. Ich meine, es ist sinnvoll, dass man das quasi von unten nach oben tut, denn die aggregierten Größen allein haben einen Nachteil sie sind ? hausparent: man kann sie glauben oder nicht. Die Öffentlichkeit will wissen, wo was herkommt. Der ganze Prozess muss noch vollziehbar bleiben; man muss beim Aggregieren auch wieder zurück gehen und schauen können, wie die Zahlen zustande gekommen sind. Wir haben versucht zu prüfen, wie weit eine echte Vollkostenrechnung die notwendige Aggregation leisten könnte.
a) sie leistet das zu einem erstaunlich hohen Teil. Man müsste sich auch in diesem Kreis darüber verständigen, dass a) der Lebenszyklus betrachtet werden muss, weil sonst eine solche Rechnung keinen Sinn macht, und
b) darüber, was man unter Vollkosten und externen Kosten versteht: die Umweltkosten natürlich, CO_2 darf nicht außen vor gelassen werden, Materialverbrauch ist irgendwie in Kosten umzusetzen. Die Verfügbarkeit von Technologien kann man vielleicht auch noch über den notwendigen Forschungsaufwand in Kosten fassen; die größten Schwierigkeiten liegen dann wohl in dem Bereich der sozialen Aspekte und im ? menschlichen gesunden Lebens. Zusammengefasst glaube ich, dass, von meinen Erfahrungen ausgehend, es ein vielversprechenderer Weg wäre, von vielen getrennt ausgewiesenen Indikatoren auf eine solche aggregierte Größe wie die Vollkosten zu gehen und sich dann vor allen Dingen bei Entscheidungsprozessen auch daran zu halten. Vielen Dank.

H. Franz: Danke Herr Kröger. Herr Meyer, Sie waren direkt angesprochen.

T. Meyer: Ich möchte an verschiedenen Punkten einhaken. Zunächst einmal zu dem, was Herr Voß gesagt hat. Das war ja zum einen die Zeile mit der Risikarmut erneuerbarer Energien, die ihm in unserer schriftlichen Stellungnahme aufgestoßen ist. Es ist völlig klar, dass keine Technologie per se risikoarm ist.

Und auch bei den solaren Technologien gibt es natürlich welche, wo man dar-über debattieren kann, welche Folgen an ihnen hängen können. Aber man stellt auch fest, dass von dem riesigen Portfolio von Technologien, das es gibt, die wenigsten darunter anzutreffen sind. Bei der Nachhaltigkeit ist es ganz genauso. Wenn wir als Beispiel etwa, um konkreter zu werden, die Photovoltaik hernehmen, gibt es auch dort Technologien, gerade bei den Dünnschicht-techniken, wo man fragen muss – wenn man Nachhaltigkeit eng definiert – sind sie wirklich nachhaltig? Beispiel Module mit viel Indium-Anteil: wie lange reichen die Indiumreserven eigentlich dafür? Also, da gibt es natürlich Fragen, und auch da, glaube ich, ist eine sachliche Diskussion angebracht. Und dann wird man sich darin verständigen können, dass die meisten Technolo-gien von den solaren unter dieser engen Definition nachhaltig sind. Energie-einsatz für die Herstellung von Solarzellen wurde auch genannt. Da gibt es viele Studien und Rechnungen, die kommen, um einen konkreten Indikator zu nehmen, bei der Photovoltaik auf etwa 100 Gramm CO_2 pro Kilowattstunde. Natürlich sind diese Rechnungen so gemacht, dass der heutige Kraftwerkspark eingerechnet ist. Es ist klar: in einem Szenario, wo der Mix in 20 Jahren anders aussieht, ist entsprechend auch die Bilanz einer solchen Herstellung anders. Zudem muss man natürlich sagen, ist die Photovoltaik eine Technologie, die noch extremes Potenzial hat. Die Materialeinsparungen werden sehr groß sein. Es gibt viele Low Temperature Budget Ansätze in der Forschung. Auch auf diesem Wege wird man diese 100 Gramm CO_2 pro Kilowattstunde deutlich senken können. Man darf hier nicht den Fehler machen, eine Technologie der Zukunft sozusagen mit heutigen anderen zu vergleichen.

Wenn man das alles vorweg schickt, kann ich mich auch mit einem ersten Ansatz „preiswert und versorgungssicher mit Berücksichtigung der externen Kosten ist irgendwie nachhaltig" anfreunden. Das Problem, das wurde eben auch schon gesagt, wird bei der konkreten Monetarisierung von externen Kosten kommen. Da sind nämlich viele Werturteile zu fällen. Also beispiels-weise: ein Menschenleben, ein statistisches, wird mit 3,1 Millionen Euro in bestimmten Studien angesetzt. Da kann man sich lange streiten, wie kommen wir auf diesen Wert? Also, die Monetarisierung von externen Kosten ist unheim-lich schwierig.

Und das zweite ist, dass man mit dieser Monetarisierung nicht alles erschlagen kann. Wir haben gerade im Energiebereich extrem langlebige Infrastruktur, 30, 40, 50 Jahre sind keine Seltenheit. Nehmen wir mal die Gebäude: ein Nutzer heute oder ein Häuslebauer heute, der wird sich nicht überlegen, dass in 50 Jahren die Energiekosten vielleicht steigen und dass sich Mehrinvestitionen heute dann doch rechnen. Ein Passivbauer hat 10 bis 15 Prozent mehr Kosten gegenüber dem konventionellen Haus, und wenn ich das über 50 Jahre rechne mit den steigenden Energiepreisen, kann es sich lohnen. Ich kann aber heute keinem Investor zumu-ten, die Entscheidung auf eigenes Risiko zu treffen. Das alles heißt, dass wir allein mit den Preisen irgendwie nicht hinkommen. Wir müssen andere Instrumente dazu liefern, die eine solche Entscheidung in die richtige Richtung befördern.

H.Franz: Herr Bradshaw, wenn Sie jetzt sprechen, würde ich doch ganz gerne einmal von Ihnen hören, ob die Fusionsenergie wirklich schon ein greifbares Thema der Zukunft ist. Gibt es eigentlich schon Kostenabschätzungen, also in der Relation zu den heute existierenden konventionellen Stromerzeugern, zu Kohle oder auch zu Kernkraft?

A.Bradshaw: Ich versuche es, Herr Vorsitzender. Aber zunächst zu den Ausführungen von Herrn Voß. Wie Herr Mayer kann ich mich mit diesem Gedanken anfreunden, also durch die externen Kosten die Nachhaltigkeit zu bestimmen. Die Berechnung der externen Kosten, die sind das Problem! Für gewisse Bereiche gibt es natürlich ganz eindeutige Kriterien, die man festlegen kann. Wenn es jedoch um Risiken geht, oder um gesellschaftliche Folgen und so weiter, dann befinden wir uns auf einem Gebiet, wo Objektivität kaum herzustellen ist. Deshalb würde ich gleichzeitig zur Vorsicht mahnen. Um Ihre Frage zu beantworten, Herr Franz, es gibt natürlich Kostenabschätzungen für die Kilowattstunde aus einem Fusionskraftwerk (auch übrigens unter Berücksichtigung der externen Kosten). Allerdings reden wir hier von einem Zeitraum gegen Mitte des 21. Jahrhunderts, und es ist sehr schwierig, genaue Werte anzugeben. Die Werte, die wir zur Zeit ermitteln, hauptsächlich auf der Basis von den Kostenstudien, die für das ITER-Experiment durchgeführt worden sind, deuten darauf hin, dass die Fusion sehr wohl in einer zukünftigen Energiewirtschaft einen Platz finden wird. Auch wenn Fusionskraftwerke die Stromgestehungskosten eines Kohlekraftwerkes nicht unterbieten werden, und auch herkömmliche Kernkraftwerke wohl in den Kosten günstiger liegen werden, kann die Fusion sehr wohl mit anderen neuen – insbesondere Erneuerbaren – Technologien konkurrieren. Unsere Studien lassen erwarten, dass die Fusion, wenn sie einmal etabliert ist, vielleicht einen Faktor 3 über den jetzigen Stromgestehungskosten eines Kohlekraftwerks liegen wird.

B.Hillebrand: Ich möchte nochmals auf das Problem eingehen, das Herr Voss angesprochen hat. In der ökonomischen Theorie gibt es eine relativ alte Idee, die von A. Pigou entwickelt wurde, die zudem weitgehend unstrittig ist, dass nämlich die betriebswirtschaftlichen Kosten und die sozialen Kosten zu ergänzen sind und dann mit Hilfe dieser kumulierten Kosten ein Marktpreis zu bestimmen ist, der eine optimale Nutzung der Umwelt induziert. Wichtig ist dabei, dass dieser Preis nicht dazu führt, dass natürliche Ressourcen überhaupt nicht mehr in Anspruch genommen werden. Vielmehr ergibt sich aus diesem Ansatz eine in dem Sinne optimale Umweltverschmutzung, dass der in Werten ausgedrückte Nutzenzuwachs, der mit dem zusätzlichen Verbrauch einer natürlichen Ressource verbinden ist, kleiner ist als der zusätzliche Schaden, der durch diesen Zusatz entsteht. Wir vermeiden also nicht die Inanspruchnahme, sondern wir nehmen unter den gegebenen Schadenskosten Umwelt möglichst optimal in Anspruch. Die damit zusammenhängenden Bewertungsprobleme wurden vorhin schon von Herrn Bradshaw und auch von Herrn Kröger angesprochen.

Ich glaube, das Problem liegt einerseits bei der Operationalisierung und bei der Messbarmachung dieser sozialen Kosten. Da gehen eine Fülle von Annahmen ein, ich nenne als Ökonom nur als Beispiel den Zinssatz. Mit welchem Zinssatz diskutiert man beispielsweise Güterströme, die im Jahre 2020 oder 2030 anfallen? Und diese Rechnungen sind extrem sensibel gegenüber variablen Zinssätzen. Deswegen ist das keineswegs eine triviale Aufgabe, diese Quantifizierung zu machen. Aber es kommt noch ein Problem hinzu. Und deswegen würde ich eigentlich davon Abstand nehmen, das jetzt politikfähig zu machen. Der Politiker hat doch im Prinzip nur zwei Möglichkeiten diesen Prozess zu beeinflussen. Es gibt nur die eine möglichkeit, Steuern zu erheben. Wenn er Steuern erhebt, muss er irgendeine Bemessungsgrundlage definieren. Die Bemessungsgrundlage kann in keinem Fall irgendeine noch so vage externe Wirkung sein, wie zum Beispiel Lärmbelästigung oder Gesundheitsschäden an einer Hauptverkehrsstraße. Das wäre ein zu unbestimmter Steuertatbestand, der in keinem Steuersystem Bestand haben könnte und spätestens durch die Gerichte aufgehoben würde. Sie benötigen einen Steuertatbestand, der relativ einfach ist und im Steuersystem überhaupt implementierbar ist. Da bleibt bei Energien eigentlich nur die Energiesteuer oder eine Schadstoffsteuer, zum Beispiel auf CO_2. Da kommt man in der Tat relativ schnell durch die politische Vorgabe, dass man in einem politischen Entscheidungsprozess ein Gesetz machen muss, zu sehr simplen und einfachen Lösungen, die uns mit Sicherheit allen nicht gefallen würden, weil sie die externen Kosten wirklich nur sehr annähernd wiedergeben. Das zweite wäre, dass man sich über eine ökologische Zielvorstellung festlegt. Dieser Prozess ist mit Sicherheit genauso schwierig. Wir erleben das ja jetzt im Rahmen des Kyoto-Prozesses. Es ist ja nicht so, dass weltweit Konsens darüber bestände, bis zum Jahre 2010 die 5,2 Prozent Reduktion für die Annex 1-Staaten zu realisieren. Es handelt sich nicht um das Ergebnis einer wissenschaftlichen Untersuchung von Meteorologen oder Physikern, sondern um das Ergebnis eines politischen Aushandelsprozesses, bei dem Druck und Gegendruck eine wesentliche Rolle spielen. Ich ziehe daraus eine sehr, ich will nicht sagen defätistische, aber doch eine sehr realistische Einschätzung. Wir können als Wissenschaftler versuchen, diese externen Kosten zu quantifizieren, spätestens in der politischen Entscheidung werden diese ganzen Fragen und Probleme jedoch unter einem völlig anderen Aspekt diskutiert.

H. Franz: Herr Schiffer ist dran.

H.-W. Schiffer: Auch zum Thema externe Kosten. Wenn man die gesamten Kosten einschließlich der externen Kosten zum Maßstab macht, dann darf man meines Erachtens nicht nur den Aspekt Umwelt betrachten. Vielmehr hat ja auch Herr Hillebrand bereits darauf hingewiesen, dass Aspekte wie Versorgungssicherheit oder soziale Gesichtspunkte mit einzubeziehen sind, weil auch hieraus Folgekosten ableitbar sind, die in die gängigen Rechnungen keinen Eingang finden.

Zum zweiten sind die externen Kosten außerordentlich schwer zu beziffern. Herr Voß mag sagen, bei der Kernenergie sind die externen Kosten nahe Null. Im Unterschied dazu kommt beispielsweise das Wuppertal-Institut regelmäßig zu dem Ergebnis, die externen Kosten bei der Kernenergie seien unendlich groß. So weit ist die Spanne bei der Kernenergie. Wenn ich zu CO_2 komme, dann sagen die einen, Präsident Bush gehört beispielsweise dazu, das ist kein zentrales Thema, das ist eher ein nachrangiges Problem. Aber nicht nur der amerikanische Präsident, sondern auch seriöse Wissenschaftler kommen zu dem Ergebnis, dass die CO_2-Emissionen nicht Hauptverursacher der in den letzten Jahrzehnten verzeichneten Erwärmung waren. Andere wiederum halten die Minderung der Emissionen an klimarelevanten Spurengasen für die größte Herausforderung des Jahrhunderts. Wo setze ich da die externen Kosten an?

Und wenn CO_2 und Methan ein Problem wären und man zu unkonventionellen Vorschlägen greifen wollte und müsste, dann wäre es meines Erachtens geboten, vor allem dort anzusetzen, wo die CO_2-Emissionen in den letzten Jahren gestiegen sind. Das sind der private Haushaltssektor, also der Wärmebereich, und der Verkehr (vgl. dazu oben im Beitrag v. Schiffer Abb.13). Herr Fricke hat dargelegt, dass im Haushaltsbereich gute technische Möglichkeiten bestehen, etwas zu erreichen. Bezogen auf den Verkehr würde mich interessieren, Herr Professor Zumkeller, ob mal darüber nachgedacht worden ist, die Nutzung des gesamten öffentlichen Nahverkehrs oder sogar des gesamten öffentlichen Verkehrs kostenlos anzubieten. Aus der Umsetzung eines solchen radikalen Vorschlags, der mit der Konsequenz eines gewaltigen Umstiegs verbunden wäre, könnten sich möglicherweise eine große Umweltentlastung und weitere positive Effekte ergeben.

Und dann ein weiterer Punkt. Herr Rempel hat die neue BGR-Studie „Klimafakten" angesprochen. Ich würde es begrüßen, wenn er zu den wesentlichen Ergebnissen ein paar kurze Ausführungen machen könnte.

Und als letztes Thema möchte ich die Pönalisierung von CO_2 ansprechen. Einer an CO_2 orientierten Besteuerung wäre vollständig die Grundlage entzogen, wenn CO_2 gar nicht Hauptverursacher der Klimaveränderung wäre, was ja offenbar ein wesentliches Ergebnis der BGR-Studie ist. Unabhängig davon käme eine einseitig an CO_2 orientierte Verbrauchsteuer mit dem verfassungsrechtlichen Grundsatz der Gleichbehandlung in Konflikt. Sie könnte ferner den Tatbestand der „Erdrosselungssteuer" erfüllen, weil sie einem ganzen Wirtschaftszweig die wirtschaftliche Basis zu entziehen drohte. Dies wäre verfassungsrechtlich ebenfalls problematisch.

H.Franz: Herr Ziegler.

F.Ziegler: Ich möchte noch einmal die Definition von Nachhaltigkeit über Vollkosten hinterfragen. Wir sind uns wohl darüber einig, dass die Definition von Nachhaltigkeit über Wirtschaftlichkeit nach den klassischen Maßstäben nicht das Richtige ist. Statt dessen die Vollkosten für die Definition zu nehmen ist dann möglich, wenn man alle Knappheiten kennt, aber wir kennen ja gar nicht alle Knappheiten. Über manche Knappheiten streiten wir uns, beispielsweise: hat die Atmosphäre noch Aufnahmefähigkeit für CO_2 oder haben wir die längst überschritten. Und es mag Knappheiten geben, die wir heute noch nicht kennen. Also hätte ich bei der Definition von Nachhaltigkeit einfach gerne einen Schuss Konservativismus mit rein: wir wollen die stabil laufenden Systeme möglichst wenig ändern. Und das kann ich nicht allein dadurch machen, dass ich jetzt allen bekannten Knappheiten Kosten zuordne, um Vollkosten zu erhalten.

M. Hoppe-Kilpper: Viele Aspekte wurden bereits genannt. Ich möchte der Schwierigkeit der Bemessung der Vollkosten oder der Internalisierung der externen Kosten noch einen Aspekt hinzufügen. Was ist eigentlich der Wert einer endlichen Energieressource? Bei der Fetslegung kann ich doch nicht nur Kosten berücksichtigen, die die Exploration erzeugt. Das ist ein äußerst diffiziler Aspekt, und ich denke, der ist, ebenfalls zu berücksichtigen.
H. Franz: Herr Schade, direkt hierzu?

D. Schade: Eine Anmerkung: Uran hat im Weltbild der Kernenergiegegner überhaupt keinen Wert; da Uran nicht verwendet werden darf, ist Uran auch keine Energieressource. Generell erscheint es mir nicht möglich, heute den Wert eines Rohstoffs in der Zukunft zu bestimmen. Der Wert eines jeden Stoffes hängt von seiner Verwertbarkeit und damit vom Wissen über Verwertungsmöglichkeiten ab, und das Wissen verändert sich. Welche Ressourcen künftig wie wertvoll sind, lässt sich daher heute nicht voraussagen.

H. Mohr: Ich möchte noch mal darauf hinweisen, dass in definierten Systemen natürlich die Festlegung von externen Kosten durchaus gelingt. So ist es nicht, dass man das prinzipiell nicht leisten kann. Nehmen Sie etwa die folgende Frage: Wir haben eine begrenzte Menge an Geld, das wir in Alternativenergien hineinstecken können, in die Forschung, in die Wege zur Anwendung. Welche Richtung soll man jetzt vorrangig fördern? Wir hatten seinerzeit vorgeschlagen, dass man als oberstes Kriterium die CO_2-Reduktionskosten nimmt. Wenn wir das nicht vorgeschlagen und begründet hätten, dann wären nach meiner Beobachtung die Entscheidungen auf der politischen Ebene völlig irrational gefallen. Wir hatten als Vorgabe die politische Entscheidung einer 25-prozentigen Reduktion des CO_2-Ausstoßes, und jetzt war die Frage, wie erreichen wir mit einer beschränkten Menge an Geld am ehesten dieses Ziel. Und das Resultat war: Wenn wir die CO_2-Reduktionskosten zugrunde legen und danach die Alternativen evaluieren, erreichen wir dieses Ziel mit dem geringsten Kostenaufwand. Ich finde, das ist ein zwar partielles, aber doch schlagkräftiges Argument, wie man gegenüber der Politik von der Wissenschaft her hilfreich eingreifen kann, wenn es darum geht, Prioritäten zu setzen.

H. Franz: Direkt dazu, Herr Schiffer.

H.-W. Schiffer: Sie unterstellen, dass die politischen Ziele immer rational zustande gekommen sind. Davon kann meines Erachtens nicht vorbehaltlos ausgegangen werden. Das Ziel der Bundesregierung, die CO_2-Emissionen in Deutschland im Zeitraum 1990 bis 2005 um 25 Prozent zu reduzieren, ist mit Sicherheit nicht rational zustande gekommen (vgl. dazu oben im Beitrag v. Schiffer Abb. 14). Es war vielmehr so, dass der Bundesumweltminister sich von der Enquete-Kommission des Deutschen Bundestages „Vorsorge zum Schutz der Erdatmosphäre" nicht überbieten lassen wollte. Hinzu kam dann später noch, dass bei der Klimakonferenz in Berlin eine Panne passiert ist. Man wollte eigentlich nur den Zielkorridor, der zuvor bereits bestanden hatte, in ein eindeutig formuliertes Ziel überführen und ferner das Basisjahr an internationale Standards anpassen. Dabei ist es aufgrund eines Berechnungsfehlers, praktisch ungewollt, zu einer deutlichen Verschärfung gekommen. Nachdem der Bundeskanzler die Zahl aber einmal vor der Weltöffentlichkeit verkündet hatte, war sie nicht mehr rückholbar.

Des weiteren ist, dass der Zusammenhang zwischen den anthropogen bedingten CO_2-Emissionen und der bisher eingetretenen Erwärmung nach wie vor wissenschaftlich umstritten. So heißt es beispielsweise in dem kürzlich veröffentlichten Folder der BGR: „Rekonstruktionen der Klimavergangenheit machen deutlich, dass Kohlendioxid nicht die treibende Kraft für die Temperaturentwicklung in der Vergangenheit war". Des weiteren kommen die auf längerfristige Klimaänderungen gerichteten Untersuchungen der Geowissenschaftler zu dem Ergebnis, dass wir uns auf eine neue Kaltzeit zubewegen. Der im Verlauf der nächsten Jahrtausende erwartete neuerliche Rückgang der Temperaturen, der auch von einem Absinken des Meeresspiegels begleitet sei, wird von den Fachleuten der BGR mit der naturgegebenen Änderung der Konstellation zwischen Erde und Sonne begründet.

H. Franz: Herr Rempel ist gleich dran, aber zunächst noch einmal Herr Zumkeller, weil er mit den Nulltarifen angesprochen worden ist.

D. Zumkeller: Ein solches Szenario ist nur mit der Nebenbedingung oder Hauptbedingung darstellbar, dass die Preise nachhaltig steigen. Die Volkswirtschaft der BRD könnte eine deutliche Erhöhung der Nachfrage in öffentlichen Verkehrssystemen überhaupt nicht bezahlen, weil diese in der Regel nicht kostendeckend und in ihrer Kosteneffizienz wesentlich schlechter als der motorisierte Individualverkehr sind.

Der Staat könnte zwar sagen, öffentliche Verkehrsmittel wären frei, wenn der Staat die öffentlichen Verkehrsmittel aus dem Haushaltsaufkommen finanziert; allerdings ist dies eine Frage der politischen Prioritäten.

Herr Fricke, wenn Sie mir gestatten, weil das auch angesprochen worden ist, auch noch einmal darauf hinzuweisen, dass auch im Wohnungsbereich wir es nicht mit einem Nullsummenspiel zu tun haben, sondern wachsende Quadratmeterzahlen pro Einwohner und Jahr haben, die also diese Effizienzwirkung auch wieder auffressen. Insofern würde ich jetzt doch ganz gerne, und jetzt kommt mein eigener Redebeitrag, noch mal darauf hinweisen, ich kann mir das sehr gut vorstellen, mit der Berücksichtigung von Externkosten, mit all den Problemen, die da sind, aber damit ist das Problem mit Sicherheit auch noch nicht gelöst. Das fokussiert sich jetzt aus meiner Sicht doch sehr stark auf den Vergleich von Energieträgern. Das Problem ist doch, dass wir, ob wir wollen oder nicht, über einen Zeitraum von 50 bis 100 Jahren denken müssen, denn Sie müssen vor Augen haben, dass die Infrastrukturen, die wir haben, und ein Umbau dieser Infrastrukturen doch solche Zeiträume überdecken. Also, das heißt, wir müssen uns mit Entscheidungen befassen, die mit erheblichen Unsicherheiten behaftet sind. Ob wir wollen oder nicht.

H. Rüth: Nachdem die Politik mehrfach angesprochen wurde, erlaube ich mir eine kurze Anmerkung. Ich frage mich natürlich schon, Sie machen hier – das ist Ihre Aufgabe – Politikberatung. Ich möchte das Verständnis solcher Gedankengänge der Politiker nicht unterschätzen, aber Herr Schiffer hat es ja gerade namentlich etwas personifiziert. Es gibt natürlich Politiker, die lieber Stimmung machen als sich auf Fakten beziehen. Und dann frage ich mich, ob was gewonnen ist, wenn man dies auf diese Basis der Kostenberechnung stellt, unter Einbezug der externen Kosten. Wir kommen in die gleiche Problematik, Sie haben es jetzt ja ausführlich diskutiert, wir können viele Positionen nicht bewerten bzw. die Bewertungen gehen sehr stark auseinander, und wir kommen natürlich auch auf diese Positionen, Herr Professor Bradshaw hat es erwähnt, wo wir überhaupt nicht mehr vernünftig bewerten können und die Weltanschauungen und Ideologien wieder voll mit reinkommen, und da frage ich mich, ob es nicht besser ist, allgemein zu argumentieren und die Risiken, Gefahren und Nachteile als Kostenfaktoren einfach nicht unter dem Aspekt zu betrachten. Sie haben natürlich wissenschaftlich, insofern steht es diesem Gremium gut an, eine sehr logische und vernünftige Basis gefunden. Bloß vom Verständnis her, und ich nehme an, dass das Ergebnis Ihrer Beratungen dann auch in der Öffentlichkeit da und dort diskutiert wird, wird es wohl nicht richtig oder nicht so verstanden, wie es von Ihnen gemeint ist. In der Öffentlichkeit kommt, wenn das Wort Kosten fällt, sehr oft das Argument, was spielt in dieser Diskussion, wo es um meine Gesundheit, um meine Zukunft und ähnliches geht, was spielen da Kosten eine entscheidende Rolle. Ich sage das allgemein, aber ich glaube, so reagiert die Öffentlichkeit und so macht ja, machen manche Politiker bei uns möglicherweise Politik. Das gebe ich zu Bedenken.
H. Franz: Vielen Dank, Herr Voß.

A. Voß: Ich will noch einige Anmerkungen machen und überhaupt nicht den Eindruck erwecken, dass die Internalisierung der externen Kosten wirklich sehr umfassend und auf die Kommastelle genau möglich ist und dass damit alle Probleme gelöst werden. Ich hatte es eher gesehen als ein durchaus aus meiner Sicht anschauliches Konzept, wie man Nachhaltigkeit operationalisierbar machen kann. Und ich glaube, dieses Konzept hat noch einen zweiten Vorteil. Ich will den mal so schildern: Wir haben ja jetzt in weiten Bereichen der Energiewirtschaft wettbewerbliche Strukturen eingeführt. Hier nutzen wir also die Kräfte des Marktes, um die knappen Ressourcen effizient zu alloziieren. Das passiert über Kosten und Preise. Es wäre doch dann naheliegend, durch die Internalisierung von externen Effekten der Umwelt, die Nutzung der knappen Ressource Umwelt genau denselben Regeln zu unterziehen und in das Marktgeschehen mit einzubeziehen. Nichts anderes meint das. Es ist der zweite Vorteil aus meiner Sicht, wenn man diesem Internalisierungsgedanken, der ja auch von der EU sehr stark favorisiert wird, folgen würde. Zur Frage der Ermittlung externer Kosten: Natürlich sind wir heute nicht in der Lage, die externen Effekte von verschiedenen Energiesystemen oder auch Verkehrssystemen genau zu quantifizieren. Aber ich sage mal, es gibt deutliche Fortschritte im Hinblick auf die Quantifizierung und Monetarisierung solcher externen Effekte. Und solche Probleme, die manchmal auftauchen, auch in der Diskussion, dass es hier um Werturteile geht, die sind nur teilweise richtig, sondern da gibt es Monetarisierungsmaßnahmen, zum Beispiel das Stichwort Wert eines statistischen Menschenlebens. Da wird eben gefragt, dazu sind wir heute in der Gesellschaft bereit, wie viel man für die Verlängerung oder für die Verkürzung oder für die Prädotierung eines Risikos überhaupt bereit ist zu bezahlen. Das ist nicht subjektiv, sondern das ist das, was aus gesellschaftlichen Werthaltungen, die sich dann äußern können, die man messen kann, abgeleitet wird. Insofern ist das also weniger willkürlich als viele andere Bewertungsfragen. Es gibt natürlich Bewertungsprobleme, auch was angesprochen war, die Frage, wie denn der Wert einer endlichen Ressource zu bewerten ist. Auch hierzu gibt es ökonomische Theorien, die eine Quantifizierung dieses Aspektes erlauben. Ich will nur darauf hinweisen, dass natürlich die Quantifizierung und Monetarisierung externer Effekte nur ein Weg der Internalisierung ist. Den würde man gehen, wenn man zum Beispiel den Weg über Steuern, den Herr Hillebrand angesprochen hat, gehen würde. Der andere Weg, bei dem man die externen Kosten gar nicht quantifizieren muss, ist zum Beispiel der Weg, dass man handelbare Zertifikate, also Nutzungsrechte vergibt, die dann sagen, das ist die obere Grenze für die Nutzung der Ressource Umwelt. Die Preise für die Zertifikate bilden sich im Markt. Insofern gibt es, und ich bin da nicht festgelegt, was der sinnvollere Weg ist, durchaus Bereiche, wo man die externen Kosten gar nicht quantifizieren muss. Gerade im Hinblick auf das Klimaproblem, dessen externe Kosten nur mit sehr großen Unsicherheiten abschätzbar sind, wäre der Weg über die Vergabe von handelbaren Emissionszertifikaten ein wohl sinnvoller Weg zur Internalisierung externer Kosten. Also, ich will nicht den Eindruck erwecken, es sei wirklich auf die Kommastelle genau möglich, aber es scheint mir, zumindest nach dem Wissensstand, den wir heute haben, ein Weg und ein Konzept, das den Vorteil hat, dass Nachhaltigkeit für viele verständlicher würde und dass Nachhaltigkeit in die Marktprozesse mit einbezogen werden kann.

H. Franz: Darf ich hier an der Stelle mal eine Frage stellen. Herr Schade hat ja diese Nachhaltigkeit jetzt etwas anders definiert als sie in verschiedenen Vorträgen aufgetaucht ist. Sind wir mit dieser Definition, also mit diesem Dreigenerationenzeitraum einig oder gibt es da Einwendungen? Ich meine, es ist schon ganz wichtig, dass wir über diesen Begriff, der ja auch im Vordergrund unserer Diskussion steht und von großer Bedeutung ist, zumindest einen grundsätzlichen Konsens haben. Dass wir also nicht über eine Nachhaltigkeit von Hunderten von Jahren oder von der Ewigkeit reden, sondern dass wir tatsächlich den überschaubaren, menschlich überschaubaren Zeitraum von hundert Jahren annehmen. Herr Kröger, Sie sind sowieso dran.

W. Kröger: Also, ich stimme dem zu. Ich möchte noch hinzufügen, dass es sich bei Nachhaltigkeit um eine Entwicklung handelt, die eine Richtung vorgibt – ich glaube, das haben Sie auch gesagt. 100 Jahre als Betrachtungszeitraum sind für mich vernünftig, wobei das natürlich, je näher man gedanklich an das Ende dieser Zeitspanne kommt, immer diffuser wird, aber das ist nun mal so. Mir hat bei Herrn Schade etwas gefehlt, nämlich die Rolle des Bezugsraumes, der auch definiert werden muss. Für mich gehört zur Nachhaltigkeit der globale Raum, die Globalität als Orientierungsgröße. Bei einigen Wortbeiträgen hatte ich den Eindruck, als würde man doch die Region, ein Land, stärker im Vordergrund sehen. Vielleicht müssen wir das noch mal diskutieren.

Aber andere Dinge auch. Wenn ich darf, möchte ich auf die Diskussion der externen Kosten nochmals zurückkommen. Ich glaube, Herr Zumkeller hat das, jedenfalls nach meinem Gefühl, eben richtig gesagt, und ich fand die Diskussion dann zum Teil in eine falsche Richtung gehend. Also, es steht doch das Handeln unter den Gegebenheiten extremer Ungewissheit als Problem an. Und wir können doch nicht von einem Lösungsweg, den wir uns hier überlegen, erwarten, dass er absolut sicher und absolut richtig ist. Das heißt, wir müssen doch bei dem Lösungsweg in Kauf nehmen, dass damit Unsicherheiten und auch Risiken verbunden sind. Und unter diesem Gesichtspunkt erscheint mir der Weg, in Richtung der externen Kosten zu denken, schon erfolgversprechend zu sein. Es könnte helfen, von Entscheidungen, die vielleicht rein willkürlich sind, rein aus der Tagespolitik heraus getroffen werden, wegzukommen. Und ich halte das für einen wesentlichen Fortschritt. Das Beispiel Uran macht zweitens ganz deutlich, was der Indikator leisten kann. Es wäre ja dann so, dass der Rohstoffpreis in die Rechnung eingeht, über die Stromgestehungskosten zum Beispiel. Die Hoffnung wäre, dass, wenn sich dieser Rohstoffpreis verändert, zum Beispiel als Folge einer Verknappung des Rohstoffs, der Preis reagiert – vielleicht auch aus irgendwelchen anderen Gründen. Man hätte in jedem Falle einen Blick in die Zukunft gewagt und könnte früh reagieren, indem man erstens eine Ersatz-Technologie schon ins Spiel bringen kann, die in 20, 30 Jahren verfügbar wäre, und sich anschauen könnte, ob sich so die Brennstoffproblematik entspannen ließe. Zweitens gewänne man ein Gefühl für Sensitivitäten. Es gibt Technologien, die sind gegenüber gewissen

Parametern überhaupt nicht sensibel, man muss sie dann auch nicht genauer bestimmen. Bei anderen kann das völlig anders sein. Man kriegte ein Gefühl dafür, welche Faktoren wichtig sind und welche nicht. Das letzte, was ich sagen möchte, ist, dass man sich natürlich auch fragen sollte, was die Alternativen sind. Und aus meiner Sicht heraus ist eine Alternative, dass man den Markt alles entscheiden lässt. Dann wird die kurzfristige Ausrichtung noch stärker als wenn wir versuchen, über externe Kosten ein Steuerungselement einzubauen. Eine andere Alternative wäre, technische Lösungen, Richtungen politisch vorzugeben, also eine bestimmte Technologie durchzudrücken. Das hat meines Wissens bisher nie funktioniert. Danke schön.

H. Franz: Zum Thema Nachhaltigkeit, wollten Sie noch etwas sagen?

B. Hillebrand: Ich möchte nochmals auf das Problem des Zeithorizonts eingehen. Wenn man sich vergegenwärtigt, dass im Zusammenhang mit Kernenergie und Endlagerung im günstigsten Fall bei Verbesserung aller Methoden ein Zeitraum von einigen tausend Jahren zu betrachten ist, zuverlässige Prognosen über wirtschaftliche und soziale Strukturen allerdings bereits über einen Zeitraum von hundert Jahren mit erheblichen Unsicherheiten behaftet sind, dann haben wir da eine erhebliche Disparität. Für energiepolitische Entscheidungen ergibt sich daraus die Forderung, die Wirkungen bestimmter Maßnahmen sehr sorgfältig nach der Fristigkeit der Effekte darzustellen. Es macht einen erheblichen Unterschied, ob bestimmte Wirkungen mit an Sicherheit grenzender Wahrscheinlichkeit bereits innerhalb der nächsten hundert Jahre zu erwarten sind oder ob die Effekt sich in Zeiträumen von mehr als tausend Jahren abspielen. Das ist vielleicht der eine Punkt. Der andere Punkt bezieht sich nochmals auf die CO_2-Steuer, zu dem Herr Mohr bereits Stellung genommen hat und zudem sich auch Herr Schiffer geäußert hat. Meine Position ist, dass eine CO_2-Besteuerung auch dann noch gerechtfertigt werden kann, wenn man Klimaänderungen nicht als Problem auffasst. Denn CO_2-Emissionen entstehen vor allem beim Verbrauch fossiler Energien. Eine zusätzliche Steuer auf CO_2 bedeutet insofern auch immer einen Anreiz zur Steigerung der Energieeffizienz. Selbstverständlich gilt diese einfache Beziehung nicht mehr, wenn infolge einer CO_2-Steuer Techniken und Verhaltensmuster Platz greifen, die mit zum Teil erheblichen Belastungen der Umwelt, allerdings nicht mit CO_2, verbunden sind. Der Übergang auf weniger kohlenstoffhaltige Energieträger kann – wie die Erfahrung etwa in der chemischen Grundstoffindustrie zeigt - sehr wohl mit Steigerungen der Effizienz verbunden werden. Damit haben Sie natürlich ein Steuerungsinstrument, was im Sinne der Erhöhung der Effizienz – das war ja auch ein Punkt, den wir diskutiert haben - sozusagen positiv genutzt werden kann.

H. Franz: Jetzt lassen wir erst mal Herrn Rempel, er ist jetzt mehrfach auch angesprochen worden.

H.Rempel: So, erst mal zum Klimabuch. Ich möchte eines vorausschicken. Ich gehöre nicht zu den Autoren dieses Buches und kann deshalb auch nur mehr oder weniger allgemein einige Ausführungen dazu machen. Das Klimabuch basiert im wesentlichen auf Untersuchungen, die an Bohrkernen, Eiskernen, durchgeführt wurden. Mit Isotopenbestimmung und dergleichen wurden die CO_2-Gehalte in der fossilen Erdatmosphäre, also vor mehreren Millionen Jahren, im Laufe der Erdentwicklung bestimmt. Und im Endeffekt ist herausgekommen, dass der gegenwärtige Gehalt an CO_2 in der Atmosphäre bei Weitem nicht dem Maximalgehalt entspricht. In verschiedenen Perioden der Erdgeschichte war der Gehalt um ein Vielfaches höher. Im Rahmen der Untersuchung wurden auch Korrelationen zwischen Temperatur und CO_2-Gehalt vorgenommen. Diese zeigen, dass auch teilweise erhöhte CO_2-Gehalte mit Temperaturerniedrigungen nicht immer korrelieren, so dass es insgesamt schwierig ist, tatsächlich eine Trennung der natürlichen Klimaveränderung von den anthropogen bedingten Einflüssen auf das Klima vorzunehmen. Hierzu würde ich auch verweisen auf unsere Homepage www.bgr.de in der sie sicher einige Informationen dazu finden werden. Es gab auch eine Besprechung des Buches im NDR. Ich nehme an, diese Besprechung ist auch auf der Homepage, ansonsten habe ich ein ausgedrucktes Exemplar, das bei Bedarf vervielfältigt werden kann. Soweit zu dem Klimabuch.

Dann möchte ich noch einen Aspekt hineinwerfen bezüglich der Definition „endliche Ressource". Genau betrachtet sind Erdöl, Erdgas und Kohle im Prinzip gespeicherte Sonnenenergie. Bei ihrer Bildung wurde CO_2 verbraucht und über viele Millionen Jahre gebunden. Diese gespeicherten Formen der Sonnenenergie nutzen wir heute. Wenn wir diesen Aspekt auch in die Wertermittlung mit einbringen wollen, müssen wir bei der Sonnenenergie genau die gleichen Ansprüche darauf stellen. Sonne, die wir heute nutzen. Diese Aspekte sollte man sicher auch in der Diskussion mit beachten.

B.Hillebrand: Ja, eine Entgegnung zu dem, was Herr Professor Stimming gesagt hat. Wir bewegen uns beim Thema Klima im Bereich der Vorsorge, im Bereich der Vorsorge sind sogenannte no regret-Maßnahmen ein sinnvoller Weg. Maßnahmen zur Steigerung der Energieeffizienz würde ich als no regret-Maßnahmen bezeichnen. Dann darf man aber nicht den Fehler machen, die Wettbewerbsverhältnisse zwischen den Energieträgern zu verzerren durch eine einseitig an einem Parameter ausgerichtete Steuer wie eine CO_2-orientierte Besteuerung. Dann müsste man eine allgemeine Energiesteuer einführen, die generell am Energiegehalt anknüpft. Dann hat man das, was Sie wollen, aber vermeidet die Wettbewerbsverzerrung, vermeidet eine Beeinträchtigung anderer energiepolitischer Ziele wie Versorgungssicherheit und Wirtschaftlichkeit der Energieversorgung.

H.Franz: Herr Meyer, Sie sind dran.

T.Meyer: Ja, ich wollte eigentlich zunächst zu den Kosten nichts mehr sagen. Jetzt möchte ich aber doch den letzten Satz entgegnen. Heute sind die Märkte verzerrt, das zeigt genau die Debatte auch über die externen Kosten. Und genau darum geht es: diese Verzerrung wenigstens auszugleichen. Dies nur als Gegenpunkt dazu.

Was ich eigentlich sagen wollte betrifft generell das Klimaproblem, die CO_2-Debatte. Ich glaube Klimatologen haben wir jetzt hier keine im Kreis, insofern können wir alles nur aus zweiter Hand wiedergeben. Ich möchte mich aber natürlich auf den IPCC berufen, der – das muss man auch sagen – in der Geschichte der Wissenschaften ein einmaliges Gremium ist. Da sind also 1000 Wissenschaftler weltweit dabei, ihr Wissen zusammenzutragen und konzertiert weiter zu entwickeln. Man sieht das sehr schön, wenn man den zweiten Assessment Report, der ist 96 herausgekommen, neben den legt, der jetzt herausgekommen ist. Da gibt es extreme Fortschritte. Und was man eben sieht, ist, dass die Auftrennung von anthropogenen und natürlichen Klimaänderungen mit den Treibhausgasen korreliert, vor allem natürlich dem CO_2. Den Temperaturanstieg kann man ja messen, seit 1970 geht es mit einer Geraden da hoch, der korreliert sehr, sehr schön mit den derzeitigen Modellen. Da sind große Unsicherheiten drin, das ist keine Frage, und da gibt's Verbesserungsbedarf. Aber die Unsicherheiten werden auch ausgewiesen und da würde ich mir, wie Herr Ziegler auch, diesen Schuss Konservativismus wünschen. Denn da scheint offensichtlich wirklich Evidenz im Spiel zu sein für viele Teilprozesse. Man hat einiges nicht verstanden, gerade die Effekte der Aerosole, wobei man zu denen sagen kann, sie wurden damals überschätzt. Das heißt, der neue Report wurde nach oben korrigiert, was die Erwärmung angeht, weil der Aerosolausstoß, gerade das Schwefeldioxid, so stark gemindert wurden. Also eine Erfolgsstory im Energiebereich, die Minderung der Schwefeldioxidausstöße, hat dazu geführt, dass die Prognosen für die Erderwärmung noch mal anstiegen. Das zum CO_2-Problem insgesamt.

Nur eine letzte Bemerkung noch: der Zeithorizont 100 Jahre. Ich möchte noch einen zweiten Aspekt dazu liefern. Man kann diesen Zeithorizont nicht mehr anwenden, wenn die Eingriffe heute länger als 100 Jahre wirken. Und gerade das komplexe System Erde ist ein sehr träges, das heißt, wenn wir es schaffen würden, jetzt sehr kurzfristig und sehr schnell die CO_2-Konzentration in der Atmosphäre zu stabilisieren, dann würde die Erwärmung trotzdem noch 100 Jahre weitergehen.

F. Mayinger: Ich habe das Gefühl, dass sich die Diskussion jetzt zu stark im globalen Rahmen – örtlich wie zeitlich – bewegt. Unsere Aufgabe ist es aber auch, für die beiden Bundesländer Baden-Württemberg und Bayern Vorschläge zur Energieforschung zu machen. Auch der zeitliche Rahmen sollte – ja, kann – nicht zu weit gesteckt sein. Vermeiden sollten wir auch, das aus der Politik leider allzu bekannte Spannungsfeld zwischen konventionellen und alternativen Energien auch hier entstehen zu lassen.

Wir dürfen auch beim Begriff Nachhaltigkeit nicht nur ökologische und vielleicht auch ökonomische Aspekte diskutieren, sondern wir müssen auch die soziale Komponente mit einbeziehen. Heute Vormittag haben Herr Voß und Herr Hillebrand dieses Spannungsdreieck kurz angesprochen. Die sozialen Aspekte sind sehr weit zu sehen und sie reichen ganz sicher in die Mobilitätsbedürfnisse unserer Mitbürger oder wie es BMW ausdrückt, in die Freude am Fahren.

Lassen Sie mich deshalb erinnern, dass wir nicht zusammengekommen sind, um Vorschläge an die Bundesregierung oder an die Europäische Gemeinschaft zu machen, sondern ganz konkret diskutieren sollen, wie man in diesen beiden Bundesländern den Forschungsstandort und natürlich auch den Wirtschaftsstandort auf den Gebieten der Energienutzung, -wandlung und -versorgung stärken kann. Die Möglichkeiten dieser beiden Länder zur globalen Minderung der CO_2-Emissionen scheinen mir gering zu sein.

H. Franz: Vielen Dank Herr Mayinger, dass Sie die Diskussion wieder auf die Basis zurückgeführt haben. Aber es ist natürlich, es ist eine Mischung. Wir können diese globalen Probleme wie CO_2 nicht ausschalten, sie sind nun einmal da bzw. es sind Gegebenheiten und Anforderungen, die auf uns zukommen und die natürlich auch unser Umfeld in dieser Region beeinflussen. Herr Nestmann.

F. Nestmann: Es ist ein ganz guter Zeitpunkt, dass ich mich hier in die Diskussion einbringen kann. Ich meine, wir haben bisher überhaupt noch nicht über die hybride Nutzung von Systemen gesprochen, also den kombinierten Einsatz verschiedener Energieträger. Und gestatten Sie mir auch, dass ich bezüglich der Nachhaltigkeitsdiskussion noch mal die ,Dinosauriertechnologie' Wasserkraft aus folgendem Grund ins Spiel bringe.

Die Wasserkraft hat in Baden-Württemberg und Bayern eine beachtliche Ausbauperspektive. Die heutige Energieerzeugung von 16.300 GWh in beiden Ländern kann durch die Aktivierung des gesamten technisch nutzbaren Potenzials in Höhe von 20.700 GWh noch um 27 Prozent gesteigert werden. Das ist ein schönes, vernünftig ausbaubares Potenzial (Quelle: „Jahrbuch erneuerbare Energien 2000"). Wir reden hier also über ca. 2000 MW zusätzlich installierbare Leistung.

In diesem Zusammenhang möchte ich auch sagen, dass diese Technologie derzeit durch die Folgekosten, auch durch die Ökokosten, völlig ins Abseits gestellt ist. Wir haben bei großen Anlagen einen Stromerzeugungspreis bei Neubau von etwa 16 bis 19 Pfennig pro Kilowattstunde und bei der Reaktivierung von 9 bis 12 Pfennig/kWh. Das macht der Energiewirtschaft große Schwierigkeiten, die Wasserkraftanlagen überhaupt in Betrieb zu halten. Auf der anderen Seite meine ich, dass dieses Potenzial gerade in Baden-Württemberg und Bayern noch eine Größe ist, über die man reden müsste.

Gerade in diesen Ländern sind ja große Turbinenfabriken wie Voith und Escher Wyss angesiedelt, die weltweit arbeiten. Insbesondere in der Dritten Welt sollte unser Engagement sehr hoch sein, weil dort für die nächsten Jahrzehnte 70 Prozent des weltweiten Ausbaupotenzials liegt. Es macht uns Schwie-rigkeiten, wenn wir es im eigenen Land nicht schaffen, die Anlagen weiterhin systematisch und gut zu betreiben, zu reaktivieren und zu unterhalten. Dann werden wir auch möglicherweise Akzeptanz im Ausland verlieren.

Wir müssen in diesem Zusammenhang bezüglich der Nachhaltigkeit und der Kosten auch berücksichtigen, dass bei der ,Dinosauriertechnologie' Was-serkraft hinzukommt, dass sie zusätzlich andere Leistungen erbringt bzw. ermöglicht, wie das Abflussmanagement, den Hochwasserschutz und die Niedrigwasserregelung, die Grundwasseranreicherung für Brauch- und Trink-wasser, kulturtechnische Maßnahmen usw. bis hin zur Erholung und Erhaltung der Kulturlandschaft. Das alles müsste positiv bewertet und nicht nur die Umweltbeeinträchtigung durch die Wasserkraft beklagt werden.

Ich möchte also eine Lanze brechen für die Technologie Wasserkraft, weil diese nämlich, wie ich auch bei dem Solarforum vor drei Jahren in Köln erlebt habe, bei vielen Energiediskussionen völlig außen vor gelassen wird und dadurch auch in Deutschland ein breiter und wichtiger Markt im Grunde genommen sukzessive abgebaut wird.

Ich rede hier als Hochschullehrer auf der Basis relativ guter Kontakte zur Praxis der Wasserkraftnutzung im In- und Ausland. Unser Institut hat es jetzt geschafft, in Russland an die Untersuchung der Wasserkraftnutzung der Wolga mit georeferenzierten hydraulischen Modellen herangehen zu können. Und da geht es immerhin um 8.500 MW regenerativer Energie. Wir sollten auch auf diesem Gebiet in unserem Land am Ball bleiben.

Und schließlich möchte ich folgenden Gesichtspunkt in die Diskussion ein-bringen: Wir haben im Land Baden-Württemberg das Problem, dass die Was-serwirtschaftsverwaltung in den vergangenen Jahren personell und von den Befugnissen her abgebaut wurde. Ich möchte in Ansatz bringen dürfen, was die Folgen sein können. Schauen Sie mal in die kleinen Talregionen, die quasi völ-lig destabil werden, weil sie nicht systematisch wie bisher wasserwirtschaftlich behördlich unterhalten werden können; Ingenieurbüros leisten das nicht. Und das Zurückfallen dieser so wichtigen Verwaltung wird uns in den nächsten Jahrzehnten weitere Katastrophenszenarien bescheren. Im Brettenbachtal im Südschwarzwald zum Beispiel, das nach einem Starkniederschlag vor ca. 10 Jahren völlig ausgespült wurde, hatten die nachhaltige Wasserwirtschaft bis hin zur Wasserkraft bisher mitgewirkt, auch die Lebensräume sicher zu halten. Ich befürchte, dass das bald nicht mehr der Fall sein wird.

H. Franz: Vielen Dank Herr Nestmann. Nun Herr Hoppe-Kilpper.

M. Hoppe-Kilpper: Ja, ich möchte noch mal zurück kommen auf die konkrete Politikberatung und auf die Schwierigkeit, sich in diesem Energiedisput auch so zu verhalten, dass man Mehrheiten gewinnt. Ich glaube, wenn wir in die Nachhaltigkeitsdebatte zu viel Ökonomie einführen, sogar versuchen zu bezif-fern, wie wertvoll ein Menschenleben ist oder in der Nachhaltigkeitsdebatte den Zeithorizont auf 100 Jahre begrenzen, wird man es in der öffentlichen Diskussion sicherlich sehr schwer haben. Das ist meine Überzeugung. Zu dem, was man konkret in den Ländern tun kann, möchte ich hinweisen auf das was in Schleswig-Holstein gemacht wurde, in der Windindustrie. In Schleswig-Holstein arbeiten heute mehr Menschen in der Windindustrie als in der Fischerei und dem Tourismus.

D. Schade: Die genannten 100 Jahr sind keine feste Größe, sondern eine Größenordnung für den Zeithorizont, an dem sich heutiges Handeln als Ziel orientiert. Die Maßnahmen, die heute ergriffen werden, müssen natürlich ständig überprüft und nach fünf oder zehn Jahren – dann wieder im Hinblick auf den langfristigen Zeithorizont – gegebenenfalls verändert werden. Handeln ist ein Prozess, in dem sich der Planungshorizont ständig in die Zukunft verschiebt. Meine Überzeugung ist nun, dass Planungsziele, die über einen Zeitraum in der Größenordnung von 100 Jahren hinausreichen, seriös nicht festgelegt werden können. Man darf natürlich weiter denken und die Halbwertszeiten beim radioaktiven Zerfall legen dies auch nahe. Man darf sich aus meiner Sicht nur nicht anmaßen, heute über sehr lange Zeiträume Handeln entscheidend beeinflussen zu wollen. Wenn für einzelne Techniken heute verlässlich vorausgesagt werden kann, dass in einem überschaubaren und verantwortbaren Zeitraum keine Möglichkeiten gefunden werden können, um mit deren Risiken verantwortungsvoll umzugehen, dann kann das durchaus zur Konsequenz führen, auf diese Techniken heute zu verzichten. Nur erscheint mir diese Voraussetzung bei der Radioaktivität aus Reaktorabfällen nicht gegeben. Hierbei setze ich auch auf den Erfindergeist, der künftig ja nicht versiegt. Gerade bei den differierenden Beurteilungen der Risiken aus Radioaktivität zeigt sich die Bedeutung subjektiver Wertungen. Ich gehe beispielsweise davon aus, dass bereits mit den heutigen Techniken eine ausreichend sichere Abtrennung der radioaktiven Materialien von der Biosphäre auch sehr langfristig erreicht werden kann. Hier spielt Glauben eine große Rolle.

H. Franz: Aber wenn ich das alles richtig verstanden habe, dann hat Herr Bradshaw ja in 100 Jahren sowieso alle Probleme gelöst. Ja, wir wollen es glauben, aber wir werden es alle nicht erleben, denke ich. Herr Zumkeller, Sie sind dran.

D. Zumkeller: Mehrheitsentscheidungen sind Fakten, aber damit ist kein Anspruch auf Richtigkeit verbunden. Man beschäftigt sich sehr mit der Frage nach der zeitlichen Reichweite. Aber in der politischen Diskussion sind sehr lange Zeiträume schwer zu vermitteln. Für Wissenschaftler sind längere Zeiträume etwas leichter zu berücksichtigen, aber wenn man in Bereiche kommt, die die eigene Lebenszeit übersteigen, dann wird es auch für Wissenschaftler schwierig. Wenn Wissenschaftler hingegen über Chancen und Risiken diskutieren, können längere Zeiträume durchaus überbrückt werden. Risiken, die weit über 100 Jahre hinausgehen (z. B. Endlagerung Atommüll), haben im öffentlichen Bewusstsein durchaus ihre Wirkungen hinterlassen. Das hat Ängste ausgelöst, und so etwas ist gefährlich. Andererseits ist es durchaus vorstellbar, dass man Chancen nutzen kann, auch wenn keine ausreichenden Informationen über die Zeiträume existieren, über die jetzt gesprochen wird. Wenn über Zeiträume gesprochen wird, die unsere Vorstellungskraft übersteigen, dann ist das zulässig für die Wahrung von Chancen, aber nicht unbedingt für die Akzeptanz von Risiken, weil dadurch Ängste ausgelöst werden können.

H. Franz: Vielen Dank Herr Zumkeller. Jetzt habe ich Herrn Wennrich

J. Wennrich: Verschiedene Diskussionsbeiträge zeigen, dass man das Klimaproblem einerseits als ein geglaubtes Problem ansieht und andererseits als ein reales Problem. Für die Politik wäre es hilfreich eine Aussage zu machen, wenn dieses Gremium zu dieser Frage, ist das jetzt nun ein geglaubtes Problem oder ist es ein reales Problem, eine Aussage machen könnte, ob es sich um eine bloße unhaltbare Annahme oder um ein reales Problem handelt. Der Vorsorgegesichtspunkt ist ein bedeutsamer Gesichtspunkt, der viele Maßnahmen rechtfertigt, aber er rechtfertigt natürlich nicht alle diese Maßnahmen in ihrer Rigorosität, die bei einem realen Klimaproblem zu ergreifen wären.

Ich meine im übrigen, wir werden uns in einer liberalisierten Energiewirtschaft daran gewöhnen müssen, dass wir wesentlich größere Unternehmenseinheiten haben müssen. Investitionen in die Kraftwerks- und in die Erzeugungstechnik kosten sehr viel Geld und eine Milliarde ist sehr schnell beisammen. Das leistet kein kleines Unternehmen, das schafft in der Regel nur ein großes Unternehmen mit einem großen Kraftwerkspark, der aus neuen und aus alten, abgeschriebenen Anlagen besteht und eine Neuinvestition, die sehr viel Geld kostet, verkraften kann. Nur aus der Mischkalkulation eines diversifizierten Kraftwerksparks lässt sich eine Neuinvestition finanzieren.

H. Franz: Ich darf vielleicht an der Stelle doch mal etwas von meiner eigenen Lebenserfahrung wiedergeben. Diese Konzentrationsprozesse haben alle ihre Grenze, und wir haben das ja heute auch aus den verschiedenen Beiträgen gehört, dass mit neuen Technologien eine Dezentralisierung verbunden ist. Und eine Dezentralisierung ist natürlich das Gegenteil von einer Konzentration. Nehmen wir mal an, die Brennstoffzelle würde ein großer durchschlagender Erfolg werden, was wird dann passieren? Dann wird es natürlich eine dezentrale Stromversorgung, eine dezentrale Stromerzeugung geben. Und das ist dann nicht mehr allein ein Thema mehr der großen EVU´s, weil es auch kostenmäßig in einer anderen Größenordnung liegt als beispielsweise ein Kernkraftwerk. Ich habe das ein paar mal erlebt im Laufe meiner beruflichen Praxis. Denken Sie an die Großcomputer, wo wir also alles konzentriert haben auf große Rechenzentren, und jeder hat geglaubt, das geht so weiter und zum Schluss bleiben also nur noch zwei oder drei große Unternehmen in der Welt übrig, die Rechner bauen. Und plötzlich tauchten dann die mittlere Datentechnik und die PCs auf. Und in der Zwischenzeit spricht kein Mensch mehr von großen Rechenzentren, das sind eigentlich nur noch die nützlichen Idioten, die da irgendwo im Hintergrund stehen und Massen verarbeiten, aber die Intelligenz, die liegt ganz woanders, die ist verteilt. Das sind also Beobachtungen, die man an verschiedenen anderen Stellen auch machen konnte. Denken Sie an die ganze Kommunikationstechnik, auch die hat jeder geglaubt, es gibt weltumspannende Unternehmen, die für die Kommunikation sorgen. Gucken Sie allein bei uns in der Bundesrepublik haben wir jetzt x Unternehmen, die Telefondienste anbieten. Trotz eines Monopolisten, den wir also über 100 Jahre großgezogen haben und der nun zunehmend Marktanteile an Kleine verliert. Also, das sind natürlich Prozesse, die sich wie Naturereignisse abspielen. Herr Voß, Sie wollten direkt dazu antworten.

A. Voß: Eigentlich wollte ich noch mal zurückkommen auf das, was Herr Mayinger angesprochen hat, also einfach folgende Frage noch mal andiskutieren: Im Sinne des Prinzips Nachhaltigkeit ist ja die Erschließung von neuen Entfaltungsspielräumen für die kommende Generation eine ganz zentrale Aufgabe, die wir auch haben. Neue Entfaltungsmöglichkeiten zu erschließen hat ja viel mit F&E zu tun. Und meine Frage ist, Herr Mayinger hat es auch formuliert, wo es denn offene Themen gibt, auch durchaus mit Fokus auf Baden-Württemberg und Bayern bezogen. Ich will Herrn Mohr herausfordern. Sie haben gesagt, im Bereich der Biomasse wären alle technologischen Fragen gelöst. Ich lebe in der Vorstellung, dass insbesondere die Vergasung von Biomasse noch erhebliche technologische Probleme aufweist, z.B. hinsichtlich der Gasreinigung. Würden Sie meinen, dass das ein Thema ist, das man aufgreifen kann? Oder an Herrn Fricke die Frage, Sie haben von Einsparung oder rationeller Energienutzung gesprochen im Gebäudebereich. Gibt es aus Ihrer Sicht für den ganz wesentlichen Bereich der Industrie, der industriellen Energieanwendung, die ja nun ein großer Sektor ist, wo es ja auch um Weiterentwicklung von Fertigungsverfahren geht, Bedarf, den man benennen kann, wo Forschung und Entwicklung noch notwendig ist?

C. Schubert: Wie einige meiner Vorredner möchte auch ich darauf hinweisen, dass sich nach meinem Eindruck die bisherige Diskussion zu sehr auf allgemeine Themen – etwa die Frage, wie Nachhaltigkeit zu definieren sei – fokussierte. Ich möchte in diesem Zusammenhang nochmals an den eigentlichen Auftrag der Expertengruppe erinnern, der nach meinem Verständnis insbesondere darin besteht, Empfehlungen für die beiden Regierungen in Baden-Württemberg und Bayern für die Wirtschafts- und Forschungspolitik im Bereich der Energie zu entwickeln. Insoweit hat die bisherige Diskussion noch wenig Konkretes ergeben. Ich möchte daher vorschlagen, die restliche Zeit verstärkt dazu zu nutzen, konkrete Anregungen für künftige politische Schwerpunktsetzungen zu erarbeiten.

H. Franz: Herr Schubert, Sie greifen jetzt den Dingen etwas vor, wenn ich das sagen darf, denn die Frage kommt gleich oder das ist die Schlussfrage an alle

Teilnehmer, an alle Experten dieses Hearings, was sie glauben, was getan werden müsste. Und daraus müssen wir dann entsprechende Maßnahmen auch herausfiltern, die umsetzbar werden und Empfehlungen, die wir dann also möglicherweise auch den Landesregierungen geben können.

B.Hillebrand: Ich bin jetzt auch unsicher, ob es noch opportun ist, auf dieses Problem Wettbewerb mich zu kaprizieren, weil ich denke, das ist jetzt ein Seitenthema. Sie nehmen es mir nicht übel, dass ich jetzt nicht darauf antworte.

U.Stimming: Ich möchte zwei Punkte aufgreifen und vom Standpunkt Technologie Brennstoffzelle aus einmal anknüpfen an das, was Sie über große Systeme und kleine Systeme gesagt haben. Ich persönlich denke, dass wir in Zukunft eher einen Mix haben werden, sozusagen eine Anpassung an die Funktionalität, und da ist natürlich die besondere Chance der Brennstoffzelle für die kleineren Systeme, weil sie mit einem hohen Wirkungsgrad realisiert werden können. Ich denke aber, dass auch in einem liberalisierten Energiemarkt noch eine ökonomische Komponente unter Umständen eine Triebkraft sein kann, dass nämlich die Frage der Investitionsvolumina, die bei einem Großkraftwerk erheblich sind und die natürlich ohne Probleme in einer gesicherten Energieversorgung leistbar waren, in Zukunft eher kritischer sind. Es stellt sich die Frage, ob ein Energieunternehmen bereit ist, eben so viel Geld zu investieren, wenn es nicht weiß, wie die Entwicklung eines Energiemarktes ist. Die Tendenz geht dann dahin, eher kleinere Einheiten zu bauen, weil damit das Investitionsrisiko natürlich vermindert wird. Eine gewisse Tendenz in der Hinsicht hat es in den USA mit den sogenannten IPPs bereits gegeben, wo sich eben kleinere Einheiten am Markt etabliert haben, weil die Risiken der Investition deutlich erniedrigt wurden. Das könnte eine Tendenz sein und wäre sicher ein Schritt, der der Brennstoffzelle nützen würde, weil sie es schafft, mit kleineren Einheiten entsprechend hohe Wirkungsgrade zu produzieren. Ein anderer Punkt, der eigentlich in der gesamten Diskussion hier relativ wenig aufgetaucht ist, dass wir sehr viel über CO_2-Emission im Zusammenhang mit Energieumwandlungsprozessen gesprochen haben, aber die Emission weiterer Schadstoffe wie CO, NOX und Kohlenwasserstoffe praktisch nicht diskutiert haben. Wenn eine Diskussion geführt wird, wie es die Situation in Europa und den USA ist, wird in bezug auf die CO_2-Emissionen sehr stark Schwarzweißmalerei betrieben, nämlich die bösen Amerikaner und die guten Europäer. Dabei muss man eigentlich, glaube ich, berücksichtigen, dass die Prioritäten in den USA einfach anders gesetzt werden, dass aber zum Beispiel bei der Frage der Schadstoffemission das Problembewußtsein der Amerikaner viel, viel höher ist als das der Europäer. Ich möchte daran erinnern, dass bei Automobilen der Katalysator in den USA mehr als 10 Jahre früher eingeführt wurde, dass zum Beispiel die Anwendung der Brennstoffzelle in Automobilen im wesentlichen getriggert wurde durch die Forderung, in Kalifornien sogenannte zero emission vehicles für die großen Ballungsgebiete mit viel Individualverkehr zu

haben. In Europa bewegen wir uns in eine Richtung, das haben wir ja ansatz-
weise auch schon diskutiert, dass es trotz deutlich erniedrigter spezifischer
Emissionen des einzelnen Fahrzeugs zu Gesamtemissionen kommt, die immer
noch ziemlich stark ansteigen. Und das ist ja genau die Situation, die Kalifornien eigentlich hat, und wir sind tendenziell im Grunde nicht anders. An dieser
Stelle hat die Technologie Brennstoffzelle erhebliche Vorteile, weil, selbst wenn
man mit Benzin operiert, was im gesamtenergetischen Wirkungsgrad gar nicht
so günstig ausschaut, die spezifischen Emissionen für verschiedene Schadstoffe
um Größenordnungen geringer sind als beim besten Verbrennungsmotor mit
bester Abgastechnik, die wir haben. Es gibt also auch zusätzliche Aspekte, die
meines Erachtens wichtig sind und die jetzt vielleicht nicht nur allein energie-
ressourceorientiert sind, aber die Frage der Energieumwandlungsprozesse in
industrialisierten Gesellschaften relativ stark berühren. Sie können es ja auch
häufig in der Presse sehen, wenn Sie nach Südostasien gucken, wie in Indone-
sien und anderen Ländern permanent Nebel ist und Sie nichts mehr sehen
können, die Leute nicht mehr atmen können aufgrund des Autoverkehrs. Ich
denke, da gibt es noch eine Komponente, die wir in unserer Diskussion berücksichtigen sollten. Und ich denke, das hat nachher für die Empfehlung eine
Bedeutung, aber das will ich zurückstellen, wenn diese Runde kommt.

H.Franz: Ich habe jetzt noch drei Wortmeldungen: Von Herrn Nestmann,
Herrn Mohr und Herrn Kröger. Dann würde ich gerne die Rednerliste schließen, es sei denn, es gibt noch ein ganz dringendes Bedürfnis. Sie alle werden
gleich noch mal drankommen.

F.Nestmann: Ich möchte noch mal ganz kurz begründen, dass die Fragestellung
der Nachhaltigkeit, die hier so stark diskutiert wurde, für mich ein wichtiges
Thema ist. Wenn wir Empfehlungen geben wollen, dann sollten wir auch das
Verständnis für das jeweilige Fachgebiet haben. Bei der Wasserkraft ist es
jedenfalls so – egal ob wir über zentral – dezentral oder große Anlagen – kleine
Anlagen reden: Wir haben derzeit das Problem, dass durch die Zusatzkosten
fast ‚tödliche‘ Randbedingungen für die wirtschaftliche Konkurrenzfähigkeit
entstehen. Langfristig wird durch die daraus entstehende Stagnation der technologische Vorsprung bei der Konzeption und Erstellung von regenerativen
Wasserkraftanlagen zugunsten von Anbietern im Ausland verloren gehen.
Ich denke daher auch an die hybride Nutzung der Wasserkraft beispielsweise
zur Bereitstellung von Wasserstoff, um damit Brennstoffzellen zu betreiben.
Die Wasserkraft ist auch wegen ihrer Speicherfähigkeit von Energie mit Pump-
speicheranlagen besonders geeignet.
Wenn wir einmal betrachten, dass die großen zentralen Anlagen der Wasserkraft möglicherweise nicht mehr voll genutzt werden, dann muss man sich
einfach die Frage stellen: Was geschieht dann, wenn nichts mehr geschieht? Es
müssen dann trotzdem die Fragen des Hochwasserschutzes und des Schutzes
des Naturraumes und Lebensraumes der Menschen geklärt werden. Das heißt,

hier steht für mich auch die Frage ganz vorne an, nicht nur die Natur zu schützen, sondern uns auch vor der Natur zu schützen. Das möchte ich deutlich betonen, denn diese Tatsache ist viel zu wenig in den Köpfen verankert, dass das Fließgewässermanagement auch von den Wasserkraftbetreibern zum Teil getragen wird.

Dann wurde noch das Klima angesprochen. Wir haben im Institut für das Land Baden-Württemberg eine Untersuchung zur Regionalisierung von Hochwasserabflüssen durchgeführt, das heißt eine statistische und deterministische Analyse, basierend auf langjährigen Datensätzen. Da müssen wir feststellen, dass es in diesem Zeitraum zu einer ganz deutlichen Verschiebung auch des Niederschlags und damit der Hochwasserentwicklung in teilweise dramatischen Ausmaß gekommen ist. Diese Verschärfungen sind also nicht auf Staustufenketten und falschen Betrieb zurückzuführen.

H. Franz: Also, ich darf die Frage vielleicht auch noch mal aufnehmen. Ich denke, dass dieser Kreis überfordert ist, darüber eine Aussage zu machen, wie die Wirklichkeit oder Nichtwirklichkeit ist. Das können wir nicht, da gibt es also Klimaforscher, und Herr Meyer hat ja eben erzählt, dass da 1000 Leute daran arbeiten, und da muss man abwarten, was dabei herauskommt.Es ist auch nicht Aufgabe dieses Kreises, das haben wir uns auch nicht vorgenommen, das können wir auch nicht. Wir können das nicht bewältigen, sondern wir müssen jetzt einfach mal von den Fakten ausgehen, von den Rahmenbedingungen, die von der Politik gesetzt sind. Und da gibt es nun mal also dieses Kyoto-Abkommen, und da gibt es die Verpflichtungen, auch der Bundesregierung, den CO_2-Ausstoß zu senken um 25 Prozent und das ist also der Rahmen, der gegeben ist und den wir für real halten müssen. Wenn wir also politische Entscheidungen nicht mehr für real halten, dann sind wir handlungsunfähig. Das ist jetzt die Ausgangssituation. Ob uns das gefällt oder ob uns das nicht gefällt, das steht auf einem anderen Blatt.

H.Mohr: Ich möchte den Gesichtspunkt, den soeben auch Herr Nestmann angedeutet hat, noch einmal herausstellen, nämlich dass wir, wo immer möglich, die energietechnischen und auch energiepolitischen Fragen koppeln mit anderen Dimensionen des öffentlichen Interesses. Wenn Sie zum Beispiel Energieerzeugung nehmen aus Wasserkraft, dann gleichzeitig gekoppelt mit der Frage, was hat das für Folgen allgemein, etwa für die Handhabung von Wasser in unserem Land. Und wir haben die Erfahrung gemacht im Zusammenhang gerade mit der Frage Energie aus Biomasse, dass das auch im politischen Raum eigentlich ganz gut – wenn ich so sagen darf – ankommt. Zum Beispiel, dass man die Frage so stellt, wie können wir im Hinblick auf die derzeitige Landwirtschaft die Defekte, die zum Beispiel entstehen durch Über-, aber gelegentlich auch durch Fehlproduktion entstehen, wie können wir die auffangen dadurch, dass wir die überschüssige Biomasse etwa in Form von Energie auf den Markt zu bringen. Wie können wir also Defekte, die in anderen Bereichen entstehen, mit den energetischen Fragen verknüpfen? Es hat sich gezeigt, auch in den Hearings, die wir gemacht haben, in den vielen Diskussionen, die wir mit den Menschen im Lande geführt haben, dass eigentlich alle Menschen ansprechbar sind darauf, dass die bäuerlich geprägte Kulturlandschaft erhalten bleibt. Und von da ist ein kurzer Schritt hin zu der Frage, wie können wir dafür sorgen, dass in einem vernünftigen Maße Biomasse in Energie verwandelt werden kann. Also, wir sollten die Energiefragen nicht isoliert sehen, sondern wir sollten Sie einbauen in einen größeren Kontext, der gesellschaftlich unmittelbar interessiert. Auch die zweite Frage, was man aus Biomasse am besten machen kann, haben wir immer wieder diskutiert, auch mit den Menschen im Lande, weil sie das wissen möchten. Und die Antwort war, natürlich ist es am besten, wenn wir in Form von Pellets die Biomasse direkt verheizen, da haben wir thermodynamisch selbstverständlich den höchsten Wirkungsgrad, aber ökonomisch nicht unbedingt. Wir haben dann als zweite Schiene die Bildung von Methanol, also die klassische Verflüssigung ins Auge gefasst, und erst in der dritten Stufe die Vergasung, obgleich die Bildung von Biogasen gerade in Bayern ja schon früh und meines Erachtens weitgehend vergeblich intensiv gefördert wurde. Man kann wissenschaftlich begründen, dass das die richtige Abfolge ist. Dadurch dass die Brennstoffzellen populär wurden, ist natürlich die Neigung groß, die Verflüssigung wieder stärker in den Vordergrund zu rücken, denn es ist ziemlich einfach, aus Biomasse Methanol zu machen, ein klassisches Verfahren, das man sehr gut hier jetzt wieder ins Gespräch bringen. Also, wir wissen recht gut, wie man mit Biomasse technisch umgehen kann, aber es ist dringend notwendig, dass wir im Detail hier weitere Forschungen in die Wege leiten. Und ich glaube, wir wissen auch psychologisch ganz gut, wie man vorgehen muss, damit man diese Energieform so mit anderen Anliegen, Erhalt der Landschaft oder Erhalt der bäuerlich geprägten Kulturlandschaft, so verknüpfen kann, dass wir damit auf Resonanz jedenfalls beim größten Teil der Bevölkerung treffen.

H. Franz: Herr Kröger, Sie sind nun der Letzte und ich darf jetzt gleich mal bei Ihnen damit beginnen, dass Sie sich dazu äußern, was Sie für notwendig halten, welche Empfehlungen oder welche Forderungen, welche Wünsche und welche Maßnahmen getroffen werden sollten?

W. Kröger: Ich möchte zunächst noch eine Anmerkung machen zum Umgang mit „Nachhaltigkeit". Ich habe in der Tat auch Probleme mit den Wörtern „Glaube", „Mehrheitsentscheid", vielleicht habe ich auch den Zeithorizont nicht ganz richtig verstanden. Ich meine, dass wir Wissenschaftler uns ausrichten müssen, auf die Bereitstellung des fachlichen Inputs für politische Entscheidungsprozesse. Denn wenn wir uns Mehrheitsentscheiden, dem derzeitigem Glauben und dem Konstrukt heutiger Akzeptanz unterwerfen, brauchen wir ja eigentlich gar nichts zu tun, da braucht man nur zuzuhören und das zu tun, was gefällt. Ich habe unsere Diskussion gerade so verstanden, dass wir ja davon weg wollen, und dass wir einen gewissen Input organisieren wollen.

Nun zur Zeitskala, um die Frage von Herrn Stimming noch zu beantworten: Ich habe diese „100 Jahre" mehr als einen Zeitraum gesehen, der natürlich in sich strukturiert ist, vielleicht über Generationen. Ich meinte, dass man sollte sich auf Technologien konzentrieren, die man in diesem Zeitraum einsetzen kann, und dass man natürlich die Folgen des Einsatzes dieser Technologien über den Zeitraum, wenn das nötig ist, von 100 Jahren hinaus mit berücksichtigen muss. Entweder schaffe ich es beispielsweise, in diesem Zeitraum das Problem der Entsorgung durch technische Maßnahmen und neue Möglichkeiten zu lösen, oder ich muss es irgendwie in mein Kalkül mit einbeziehen, etwa indem ich Hütekosten berücksichtige, notfalls muss ich auf den Einsatz der Technologie verzichten.

Ich weiß nicht, ob ich Ihre Wünsche hinsichtlich Anregungen voll befriedigen kann. Ich habe zwei Anregungen, eigentlich Wünsche. Die Diskussion zeigt mir hier ganz eindeutig, dass man Anstrengungen einleiten sollte, das, was nachhaltige Entwicklung heißt, über eine Bewertungsmatrix zu konkretisieren. Ich befürchte, dass wir sonst aneinander vorbeireden und der Begriff zu einem Modewort verkommt und letztlich nichts wert ist. Die Wissenschaft sollte sich bei einer solchen oder ähnlichen Matrix auf den technischen Input, den man bereitstellen muss, festlegen. Die Frage, ob man dann aggregieren kann oder muss, vielleicht auch auf die realen Kosten hin, das muss sich dann ergeben. Das wäre mein erster Wunsch, Nachhaltigkeit zu konkretisieren und eine Bewertungsmatrix zu installieren. Der zweite Wunsch geht in Richtung der Technik, die ich hier vertreten möchte bzw. vertreten soll. Ich bin der Überzeugung, dass es ein kluger Rat in Richtung der Politik wäre, die Optionen, die man derzeit hat, wirklich offen zu halten; das war hier, glaube ich, fast Konsens. Dazu gehört die Kernenergie. Ich füge hinzu, eine Option mit relativ großen Marktchancen, vor allen Dingen natürlich im Ausland, aber vielleicht auch mal wieder in Deutschland. Es wäre m.E. klug, dafür zu sorgen, dass sich Institute in diesen beiden Bundesländern an zukunftsgerichteter Forschung im Bereich Kerntechnik beteiligen können. Die Forschung muss dann natürlich auf die Lösung der wirklichen Probleme ausgerichtet sein, die ich ja heute genannt habe: Verbesserung der Sicherheit, Entlastung der Entsorgungsproblematik. Es wäre, glaube ich, sinnvoll, dass man daran denkt, den Instituten eine Chance zu geben, sich an internationalen Initiativen zu beteiligen; die aus meiner Sicht heraus vielversprechendste ist diese sogenannte Generation IV Nuclear Power Plant Initiative, angestoßen von den USA. Und sich beteiligen heißt natürlich, in vielversprechenden Sektoren mit hoher Kompetenz; das Geld für diese Beteiligung muss im eigenen Land aufgebracht werden. Vielen Dank.

H. Franz: Vielen Dank Herr Kröger. Nun darf ich überleiten zu Herrn Fricke.
J. Fricke: Mein Kommentar zur Bemerkung, die Herr Zumkeller gemacht hat: Im Wohnbereich sind tatsächlich Entwicklungen gelaufen, wie sie ähnlich auch beim Kraftverkehr auftreten, wo praktisch nur noch eine Person im Auto sitzt:

In München sind mehr als 50% der Haushalte Einpersonenhaushalte. Darüber hinaus hat sich die beheizte Wohnfläche pro Person in Deutschland gegenüber den fünfziger Jahren mehr als verdreifacht. Ein weiteres Faktum ist, dass praktisch jeder Neubau additiven Energieeinsatz bewirkt, da Altbauten nicht entsprechend abgerissen werden. Wir erkennen also, dass für die Realisierung von Energieeinsparungen im Heizungsbereich die energetische Altbausanierung entscheidend ist. Mein Plädoyer habe ich ja schon dazu abgegeben, auch für F&E in diesem Bereich.

Ich habe aber noch zwei wichtige Punkte. Einmal die Windenergienutzung in Bayern. Windenergiekonverter in Würzburg und in München bringen VolllastLaufzeiten von ungefähr 1400 Stunden im Jahr. Volkswirtschaftlich kann das nicht sonderlich sinnvoll sein, auch wenn es sich betriebswirtschaftlich rechnen mag. Also, da hätte ich gerne Ihren Kommentar dazu, Herr Hoppe.

Das zweite, was mir am Herzen liegt, ist die Änderung der TASI 2005. Demnach sollte der organische Restanteil in Deponien unter fünf Prozent gesenkt werden. Das hat praktisch bedeutet, dass Müll verbrannt werden muss und nicht deponiert werden darf. Dieses soll jetzt ja geändert werden, oder ist schon in der Änderung. Das bedeutet, wenn Müll jetzt über mechanisch-biologische Anlagen, z. B. Kompostierung, verwertet wird, entsteht ein zusätzlicher Bedarf an elektrischer Energie. Das ist grotesk, zumal hinten nichts weiter herauskommt als Abwärme auf niederem Temperaturniveau und Kompost, der sich zu realen Kosten nicht absetzen lässt.

H. Franz: Vielen Dank Herr Fricke. Wir gehen in die Schlussrunde und jetzt frage ich mal ringsherum ab, was Sie für Vorschläge haben, was wir den Landesregierungen empfehlen sollten. Herr Voß, fangen Sie an?

A. Voß: Jetzt erwischen Sie mich kalt hier. Also, ich habe sicher keinen Satz von druckreifen Empfehlungen, aber ich denke, ein Punkt, der mir am Herzen liegen würde, wäre, dass man Vorschläge macht, welche Rolle denn der Staat, also auch die Landesregierung, im Rahmen von liberalisierten Energiemärkten wirklich erfüllen sollen und dass man dies deutlich macht, was ihre Aufgabe ist in diesem Zusammenhang, nämlich richtige Rahmenbedingungen zu setzen, und eine richtige Rahmenbedingung könnte eben lauten, dass, wenn man Nachhaltigkeit operationalisierbar machen will und wenn man die Umweltinanspruchnahme mit in das Marktgeschehen einbeziehen will, dass man in diese Richtung Internalisierung dieser Effekte fortschreitet. Und der zweite wesentliche Aspekt wären dann F&E. Also, ich habe eine Reihe von Empfehlungen mitgenommen, ich tue mich nur schwer, die schon hier richtig einzuordnen, weil man ja auch ein Gefühl dafür entwickeln müßte noch, was existiert denn in den Bundesländern schon? Da gibt es schon eine ganze Reihe von Aktivitäten, und deswegen will ich mal darauf verzichten, hier jetzt so ad hoc einige Empfehlungen zu machen. Ich persönlich würde, jetzt mache ich ja doch eine, schon den Vorschlag auch von Herrn Schiffer aufnehmen. Ich habe es schon lange als Defizit empfunden, aber das ist dann eine Frage, ob das ein Forschungsthema ist für Baden-Württemberg und Bayern, dass wir uns über die zentrale Frage nämlich der Abtrennung von CO_2 oder der Abtrennung von Kohlenstoff und der Entsorgung von CO_2 nicht angesichts der großen Bedeutung, die die fossilen Energieträger heute haben und auch in Zukunft noch haben werden, nicht doch zumindest auf der Forschungsebene mehr Gedanken machen müssten.

B. Hillebrand: Vielen Dank Herr Vorsitzender, ich bin dankbar, dass der Vorschlag so positiv aufgegriffen worden ist. Ich hatte jetzt bei der Schlussrunde auch darauf vertraut, dass ich noch mal Herrn Meyer kurz entgegnen kann. Zwei Punkte dazu, zum Klimathema. Es wird so getan, als ob dieser Climate change, als ob der die reine Wahrheit abbilden würde, tatsächlich sind das Modellrechnungen, die mit einer Vielzahl von Korrekturfaktoren verknüpft sind. Und tatsächliche Messungen, wie zum Beispiel BGA, zeigen ein durchaus davon abweichendes Ergebnis. Und wenn darauf abgestellt wird, IPCC käme jetzt zu höheren Temperaturen in der Erwartung, so liegt das einfach daran, dass man einen extrem hohen Energieverbrauch, Weltenergieverbrauch, zugrunde gelegt hat, also ein Extremszenario des Weltenergierates, nach dem sich der Energieverbrauch weltweit bis 2050 mehr als verdreifacht, das ist jenseits jeder Wahrscheinlichkeit und erklärt die hohe Temperaturentwicklung, die da nach den Modellrechnungen herauskommt.

Der zweite Punkt zu den Klimazielen. Die Bundesregierung hat einmal das 25 Prozent-Ziel in die Welt gesetzt. Ich halte es nicht für sinnvoll, Empfehlung zu geben zu einem Ziel, das objektiv nicht erreichbar ist. Und dann gibt es das Kyoto-Ziel. Wir haben von dem Kyoto-Ziel, was für Deutschland minus 21 Prozent aller klimarelevanten Spurengase 1990 bis 2008/12 beinhaltet. Wir haben davon, von diesen 21 Prozent schon 18,6 Prozentpunkte erreicht. Wir haben ein Minus in der Industrie von 33 Prozent, im Kraftwerksbereich ein Minus von 15 Prozent, im Haushaltsbereich, das ist Ihr Bereich, der Ihnen zu Recht am Herzen liegt, da gibt es zwar ein leichtes Minus, aber nur, weil die Witterung im letzten Jahr günstiger war, also es war wärmer im letzten Jahr als im Jahr 1990. Im Verkehrsbereich gibt es ein Plus von 15 Prozent. Und von daher die Empfehlung, Maßnahmen da anzusetzen, wo man bei gegebenem Mitteleinsatz möglichst viel erreichen kann und wo tatsächlich Erhöhungen stattgefunden haben und nicht nur auf den Bereich schauen, wo schon massive Senkungen erzielt worden sind in der Vergangenheit. Zum Schluss zu den Empfehlungen, das eine war genannt worden, und das andere, würde ich sagen, verlässliche Rahmenbedingungen durch die Politik, verlässliche Investitionsbedingungen durch die Politik gewährleisten damit einen ausgewogenen Energiemix die Stärke unserer Energieversorgung auch in Zukunft erhalten bleibt. Vielen Dank.

H. Franz: Vielen Dank. Herr Rempel.

H. Rempel: Im Prinzip möchte ich anschließen an die vorausgegangenen Ausführungen und auf 3 Aspekte eingehen.

Zum Stichwort Energiemix ist es sicher sinnvoll, viele Energiequellen in einem ausgewogenen Verhältnis zu nutzen, aber auch ausgewogene Bezugsquellen sind eine wesentliche Grundlage für eine gut funktionierende Energieversorgung.

Zur Forschung und Entwicklung möchte ich den Aspekt emissionsarmer Rohstoffe einbringen. Hier geht es darum, sowohl auf der Seite Benzin als auch in Fragen Kohle Möglichkeiten zu finden, um die Schadstoffemissionen herunterzufahren oder die Schadstoffe gefahrlos zu beseitigen oder zu deponieren.

Als dritten Aspekt, der auch hier überall durchgeklungen ist, sehe ich weitere Effizienzsteigerungen, insbesondere bei der Nutzung der Brennstoffe. Danke.

H. Franz: Vielen Dank. Nun Herr Bradshaw.

A. Bradshaw: Mein Plädoyer für eine verstärkte Förderung der Energieforschung und dabei vor allem auf den Gebieten, die möglicherweise längerfristige Optionen für die Zukunft darstellen, habe ich bereits abgegeben. Ich möchte aber etwas hinzufügen, was eher zum Atmosphärischen gehört. Es handelt sich um eine Bitte, wir mögen alle dazu beitragen, die Diskussion über die zukünftige Energieversorgung, vor allem aber über die Rolle der erneuerbaren Energien etwas sachlicher zu gestalten. Wir haben in den letzten zweieinhalb Jahren im Bundestag und auch außerhalb des Bundestags allerlei über die Vorteile der erneuerbaren Energien gehört. Es sind aber manchmal Behauptungen laut geworden, die so haarsträubend sind, dass man fragen muss, ob hier der gleiche Planet gemeint ist. Also, deshalb plädiere ich auch für eine Entpolitisierung dieser Debatte, und ich hoffe, dass die Landesregierungen von Bayern und Baden-Württemberg dabei behilflich sein können.

H. Franz: Vielen Dank. Herr Meyer.

T. Meyer: Sie werden es mir hoffentlich nachsehen, wenn ich noch ein letztes Mal darauf eingehe, weil ich wahrscheinlich falsch verstanden worden bin: auch das optimistischste Szenario des IPCC – es war ja eine ganze Bandbreite von Szenarien – auch das optimistischste Szenario wurde bei der Erwärmung nach oben korrigiert. Das dazu noch als Ergänzung. Zu den Forderungen oder Empfehlung für die F&E. Bevor ich zu denen komme, muss ich sagen, dass ja viel gelaufen ist. Man vergisst das immer schnell. Man fängt an zu fordern, bevor man sagt, was erreicht worden ist. Es läuft sehr viel, und gerade im Bereich der Solaren Energien kann ich für Baden-Württemberg nur sagen: da wurde sehr viel Kompetenz aufgebaut mit den verschiedenen Forschungszentren.

Was ich an Verbesserungsvorschlägen aus unserer Sicht mitgeben würde, ist zum einen auch mehr Forschungsförderung zu geben, die nicht ganz so anwendungsnah ist, also wirklich direkt in die Anwendung münden muss. Denn wir haben hier heute wieder gesehen, dass die Probleme sehr langfristig sind. Daher muss man auch weiter Vorlaufforschung betreiben. Ein zweiter Punkt, den ich z. B. von den Kollegen aus dem Gebäudebereich bei uns im Institut immer mitnehme, ist die Vernetzung von F&E-Ergebnissen mit der Umsetzung. Also konkret das Hineintragen der Ergebnisse in den Planungsalltag, was ein unheimlich schwieriges Geschäft ist. Da muss man die Schnittstellen besser organisieren. Ein weiterer Punkt ist ebenfalls eine bessere Abstimmung von Teilkomponenten der Förderung insgesamt. Z. B. bei Weiterbildung und Information auf der niedrigen Ebene mehr zu tun, um überhaupt die Investitionen loszutreten, gerade bei der Altbausanierung. Es gibt das Impulsprogramm Altbau, da könnte man sicherlich noch Bausteine dazu denken, die das verbessern. Insgesamt ist also das Plädoyer, von der Grundlagenforschung bis nachher zur Umsetzung im Markt sich noch mal anzuschauen, wie die Kette eigentlich läuft und wo noch Bausteine fehlen. Und als dritten und letzten Punkt: Ich hatte es in meinem Statement am Anfang gesagt und möchte das, was Herr Nestmann und Herr Mohr gesagt haben, noch einmal betonen: Auch auf der Forschungsseite mehr darüber nachzudenken, wie man vernetzen kann, wie man einen intelligenten Mix bauen, wie man die verschiedenen Energieträger zusammenbringt für die verschiedenen Anwendungen, Lastprofile und ähnliches. Und auch dabei sich Gedanken zu machen über den nichtenergetischen Mehrwert, den Energiequellen eben haben, wie es der Herr Mohr ausgeführt hat.

H. Franz: Vielen Dank. Herr Nestmann.

F. Nestmann: Ich möchte zusammenfassen, dass ich bei Wasserkraftanlagen, ob sie als zentral oder dezentral, als klein oder groß angesehen werden, einen wichtigen Zusammenhang ihrer technischen Bedeutung mit gesellschaftlichen Fragestellungen sehe, nämlich einerseits dem „Schutz der Natur" und andererseits auch dem „Schutz vor der Natur". National, meine ich, müssen wir den Bestand der Wasserkraftanlagen gerade in Bezug auf die Reaktivierung und den Neubau stark unterstützen. Die derzeitigen Stromerzeugungskosten sind in Schieflage geraten, weil die Kosten anderer wasserwirtschaftlicher Aufgaben, wie die Erhaltung der Stabilität von Einzugsgebieten, der Hochwasserschutz, die Sicherung des Lebensraumes usw. der Wasserkraft hier als zum Teil kostenverringernd zugeordnet werden müssten. Im Gegenteil werden aber gerade solche Kosten und zusätzlich diejenigen für „ökologische Ausgleichsmaßnahmen" den technischen Gestehungskosten von Wasserkraftanlagen noch zugeschlagen.

Ferner möchte ich für den technisch sinnvollen Ausbau des Potenzials von Wasserkraftanlagen in Süddeutschland, den ich vorhin mit etwa 2000 MW beziffert hatte, plädieren. Weiterhin sollten auch die Möglichkeiten im regenerativen Bereich, die in der Dritten Welt und in anderen Erdteilen gibt, auf gar keinen Fall übersehen werden. Internationale Projekte, wissenschaftliche wie industrielle, also auch geschäftliche Beziehungen, werden aus meiner Erfahrung stark an den nationalen Aktivitäten gemessen. Auch die hybride Nutzung der Wasserkraft und vor allen Dingen der überragende Vorteil der Wasserkraft im Hinblick auf die Energiespeicherung und den extrem hohen Wirkungsgrad sollten nicht vergessen werden.

Und zuletzt sollten wir alle bedenken, dass Energie aus Wasser direkt mit der Wasserbewirtschaftung, der Wasserbereitstellung, der Stabilität und Durchgängigkeit unserer Fließgewässer für Lebewesen und Feststoffe zu tun hat. Im Hinblick auf den Geschiebetransport sind es die Stabilität des Gerinnes, die Wassertiefe und damit auch die Bedingungen für die Schifffahrt, die in einem unmittelbaren Zusammenhang stehen. Wasserkraft ist dabei beileibe nicht alleine zu betrachten. Ich meine, man sollte hier den Bogen spannen über den gesamten Bereich Mensch – Gewässer – Umwelt.

H.Franz: Vielen Dank. Herr Mohr.

H.Mohr: Zwei knappe Sätze, die das noch mal zusammenfassen sollen, was ich Ihnen über das Thema Energie aus Biomasse sagen wollte: Ich wünsche mir, dass es in Baden-Württemberg und in Bayern, wo es sehr gute Ansätze schon gibt, dazu kommt, dass wirklich verlässliche Rahmenbedingungen geschaffen werden für eine nachhaltige Land- und Forstwirtschaft. Ich glaube, dass alle Experten mit mir die Meinung teilen, dass eine nachhaltige Entwicklung nur geht mit Hilfe einer Koppelung an die Nutzung von Biomasse für energetische Zwecke. Und dafür wünschen wir uns, wie gesagt, verlässliche Rahmenbedingungen. In Bayern gibt es bereits eine Institution CARMEN, die sich intensiv mit diesen Fragen beschäftigt. Eine analoge Einrichtung wünsche ich mir auch für Baden-Württemberg. Es ist mir bisher nicht gelungen, das durchzusetzen, aber ich glaube, dass es in der nächsten Legislaturperiode dafür gute Ansätze gibt. Und wenn Sie mich darin unterstützen, wäre ich sehr dankbar.

M.Hoppe-Kilpper: Herr Fricke ist zwar nicht mehr im Raum, aber ich möchte seine Frage doch noch kurz streifen. Natürlich macht es keinen Sinn, im letzten Tal auch noch eine Windenergieanlage zu errichten. Wie die konkreten Beispiele jetzt aussehen, die er vor Augen hat, weiß ich nicht. Fakt ist letztendlich, dass die Einspeisevergütung an dem Standort fix ist, und ob sich das letztendlich für den Betreiber rechnet, wird man nach vielen Jahren sehen. Also, diejenigen, die mit der Windenergienutzung begonnen haben, haben das vielfach auf eigene Kosten und aus Überzeugung gemacht.

H.Rüth: Wir fördern keine Windkraftanlagen mehr in Bayern. Es rechnet sich auch bei diesen relativ ungünstigen Windverhältnissen in Bayern. Das ist die Situation, dafür können wir nichts.
M.Hoppe-Kilpper: Ob sich das tatsächlich rechnet, zeigt sich natürlich erst, wenn die Kredite letztendlich zurückgezahlt sind und ich glaube, dass da auch

sehr viel Optimismus mit im Spiel ist, gerade an Schwachwindstandorten. Ich möchte noch etwas grundsätzliches zu der Fördersituation sagen. Wir hatten ja das Stromeinspeisungsgesetz Anfang der 90er Jahre, das die CDU/FDP-Koalition seinerzeit unter Federführung der CSU, installiert hat. Das ist eine Mindestpreisregelung, die in dieser alten Form als Stromeinspeisungsgesetz eine fixe Vergütung vorsah. Wir haben jetzt seit April letzten Jahres durch die neue Bundesregierung eine Weiterentwicklung dieses Gesetzes. Die Prinzipien sind beibehalten worden, wobei jedoch eine Verbesserung aus meiner Sicht erzielt wurde in der Gestalt, dass nach Standortgüte differenziert ist und die Förderung degressiv gestaltet ist. Das heißt, von Jahr zu Jahr gibt es geringere Vergütungen. Insofern ist es eine Verbesserung gegenüber dem, was früher da war. Langfristig glaube ich, dass man aber, wenn wir höhere Anteile erneuerbarer Energien in unserem Land implementieren wollen, eine Weiterentwicklung der Förderinstrumente benötigt wird.

H. Franz: Ich werde nicht den Verdacht aufkommen lassen, Herr Hoppe-Kilpper, dass die CSU seinerzeit dieses Einspeisegesetz unterstützt hat, um die norddeutschen Länder zu schwächen. Herr Schade.

D. Schade: Zwei Vorbemerkungen: Das Argument mit den 1000 Leuten, die an der Klimaproblematik arbeiten, ist vielleicht ein starkes Argument. Ich möchte aber doch darauf hinweisen, dass in der Wissenschaft nicht demokratische Mehrheiten über richtig oder falsch entscheiden. Die zweite Vorbemerkung zum Thema Glaube. In vielen Diskussionen auch mit Naturwissenschaftlern ist es immer wieder schwierig, deutlich zu machen, dass eine wohl begründete und auf beruflicher Erfahrungen beruhende wissenschaftliche Stellungnahme, immer auch Wertungen enthält, in die normative Vorstellungen, persönliche Präferenzen und die Wahrnehmung der gesellschaftlichen Diskussion eingehen. Auch sie sind damit letztlich, und da gestatten Sie mir noch mal das Wort, Glaubensbekenntnisse. Sie haben subjektive Gültigkeit und sind subjektiv rational.

Nun zu meinen Empfehlungen: Erste Priorität sollten Maßnahmen haben, die sich auf die sichere, wirtschaftliche und umweltfreundliche Nutzung der konventionellen Energieträger richten. Zweite Priorität sollten Maßnahmen im Bereich der alternativen Energieträger bzw. Energieformen haben, wobei der Einschätzung der künftigen politischen Rahmenbedingungen besondere Aufmerksamkeit zukommen sollte. Im Vordergrund sollten in beiden Fällen die möglichen Chancen einer Umsetzung von Ergebnissen stehen, um den Wirtschafts- und Forschungsstandort zu sichern.

D. Zumkeller: Die Reihenfolge „Energieeinsparung vor Effizienz vor Energieträger" wurde nicht aus populistischen Gründen gewählt, sondern weil es aller Erfahrung eines Ingenieurs entspricht, dass die menschlichen Ausweichmanöver, die man sozusagen als Reaktion auf die technischen Verbesserungen bekommt, immer von unten nach oben verlaufen. Das heißt, wenn bei den Energieträgern etwas erreicht wird, dann wird das bei der Effizienz verbraucht. Und wenn bei der Effizienz etwas erreicht wird, dann wird das bei der Einsparung verbraucht. Bei unseren Diskussionen geht es immer wieder um die Deckung der Nachfrage, aber häufig erzielt man durch technische Verbesserungen ganz etwas anderes; man weckt Nachfrage. Deshalb wird die o.g. Reihenfolge gewählt und deshalb galt auch der priorisierte Vorschlag einer Informationsoffensive, die im öffentlichen Bereich verschiedene relativ triviale Vorgänge vermittelt, um das Bewusstsein zu schärfen.

Der konkrete Vorschlag würde lauten, die CO_2-Minderungspotentiale durch Homogenisierung des Verkehrsflusses auf der Straße zu erkunden. Ich denke, dass da eine ganze Menge zu erreichen wäre. Ich sage dies, weil ich einen so pessimistischen Ausblick auf das menschliche Verhalten gegeben habe, was mit der Empirie übereinstimmt. Daraus folgt, dass in dem Bereich die größeren Potentiale bestehen und vielleicht am ehesten Fortschritte erzielt werden können.

Der abstrakte Vorschlag ist folgender: unter der Vorraussetzung, dass 90 Prozent des Verkehrsbereiches mit dezentralen Kraftwerken in Pkws und nur 10 Prozent im kollektiven öffentlichen Verkehr abgewickelt werden, muss man abwarten, ob der Markt Rahmenbedingungen herbeiführt, die den öffentlichen Verkehr lebensfähiger machen. Im Bereich des Pkws ist jedoch die Frage zu stellen, welche Konsequenzen es hätte, wenn die Hauptenergiequelle wesentlich teurer werden würde oder vielleicht sogar ausläuft. In einer solchen Situation muss in Kooperation mit den beiden Ländern und den im globalen Maßstab wichtigen Automobilproduzenten – d.h. auch in der gebotenen Neutralität – die Frage gestellt werden dürfen, wie ein alternatives oder mehrere alternative Konzepte aussehen könnten.

H. Franz: Vielen Dank. Herr Stimming.

U. Stimming: Ich habe im Prinzip vier Punkte. Erster Punkt: Ich spreche mich aus für einen Energiemix. Das bedeutet, dass ich dann auch einen Forschungsmix brauche, der sich daran orientiert. Das heißt zum Beispiel bei den fossilen Energieträgern, dass ich mich, wie bereits erwähnt, um Kohle kümmern muss, weil Kohle eigentlich einen sehr wichtigen Energieträger darstellt, der auch vorhanden ist, aber ich muss es mit völlig anderen Prozessen tun. Ich muss CO_2 abtrennen, geschlossene Kreisläufe kreieren und dergleichen. Und das muss natürlich unter einem energetischen und Kostenaspekt geleistet werden. Ein weiterer Aspekt ist die Frage des Know-how-Verlustes im Bereich der Kernenergie. Ich denke, dass das ein ganz wichtiges Problem ist, das wir in Deutschland haben. Wenn wir sagen, wir brauchen Kernenergie, dann brauchen wir natürlich auch das Know-how dafür. Wir brauchen aber auch regenerative Energien als Zukunftsvorsorge. Deshalb benötigen wir dafür natürlich auch Forschung. Für Energieeffizienz brauchen wir eine Verbesserung der Wandertechnologie. Ich denke, dass dieses alles Teil unserer Forschungsstruktur sein muss. Wir haben in der Vergangenheit immer Schwerpunktsetzungen gemacht, die zu relativ starken Fluktuationen geführt haben und die eigentlich auch der Erkenntnis dieses Kreises, nämlich dass wir immer in einem Mix leben werden, überhaupt nicht Rechnung trägt. Gleichzeitig haben sich aber natürlich auch die Rahmenbedingungen des Problembewusstseins, zum Beispiel im Bereich CO_2, deutlich geändert, und dem muss man auch Rechnung tragen. Ich sehe einen weiteren, ganz grundsätzlichen Punkt, der ebenfalls mit Forschungsförderung zusammenhängt. Wir sind nämlich fast dabei, einen Paradigmenwechsel zu haben in bezug auf die Frage der staatlichen Vorsorge, wobei ich dafür jetzt nur ein ganz krasses Beispiel, das manche bereits kennen mögen, nennen möchte, nämlich diesen Konflikt, den Argumentativkonflikt, zwischen dem Umweltbundesamt und DaimlerChrysler, wo sich ausdrückt, dass DaimlerChrysler im Grunde viel langfristiger plant und arbeitet als eine staatliche Behörde, die sich mit Umweltschutz befassen soll. Das heißt, die Zeiträume einer Industriefirma sind Jahrzehnte und die einer staatlichen Behörde sind eigentlich nur höchstens fünf, sechs Jahre. Wenn sich so ein Paradigmenwechsel durchsetzen würde, dann würde er natürlich ein ganz gefährliches Element der Kurzfristigkeit in die Frage der Forschungsförderung einbringen, das sicher in dem Zusammenhang kontraproduktiv wäre. Zweiter Aspekt: Ich habe ja einige Zeit im Forschungszentrum Jülich gearbeitet und dort das Brennstoffzellenprogramm aufgebaut. Auf der nationalen Ebene haben wir Großforschungseinrichtungen, wie Jülich zum Beispiel, die auch als Energieforschungszentren angesehen werden können. Wenn Sie sich das aber historisch anschauen, haben sie diese Funktion nicht mehr, diese Zentren sind eigentlich als Energieforschungszentren total abgebaut worden. Wir haben im Grunde keine Energieforschungszentren mehr in Deutschland. Aufgrund der Kompetenz, die es in Baden-Württemberg und Bayern gibt, denke ich, dass die Politik an dieser Stelle, obwohl es regional ist, eine ganz wichtige Rolle in der Förderung von Forschungszentren für Energieforschung in Baden-Württemberg und Bayern, möglicherweise auch als gemeinsame Energieforschungszentren betrieben, spielen kann, gerade wegen der Kompetenz, die in beiden Bundesländern vorhanden ist. Dritter Punkt: Ich denke, wir brauchen eine Vielgestaltigkeit der Forschungsförderung. Vielgestaltigkeit bedeutet, wir brauchen Grundlagenforschung, wir brauchen angewandte Grundlagenforschung, wir brauchen angewandte Forschung, und wir brauchen Industrieforschung. Und diese haben alle ineinander zu greifen und den gesamten Bereich, der eben nötig ist für die Energieforschung, abzudecken. Das mag trivial klingen, ich habe selber die Erfahrung gemacht, dass es zum Beispiel Forschungsprogramme zum besseren Verständnis der Verbrennungsprozesse in einem Verbrennungsmotor gibt, einer Technologie, die mehr als 100 Jahre alt ist, aber wenn man verstehen will, was in der Brennstoffzelle passiert, dann wird gesagt: ach, das macht doch die Industrie schon, wir brauchen da gar keine Grundlagenforschung, obwohl es eine Technologie ist, die noch nicht mal am Markt existiert. Das ist ein Zeichen dafür, dass es eigentlich keine klare Zusammenführung von verschiedenen Forschungslinien und bestimmten Technologiebereichen gibt. Darüber hinaus denke ich, dass die Frage der Verbindung der Forschung mit der Industrie, das heißt der Nutzbarmachung der Forschungsergebnisse für die Industrie, gerade in den Bundesländern ein sehr wichtiger Punkt ist. Und ich meine, dass es da etliche Aspekte gibt – Sie wissen ja, dass ich auch im ZAE tätig bin – die sicher überdenkenswert sind, um diese Effektivität zu stärken. Mein vierter Punkt, und der ist jetzt speziell auf Brennstoffzellen ausgerichtet: Ich plädiere dafür, dass die Landesregierungen von beiden Bundesländern es erreichen, ein gemeinsames Brennstoffzellenforschungsprogramm zu etablieren. Es gibt auf der Seite der Forscher ganz starke Wünsche danach, die auch in die verschiedenen Ministerien eingebracht wurden, die aber offensichtlich nicht so richtig weiter kommen, was vielleicht damit zusammenhängt, dass in Baden-Württemberg durch das Wissenschaftsministerium und in Bayern durch das Wirtschaftsministerium gefördert wird. Ich hoffe, dass dieses nicht der Hinderungsgrund ist dafür, dass es da ein gemeinsames Programm gibt. Danke.

H. Franz: Vielen Dank. Herr Ziegler.

F. Ziegler: Zur Forschungsförderung: Speziell bei der energietechnischen Grundlagenforschung sehe ich Verbesserungsmöglichkeiten. Ich meine den Bereich, der notwendig ist, bevor die Industrie bereit ist, sich zu beteiligen.

Ich will aber auch ein anderes Plädoyer noch mal wiederholen. Ich finde Quotenregelungen etwas furchtbar Starres. Ich würde mich freuen, wenn die Politik statt mit Quoten mit handelbaren Zertifikaten oder ähnlich flexiblen Instrumenten arbeiten würde. Das hat auch damit zu tun, dass eben doch nicht alles rational entschieden wird, und es wäre mir daher daran gelegen, eine gewisse emotionale Bindung an Effizienzsteigerung in der Bevölkerung oder im Verbraucher zu erzeugen. Zertifikathandel könnte dies bewirken. Das widerspricht ja im Prinzip dem Gebot der Sachlichkeit, aber diese emotionale Bindung zu fördern, finde ich wichtig. Das kann zum Beispiel dadurch passieren, dass man in stärkerem Maße Effizienzwettbewerbe und dergleichen durchführt. Ich kann mir branchenspezifische Aktionen dieser Art sehr gut vorstellen; ich denke beispielsweise an die Kältetechnik, die eine ziemlich große Branche ist mit nicht sehr guter Energieeffizienz.

F. Seifert: Ich möchte noch etwas ergänzen zu dem, was Herr Stimming sagte zum Forschungsmix. Es wurde ja beklagt, dass eigentlich keine Forschungszentren auf dem Gebiet Energieforschung existieren. Chancen, die es kürzlich bei der DFG auf der Grundlagenseite zur Errichtung von Forschungszentren auf dem Energiesektor gab, wurden nicht genutzt.

Speziell zur Geothermie: Hier scheint es mir besonders wichtig, die Spanne von der Grundlagenforschung bis zur angewandten Forschung und Industriebeteiligung zu erreichen. Und man kann wegen des verschiedenen Entwicklungsstandes im Bereich der Geothermie, wegen der ganz unterschiedlichen Probleme, je nach Temperaturbereich und Anlagengröße, in dieser Kette von der Grundlagenforschung bis zur Industrieforschung an mehreren Stellen gleichzeitig einsteigen und dies dann in absehbaren Zeiten umsetzen. Ich glaube, es gibt gute Chancen für diese Umsetzbarkeit durch ein Programm für F&E auf dem Gebiet hydrothermale Geothermie, und dann insbesondere in internationaler Kooperation auf dem Gebiet HDR. Ich plädiere nicht für ein separates Programm Geothermie, aber für eine Förderung auch dieses Aspekts im Rahmen einer Gesamtförderung. Danke.

J.Schäffler: Ich möchte daran erinnern, dass der WTB mal schon einen Bericht zum Thema Energie gemacht hat, dort auch eine ganze Reihe von Empfehlungen ausgesprochen hat. Und ich fände es hilfreich, wenn man anhand dieses dortigen Katalogs prüfen würde, was zum Beispiel die Bayerische Staatsregierung – außer dem Abschluss von Kooperationsabkommen mit exotischen Ländern davon wirklich umgesetzt hat. Ich glaube, man sollte, auch die Politik mal daran erinnern, dass sie nicht nur Aufträge geben soll, sondern dann auch reagieren muss.

Zweitens. Wenn Sie Revue passieren lassen, was gesagt wurde, frage ich mich, ob es als Message für die Politik brauchbar ist, alles ein bisschen zu fördern und zu unterstützen. Wäre es nicht sinnvoller, der Gefahr, die dem innewohnt, dadurch zu entgehen, dass man klar Schwerpunkte benennt, auf die die Politik nun besonders achten sollte, auch wenn das vielleicht bei einigen der hier Anwesenden dann zu einem Aufschrei führt.

Drittens. Ich meine, dass speziell für beide Länder es durchaus interessant sein könnte, die DLR, die ja in beiden Ländern tätig ist, in der Forschung zum Thema Auswirkungen des Eintrags von Schadstoffen und Wasserdampf in die obere Atmosphäre besonders zu unterstützen. Die DLR leistet hier gute Arbeit und man konnte den deutschen Beitrag durch eine entsprechende Aufstockung der Förderung deutlich verbessern.

Viertens und letztens. Bei der Redaktion des Berichtes sollte nochmals sehr gründlich darüber nachgedacht werden, wie man Nachhaltigkeit definiert. Vielleicht wäre es ein Weg zu sagen, es muss eine Definition erst entwickelt werden. Diese sollte dann aber auch zahlenmäßig fassbar sein, um umgesetzt werden zu können. Danke.

H.Franz: Vielen Dank. Herr Mayinger.

F.Mayinger: Ich möchte zunächst den letzten Punkt von Herrn Schäffler aufgreifen und in diesem Zusammenhang anregen, eine interdisziplinär zusammengesetzte Arbeitsgruppe zu gründen, die sich mit dem Begriff „Nachhaltigkeit" in weitem Sinne auseinandersetzt, insbesondere im Hinblick auf rationale Entscheidungsprozesse für nachhaltige Energienutzung.

Ein anderes Thema, das mich als Hochschullehrer berührt, hat Herr Stimming in die Diskussion gebracht. Es beinhaltet das Problem, dass die Zahl der Studenten im Fach Energietechnik an den deutschen Hochschulen in den letzten Jahren stark zurückgegangen ist. Dies gilt nicht nur für die Kerntechnik, sondern für die gesamte Kraftwerkstechnik. Wäre es nicht an der Zeit, die zukünftigen Chancen und Aufgaben der Absolventen dieser Studienrichtung besser herauszustellen, um Schüler für das Studium dieser Fächer zu gewinnen.

Schließlich möchte ich noch vorschlagen, über einen Forschungsschwerpunkt nachzudenken, in dem Forschungsinstitute und Wirtschaftsunternehmen aus beiden Ländern – Baden-Württemberg und Bayern – zusammenarbeiten und der sich mit der Effizienzsteigerung bei der Energiewandlung im Sinne von Nachhaltigkeit ganz generell beschäftigt und in dem auch über neue Szenarien in der Energiewandlung – sowohl bei konventionellen als auch bei alternativen Energien – nachgedacht wird.

H. Franz: Vielen Dank. Herr Birkhofer, wollen Sie noch einen Beitrag leisten?

A. Birkhofer: Vieles wurde schon gesagt, dem ich zustimmen kann, so dass ich nur einige wenige Punkte ansprechen will.

Zur Nachhaltigkeit der Energieversorgung gibt es eine Reihe von Veröffentlichungen, besonders zu erwähnen sind dabei Berichte der EU, die auch einen interdisziplinären Ansatz zeigen. Meiner Meinung nach ist der Ansatz von Herrn Kröger sehr interessant, Kriterien abzuleiten, um dann die unterschiedlichen Technologien daran zu spiegeln.

Was in unserer Diskussion etwas zu kurz gekommen ist, ist der Grad der Abhängigkeit der Stromerzeugung vom Ausland. Nimmt er zu? Wird die Eigenerzeugung zurückgenommen – was mit der Stilllegung von Kernkraftwerken wohl eintritt –, steigt der Bezug. Wie soll er gedeckt werden! Wir sprechen über Wasserstoff als künftigen Energieträger, wobei man sich zu wenig Gedanken macht über eine einigermaßen wirtschaftliche Erzeugung, dazu wird man kostengünstige Anlagen benötigen, die in der Grundlast eingesetzt werden. Auch Fragen des sicheren Umgangs mit Wasserstoff, wenn dieser breit eingesetzt wird, müssen verstärkt untersucht werden.

Wir haben auch über die künftige Struktur der Energieversorgung gesprochen, und ich meine, dass auch künftig der Hauptanteil der Stromerzeugung durch Großanlagen erfolgt, und dies in einer Unternehmensstruktur, die bundesweit bzw. europaweit tätig ist.

F. Mayinger: Nur um ein Missverständnis aufzuklären, Herr Birkhofer, ich bin nicht der Meinung, dass Großstrukturen in Zukunft nicht mehr existieren werden. Ich folge aber auch den Überlegungen von Herrn Stimming, dass es zukünftig mehr und mehr ein Nebeneinander von Groß- und Kleinstrukturen geben wird. Dies bedeutet auch, dass Monopole und oligarchische Verhältnisse durch stärkere Differenzierung zurückgedrängt werden.

H.Franz: Ja, meine Herren, damit sind wir ungefähr auch in der Zeit geblieben und am Ende der heutigen Veranstaltung angelangt. Ich meine, dass diese, und jetzt will ich gar nicht erst den Versuch einer Zusammenfassung machen, weil die Diskussion doch sehr vielschichtig war, sehr tiefgehend und sich insgesamt auf einem sehr hohen Niveau bewegt hat. Ich bin ganz sicher, dass jeder von uns, der hier um den Tisch sitzt, etwas dabei gelernt hat, etwas neues gehört hat, neue Einblicke bekommen hat und möglicherweise auch diese in seine zukünftige Arbeit einfließen lassen kann.

Wir können davon ausgehen, und das ist eigentlich doch ein Ergebnis, das wir auch in der Zukunft mit einer ähnlichen Komposition der Energieträger rechnen können, wie wir sie jetzt auch haben. Dramatische Änderungen sind da nicht zu erwarten. Wie sich das dann entwickelt, wenn die Kernkraft tatsächlich wegfallen sollte, ist eine Frage, über die wir uns sicherlich noch in der Zukunft fallweise und punktuell unterhalten müssen bzw. dafür Lösungen suchen müssen. Ich war sehr lange Zeit in Schweden aktiv in unserer Gesellschaft und habe die schwedische Geschichte erlebt. Die Schweden haben ja schon Anfang der 80er Jahre beschlossen, aus der Kernkraft auszusteigen und haben dafür auch ein Datum festgelegt, an dem die ersten drei Kernkraftwerke zugemacht werden sollten. Das war 1991 das erste, 92 das zweite und das dritte auch noch 92. Aber die laufen alle noch. Die sind, obwohl das ein Regierungsbeschluss war, sind diese Beschlüsse hinfällig geworden. Nachdem 13 Jahre ins Land gegangen sind ist ein neuer Beschluss gefasst worden. Und ich denke, dass wir auch bei uns mit ähnlichen Entwicklungen rechnen können, so dass ich die Dramatik gar nicht erkennen kann.

Einen Punkt darf ich festhalten. Herr Nestmann hat es, glaube ich, gesagt, alles, was hier vorgetragen ist, ging nicht gegeneinander, sondern war eigentlich ein Miteinander. Es hat keiner gesagt, die Zukunft liegt ausschließlich in dem, was ich hier betreibe, sondern jeder ist davon überzeugt, dass wir mit dem Mix, den wir jetzt haben, auch in der Zukunft leben müssen und leben können, dass wir aber an der einen oder anderen Stelle bei zukünftiger Entwicklung etwas mehr tun müssen.

Ein Punkt ist explizit nicht erwähnt worden, dem ich aber doch große Bedeutung für die Zukunft beimesse, einfach um den Mix auch zu optimieren, dass wir mehr tun müssen in der Frage des – jetzt als Schlagwort in den Raum gestellt – Energiemanagements. Das heißt also, die Informationstechnik, die muss hier sehr viel stärker greifen, um Optimierungsprozesse überhaupt möglich zu machen und durchzusetzen. Optimierungsprozesse sowohl hinsichtlich der Wirkungsgrade, also Erhöhung der Wirkungsgrade, als auch Optimierungsprozesse auf der Kostenseite, und meistens deckt sich das ja. Und da bin ich auch der Meinung, dass wir auch in der Forschung und in der Anwendungsforschung insbesondere sehr viel mehr Geld in die Hand nehmen müssten als wir das bisher getan haben, denn über diesen Gesichtspunkt waren wir uns alle einig, dass das größte Potential auch in der Zukunft eben in der Energieeinsparung liegen wird, da ist am meisten dabei herauszuholen und da ist auch am meisten drin, wie die Vergangenheit gezeigt hat. Denn was in den letzten 50 Jahren auf diesem Gebiet geschehen ist, ist ja mehr als beachtlich, ob das die Wirkungsgrade auf der Anwendungsseite oder auf der Erzeugerseite sind, da sind in der Zwischenzeit geradezu dramatische Ergebnisse erzielt worden. Die Frage, Herr Voß hat das noch mal aufgenommen – und wir diskutieren schon seit vielen Jahren darüber – wie kriegen wir eigentlich hier eine Kompetenz zustande, die nicht nur in unseren Ländern Bedeutung hat, sondern die auch über die Länder hinaus wirken kann. Das heißt also, wie kriegen wir hier ein Packende in die Hand, das wir zu Forschungsergebnissen kommen, die unterlegt sind mit anerkannter Autorität und anerkannter Kompetenz und deren Wort über die Länder hinaus auch Bedeutung haben kann. Das ist dann keine politische Aktion, das muss ich noch mal sagen, sondern das ist eine wissenschaftliche Kompetenz. Hier sollten wir tatsächlich noch mal Überlegungen anstellen, wie wir das zustande bringen, ob wir das in einem Zentrum, einem wissenschaftlichen Zentrum abhandeln, ob wir das in einer virtuellen Institution machen können, jedenfalls sollten wir dieses Thema auch in den beiden Gremien, im Innovationsbeirat einerseits und im Wissenschaftlich-Technischen Beirat andererseits noch mal diskutieren und auch ganz konkrete Vorschläge machen, die auch umgesetzt werden können und die auch von den Landesregierungen akzeptiert werden.

Ich bedanke mich für diese hoch interessante und informative Diskussion. Ich bedanke mich für die Mühen, die Sie aufgewandt haben, nicht nur hierher zu kommen, sondern auch im Vorfeld die Dinge zu durchdenken und zu erarbeiten. Und ich würde mir wünschen, dass, wenn wir das alles dann hinterher gesichtet haben, dass das auch zu weitergehenden Konsequenzen führt, so dass also für uns alle die Arbeit und Mühe sich gelohnt haben, und letzten Endes auch unseren Ländern und unseren Universitäten dienen. Vielen Dank, guten Heimweg, und ich sage jetzt: Auf Wiedersehen.

Wissenschaftlich-Technischer Beirat
der Bayerischen Staatsregierung

Nach der Geschäftsordnung der Bayerischen Staatsregierung soll bei wichtigen
wissenschafts- und technologiepolitischen Entscheidungen der Staatsregierung
von grundsätzlicher Bedeutung im Bereich von Naturwissenschaft und Technik
der Wissenschaftlich-Technische Beirat der Staatsregierung (WTB) gehört
werden.

Aufgaben

Der WTB hat insbesondere folgende Aufgaben:
- Gutachtliche Äußerung zu Fragen der Wissenschafts- und Technologiepolitik
- Erarbeiten von Vorschlägen für Aufgaben und Ziele bayerischer Forschungs-
  schwerpunkte
- Aufzeigen von Koordinierungsbedarf in der Wissenschafts- und Technolgie-
  politik
- Aufzeigen von Lücken in der Bayerischen Forschungsförderung
- Vorlagen von Handlungsvorschlägen für kurz-, mittel- und langfristig wirk-
  same Maßnahmen zur Sicherung und Förderung der Stellung Bayerns in der
  wissenschaftlichen Forschung und der technischen Entwicklung.

Der WTB greift auf Aufforderung der Staatsregierung oder aus eigener Initiative Themen auf. Stellungnahmen des WTB werden grundsätzlich vom Minis-
terpräsidenten beauftragt, der die Gutachten und Empfehlungen erhält und ggf.
an die Ressorts zur Umsetzung weiterleitet. Die Arbeitsergebnisse des WTB
werden in Broschürenform interessierten Bürgern und Institutionen zur Verfügung gestellt und in öffentlichkeitswirksamen Veranstaltungen seit Frühjahr
1994 vorgestellt.

Mitglieder

Der WTB hat derzeit folgende Mitglieder:
- *Dr. mult. h.c. Dipl.-Ing. Hermann Franz*
  (WTB-Vorsitzender) ehem. Aufsichtsrats-Vorsitzender der Siemens AG
- *Dipl.-Ing. Maximilian Ardelt*
  Vorstandsvorsitzender der VIAG Telecom AG
- *Prof. Dr. med. Eva-Bettina Bröcker*
  Direktorin der Universitäts-Hautklinik, Universität Würzburg
- *Prof. Dr. h.c. Utz-Hellmuth Felcht*
  Vorsitzender des Vorstands der Degussa AG
- *Prof. Dr.-Ing. Heinz Gerhäuser*
  Fraunhofer-Institut für Integrierte Schaltungen (IIS-B), Lehrstuhl für
  Informationstechnik mit dem Schwerpunkt Kommunikations-
  elektronik Friedrich-Alexander-Universität Erlangen-Nürnberg
- *Prof. Dr. Anton Kathrein*
  Geschäftsführender Gesellschafter der Kathrein-Gruppe
  Vizepräsident der IHK München und Oberbayern
- *Prof. Dr. Jürgen Köhler*
  Lehrstuhl für Experimentalphysik IV, Universität Bayreuth
- *Prof. Dr. Hubert Markl*
  ehem. Präsident der Max-Planck-Gesellschaft zur Förderung der
  Wissenschaften e.V.
- *Prof. Dr.-Ing. Joachim Milberg*
  ehem. Vorsitzender des Vorstands der BMW AG
- *Prof. Dr.-Ing. Robert Singer*
  Lehrstuhl für Werkstoffkunde und Technologie der Metalle
  Friedrich-Alexander-Universität Erlangen-Nürnberg
- *Prof. Dr. phil. Dr.-Ing. E.h. Claus Weyrich*
  Mitglied des Vorstands der Siemens AG (Corporate Technology)
- *Prof. Dr. Ernst-Ludwig Winnacker*
  Präsident der Deutsche Forschungsgemeinschaft (DFG)

Innovationsbeirat der Landesregierung Baden-Württemberg

Der Innovationsbeirat der Landesregierung Baden-Württemberg wurde auf Empfehlung der „Zukunftskommission Wirtschaft 2000" von Herrn Ministerpräsident Erwin Teufel im Jahre 1994 als unabhängiges Beratergremium für die Landesregierung in den Bereichen Wirtschaft, Wissenschaft, Forschung und Bildung eingerichtet.

Auftrag

Der Innovationsbeirat wurde mit dem Ziel einberufen,
- Vorschläge zur strategischen Ausrichtung der Forschungs-, Technologie- und Wirtschaftspolitik und zur Weiterentwicklung der staatlichen Förderpolitik zu erarbeiten,
- Empfehlungen zur Verbesserung der innovationsrelevanten Rahmenbedingungen und Methoden zur schnellen Umsetzung der Forschungsergebnisse in neue Produkte und Verfahren vorzulegen,
- Koordinierungsbedarf in der Forschungs-, Technologie- und Wirtschaftspolitik aufzuzeigen sowie
- Vorschläge für eine gezielte Öffentlichkeitsarbeit, insbesondere zur Verbesserung des Innovationsklimas zu erarbeiten.

Die Arbeit des Innovationsbeirats wird seit März 2002 in modifizierter Form und neuer personeller Besetzung im Innovationsforum Baden-Württemberg fortgesetzt.

Mitglieder

Unter dem Vorsitz von Herrn Professor Dr. Berthold Leibinger (Fa. Trumpf GmbH + Co. KG) gehörten dem Innovationsbeirat zuletzt folgende Persönlichkeiten aus Wirtschaft und Wissenschaft an:
- *Barbara Bertrang*
  Leiterin Sales Operation Management T-Systems International GmbH
- *Dr. h.c. Dietrich Dörner*
  ehem. Vorsitzender des Vorstandes der Ernst & Young Deutsche Allgemeine Treuhand AG

- *Dr.-Ing. Hermann Eisele*
  Mitglied des Kuratoriums der Robert Bosch Stiftung
- *Dr. h.c. Hermann Franz*
  (WTB-Vorsitzender) ehem. Aufsichtsrats-Vorsitzender der Siemens AG
- *Prof. Dr. Wolfgang Franz*
  Präsident des Zentrums für Europäische Wirtschaftsforschung GmbH (ZEW)
- *Prof. Dr. Regine Hengge-Aronis*
  Freie Universität Berlin, Institut für Biologie-Mikrobiologie
- *Dieter von Holtzbrinck*
  Ehem. Vorsitzender der Geschäftsführung Verlagsgruppe
  Georg von Holtzbrinck GmbH
- *Edmund Hug*
  IBM Deutschland GmbH
- *Prof. Dr. Berthold Leibinger*
  Geschäftsführender Gesellschafter Trumpf GmbH + Co. KG (Vorsitz)
- *Prof. Dr. Johann Löhn*
  Regierungsbeauftragter für Technologietransfer Baden-Württemberg
- *Prof. Dr. Hans Mohr*
  Universität Freiburg, Biologisches Institut
- *Petra Reum-Mühling*
  Geschäftsführung der Reum GmbH & Co. Betriebs KG
- *Dr. Hartmut Richter*
  Hauptgeschäftsführer Baden-Württembergischer Handwerkstag
- *Dr. Konrad Seitz*
  Publizist, Botschafter a.D.
- *Prof. Dr. Hartmut Weule*
  Institut für Werkzeugmaschinen und Betriebstechnik (WBK),
  Universität Karlsruhe

Verzeichnis der Autoren

Prof. Dr. Alexander Bradshaw
Max-Planck-Institut für
Plasmaphysik (IPP)
Boltzmannstraße 2
85748 Garching

Dr. Werner Dyckhoff
Max-Planck-Institut für
Plasmaphysik (IPP)
Boltzmannstraße 2
85748 Garching

Prof. Dr. Jochen Fricke
Bayer. Zentrum für Angewandte
Energieforschung (ZAE Bayern)
c/o Universität Würzburg
Physikalisches Institut
Am Hubland
97074 Würzburg

Dipl.-Ing. Martin Hoppe-Kilpper
Institut für Solare Energieversorgungstechnik (ISET) e.V.
Königstor 59
34119 Kassel

Christoph Huß
BMW Group
Max-Diamand-Straße 13
80788 München

Prof. Dr. Wolfgang Kröger
Paul Scherrer Institut
Forschungsbereich Nukleare
Energie und Sicherheit
5232 Villigen PSI
Schweiz

Prof. Dr. Joachim Luther
Fraunhofer-Institut für
Solare Energiesysteme ISE
Oltmannstraße 5
79100 Freiburg

Dr. Tim Meyer
Fraunhofer-Institut für
Solare Energiesysteme ISE
Oltmannstraße 5
79100 Freiburg

Prof. Dr. Hans Mohr
Institut für Biologie II
Universität Freiburg
Schänzlestraße 1
79104 Freiburg

Prof. Dr.-Ing. Dr. h.c. mult.
Franz Nestmann
Institut für Wasserwirtschaft und
Kulturtechnik
Universität Karlsruhe
Kaiserstraße 12 / Postfach 69 80
76128 Karlsruhe

Hilmar Rempel
Bundesanstalt für Geowissenschaften und Rohstoffe (BGR)
Stilleweg 2
30655 Hannover

Dr.-Ing. Diethard Schade
Akademie für
Technikfolgenabschätzung
in Baden-Württemberg
Industriestraße 5
70565 Stuttgart

Prof. Dr.-Ing. E. h. Johann Schäffler
Geschwister-Scholl-Straße 6
82031 Grünwald

Dr. Hans-Wilhelm Schiffer
RWE Rheinbraun AG
Stüttgenweg 2
50935 Köln

Prof. Dr. Friedrich Seifert
Bayerisches Geoinstitut
Universität Bayreuth
Postfach 10 12 51
95440 Bayreuth

Prof. Dr. Ulrich Stimming
Lehrstuhl für Physik
Technische Universität München
James-Franck-Straße 1
85748 Garching

Prof. Dr. Alfred Voß
Institut für Energiewirtschaft und
Rationale Energieanwendungen
Universität Stuttgart
Pfaffenwaldring 31
70569 Stuttgart

Dr. Juliane Wolf
BMW Group
Max-Diamand-Straße 13
80788 München

Prof. Dr.-Ing. Felix Ziegler
Fakultät III, Institut für
Energietechnik
Technische Universität Berlin
Ernst-Reuter-Platz 1
10587 Berlin

Prof. Dr. Dirk Zumkeller
Institut für Verkehrswesen
Universität Karlsruhe
Kaiserstraße 12
76128 Karlsruhe

Teilnehmer an der Veranstaltung

Franz, Dr. Hermann (Sitzungsleitung, Vorsitzender des WTB, Mitglied des IBR)
Leibinger, Prof. Dr. Berthold (Vorsitzender des IBR)

Experten

Bradshaw, Alexander, Prof. Dr.
Fricke, Jochen, Prof. Dr.
Hillebrand, Bernhard
Hoppe-Kilpper, Martin, Dipl.-Ing.
Kröger, Wolfgang, Prof. Dr.
Meyer, Tim, Dr.
Mohr, Hans, Prof. Dr. (Mitglied des Innovationsbeirat)
Nestmann, Franz, Prof. Dr.-Ing. Dr. h.c. mult.
Rempel, Hilmar
Schäffler, Johann, Prof. Dr.-Ing.
Schade, Diethard, Dr.
Schiffer, Hans Wilhelm, Dr.
Seifert, Friedrich, Prof. Dr.
Stimming, Ulrich, Prof. Dr.
Voß, Alfred, Prof. Dr.-Ing.
Ziegler, Felix, Prof. Dr.-Ing.
Zumkeller, Dirk, Prof. Dr.

Weitere Teilnehmer/Zuhörer

Birkhofer, Adolf, Prof. Dr. (TU München/Mitglied des WTB)
Heinrich, Peter (Bayerische Staatskanzlei)
Hutfless, Joachim, Dr.-Ing. (TRUMPF GmbH + Co.)
Kleine, Hubertus, Dr.-Ing. (TU München)
Koch, Ulrich (Wirtschaftsministerium B.-W.)
Kühner, Rudolf, Dr. (Staatsministerium B.-W.)
Lorinser, Bruno (Wirtschaftsministerium B.-W.)
Mayinger, Franz, Prof. Dr. (TU München)

Nett, Martin, Dr. phil. (Siemens AG)
Pflüger, Thomas, Dr. (Wissenschaftsministerium B.-W.)
Putlitz, Gisbert, Frhr. v., Prof. Dr. Dr. h. c. Mult. (Heidelberger Akademie der Wissenschaften)
Rothemund, Peter (Wirtschaftsministerium B.-W.)
Rüth, Hermann, Dr. (Wirtschaftsministerium Bayern)
Rüßmann, Ulrich, Dr. (Siemens AG)
Schenek, Matthias, Dr. (Staatsministerium B.-W.)
Schicker, Adolf (Bayerische Staatskanzlei)
Schuberth, Christian (Wissenschaftsministerium Bayern)
Wennrich, Josef (Wirtschaftsministerium B.-W.)